河南省黄河流域动物多样性研究与保护

史明艳　李金博　著

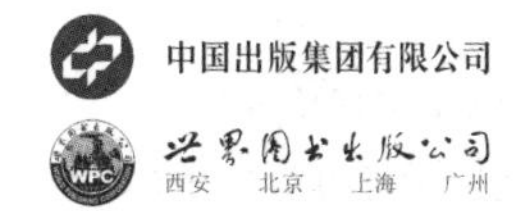

图书在版编目(CIP)数据

河南省黄河流域动物多样性研究与保护 / 史明艳,李金博著. -- 西安:世界图书出版西安有限公司,2025.1. -- ISBN 978-7-5232-1150-2

Ⅰ. Q958.526.1

中国国家版本馆 CIP 数据核字第 2024BQ3595 号

河南省黄河流域动物多样性研究与保护

HENAN SHENG HUANGHE LIUYU DONGWU DUOYANGXING YANJIU YU BAOHU

著　　者 史明艳　李金博
责任编辑 郭　茹　王　骞
出版发行 **世界图书出版西安有限公司**
地　　址 西安市雁塔区曲江新区汇新路 355 号
邮　　编 710061
电　　话 029-87214941　029-87233647(市场营销部)
029-87234767(总编室)
网　　址 http://www.wpcxa.com
经　　销 全国各地新华书店
印　　刷 陕西金集贤实业有限公司
开　　本 787mm×1092mm　1/16
印　　张 16.5
彩　　插 32 页
字　　数 300 千字
版　　次 2025 年 1 月第 1 版
印　　次 2025 年 1 月第 1 次印刷
书　　号 ISBN 978-7-5232-1150-2
定　　价 78.00 元

前　言

黄河是中华民族的母亲河。黄河流域的生态环境保护和高质量发展是国家重大发展战略之一,也是推动西部大开发形成新格局、促进中部地区加快崛起、助力下游地区实现新旧动能转换与高质量发展、缩小区域发展差距的重要举措。河南省位于黄河中下游地区,拥有丰富的湿地、森林等自然保护地资源,为野生动物生存提供了良好的栖息环境。因此,河南省黄河流域动物多样性及保护对生态安全和可持续发展具有重要的战略意义。

本书基于前期研究,系统总结了河南省黄河流域的动物多样性及其保护措施,收集了翔实的图片资料。书中分别从鱼纲、两栖纲、爬行纲、鸟纲和哺乳纲等分类角度,介绍了各类动物在河南省内黄河流域的分布、习性、典型特征及其代表性物种,同时揭示了其生存所面临的主要威胁和有效的保护措施。本书首次针对河南省内黄河流域动物进行系统研究和总结,对该地区生物多样性保护具有重要意义。

本书的相关研究及出版得到了以下单位和项目的资助:河南省豫西地区黄河湿地生态系统野外科学观测研究站、黄河中下游湿地生态修复工程技术研究中心及河南省科技厅重点研发与推广专项(222102110021)、洛阳市核心技术研究项目（2202036A）、河南省高校科技创新团队项目（22IRTSTHN026）、河南省高校重点科研项目（23B230003）。同时，洛阳师范学院易力、韩新宽、王若楠、钱璟、张沛、张英等老师，河南科技学院苗志国教授，研究生靳艳、孟帅涛，洛阳市林业局徐永建，河南黄河湿地国家级自然保护区孟津管理中心孟科峰、关自利、郭准等，也为本书的完成做出了重要贡献，在此一并致以诚挚的感谢！

在本书即将出版之际，我们对关心和支持本书出版工作的领导、老师、朋友表示衷心的感谢！

由于作者水平有限，加之时间仓促，书中难免存在疏漏和不足之处，恳请同行专家和读者批评指正！

史明艳

2024 年 9 月于洛阳师范学院

目　录

第一章　动物多样性研究概述 ………………………………………………… 001

第一节　生物多样性的概念及其内涵 ………………………………… 002

一、生物多样性的概念 ………………………………………………… 002

二、生物多样性的价值 ………………………………………………… 003

三、生物多样性的危机 ………………………………………………… 005

四、保护生物多样性的意义和措施 …………………………………… 006

第二节　动物多样性的概况 …………………………………………… 007

一、世界的动物多样性 ………………………………………………… 007

二、中国的动物多样性 ………………………………………………… 015

三、河南省黄河流域动物资源概况 …………………………………… 019

四、河南省黄河流域珍稀、重点保护动物资源 ………………………… 020

五、动物多样性保护行动 ……………………………………………… 021

第二章　鱼　纲 …………………………………………………………… 023

一、物种分类系统 ……………………………………………………… 024

二、群落结构特征 ……………………………………………………… 031

三、物种区系分类特征 ………………………………………………… 033

四、保护现状描述 …… 038

第三章　两栖纲 …… 063
一、物种分类系统 …… 064
二、群落结构特征 …… 067
三、物种区系分类特征 …… 068
四、保护现状描述 …… 070

第四章　爬行纲 …… 097
一、物种分类系统 …… 098
二、群落结构特征 …… 102
三、物种区系分类特征 …… 103
四、保护现状描述 …… 106

第五章　鸟　纲 …… 145
一、物种分类系统 …… 147
二、群落结构特征 …… 161
三、物种区系分类特征 …… 162
四、保护现状描述 …… 176

第六章　哺乳纲 …… 221
一、物种分类系统 …… 222
二、群落结构特征 …… 227
三、物种区系分类特征 …… 229
四、保护现状描述 …… 232

第一章

动物多样性研究概述

第一节　生物多样性的概念及其内涵

一、生物多样性的概念

生物多样性(Biodiversity)一词最早由美国自然资源保护者和生物学家雷蒙德·达斯曼(Raymond F. Dasmann)在1968年提出的。达斯曼在其《一个不同类型的国度》一书中首先使用了“生物多样性”(Biological diversity)一词,但直到十多年后的20世纪80年代,“生物多样性”才被广泛用于自然保护、科学研究和环境政策文献中。1985年,美国国家科学院的沃尔特·罗森(Walter G. Rosen)在制定“1986全国生物多样性论坛”计划时,将生物的(Biological)和多样性(Diversity)两个词结合在一起,首次使用了英文Biodiversity一词。1988年,美国著名生物学家、美国国家科学院院士、生物多样性研究领域的领袖人物爱德华·威尔逊(Edward O. Wilson)将生物多样性用作该论坛论文集的名称中,这是生物多样性一词首次出现在官方的出版物中(马正学,2017)。

《生物多样性公约》是一个致力于保护全球生物资源的国际协议。公约中定义,生物多样性指的是各种生物之间的变异性或多样性,包括陆地、海洋及其他水生生态系统,以及生态系统中各组成部分间复杂的生态过程。这种多样性涵盖了种内、种间和生态系统多样性,即遗传(基因)多样性、物种多样性和生态系统多样性三个层面。遗传多样性指的是一个物种的基因组成中遗传特征的多样性,包括种内不同种群之间或同一种群内不同个体的遗传变异性,遗传多样性是种群适应不断变化的环境的方式。物种多样性指的是在一次个体采集(数据集)中,不同物种的有效物种数及一定时间、一定空间中各个物种的个体分布特点。物种多样性包括两个方面,即物种丰富度和物种均匀度。物种丰富度就是简单的物种数,而均匀度则量化物种丰富度的平等程度。生态系统是指植物、动物和微生物群落及它们生活的无机环境之间相互作用的一个功能单位的动态复合体。因此,生态系统多样性指的是生态系统的多样化程度,包括生态系统的类型、结构、组成、功能和生态过程的多样性等(左佳,2017)。

二、生物多样性的价值

生物多样性对于人类的重要性是由其价值体现的。1998 年,国务院发布了《中国生物多样性国情研究报告》,报告中将生物多样性的价值概括为直接价值、间接价值和潜在使用价值(夏婧等,2016)。

学者普遍认为,生物多样性的直接价值不仅包括了生物产品及其简单加工品所提供的市场价值,也包括其在旅游、观赏及科学和文化发展等方面的服务价值(周建波,2019)。生物资源与非生物资源有本质区别,它们不仅自身具有多样性,而且这种多样性对人类而言,是一种极具利用价值的资源,拥有巨大的经济潜力。首先,在日常生活中,我们的吃、穿、住、行与生物多样性紧密相连。例如,我们从自然界中获取的食物和其他生活必需品,以及用于医药、建筑和工业的原料,都是生物多样性所提供的丰富资源。除此之外,生物多样性还为人们提供了直接的心理满足感,即它所具有的服务价值。我们欣赏到的自然景观,以及通过生态旅游亲身体验到的大自然的奇妙,都是生物多样性带给我们的最直观的直接价值(马正学,2017)。

生物多样性的间接价值通常被理解为生态价值。与可以直观体验或直接感知的直接价值不同,生态价值可能既难以触及也不易直接感受。但是,我们必须认识到,生物多样性的直接价值往往是依赖于其间接价值。(左佳,2017;夏婧等,2016)。经过多年的深入研究,全球范围的学者们已达成一个共识,即生物多样性不仅为整个生态系统提供了必要的物质基础条件,而且对于维护整个生态系统的平衡和稳定也发挥着关键作用;这种平衡和稳定发展不仅关系到所有物种相互之间的交流和变化,最重要的是其对于生态环境的维护,包括气候调节、水源涵养、土地保护及对各种营养元素的循环。因此,生物多样性的间接价值不仅关乎我们当前所需的各种环境要素,更关乎我们未来的可持续发展。

潜在使用价值是除了直接价值和间接价值外生物多样性还存在的一种重要的价值。潜在使用价值指的是生物资源可以为人类提供许多尚未被发现的服务,换句话说,生物多样性的潜在使用价值是不可估量的(夏婧等,2016)。地球已存在了数亿年,地球上的生物物种种类繁多,而人们所熟知的仅占其中的很小一部分。目前,还有许多未知物种等待被发现,即便是那些已知的物种,它们的价值也远未被完全开发,这些物种都具有巨大的潜在使用价值。此外,根据目前的科学认知,物种一旦灭绝,它所具有的直接价值、间接价值以及潜在使用价值都将随之消失,即生物多样性的潜在使用价值实质上是一种机会价值。每个物种都有其存在的意义,即使目前还不清楚它们的具体价值,但一旦物种灭绝,我们将永远失去利用它们的机会。因此,对于那些尚未了解其潜在使用价值的物种,我们也应该加以珍视和保护,以维持其遗传资源。

国际社会普遍认为,认识和评估生物多样性价值,并将其应用到政策制定和实践中,是遏制生物多样性丧失的关键策略。“生态系统与生物多样性经济学”(TEEB, The Economics of Ecosystems and Biodiversity)是由联合国环境规划署推动的一套综合方法体系。TEEB 通过生态系统服务价值评估,揭示森林、湿地、农田、草原等生态系统为人类社会所提供的各种服务和产品的价值,并促进生物多样性价值在政策和规划中的融入。目前,全球已经有超过 30 多个国家和地区启动了 TEEB 国家。中国,作为世界上生物多样性最丰富的国家之一,一直高度重视生物多样性保护,早在 2014 年就正式加入了 TEEB 行动倡议,通过构建 TEEB 估值方法体系,选取示范区开展生态系统服务价值评估,推动地方政府生物多样性保护与可持续利用政策的制定与应用(任文春等,2018)。

三、生物多样性的危机

爱因斯坦曾经预言："如果蜜蜂消失了，人类也将仅仅剩下 4 年的光阴。"（徐基良，马静，2021）事实上，地球上任何一个物种都不能孤立地存在，或直接有赖于其他物种的存在，或有赖于他种与环境（生物的与非生物的）相互作用所产生的条件与资源。人类也不例外，我们的存在和发展都依赖于生物多样性所提供的条件和资源。无论是过去、现在还是未来，人类的日常生活，包括衣、食、住、行、医疗和美容等方面，都直接或间接地建立在生物多样性的基础上。可以说，人类的发展史既是对生物多样性认识的历程，也是对生物多样性进行掠夺性利用的历程，这不仅改变了地球表面的生物过程，也导致了地球系统物理、化学和大气组成的变化。所以，人类既依赖生物多样性，又深刻地影响着生物多样性，人类与生物多样性共生共存、命运相连。然而，由于世界人口的迅速增长，以及生产和交通工具效率的提升，人类活动已经对地球生态系统及其生物多样性产生了不可逆转的影响（李骁等，2019）。

2019 年，联合国生物多样性和生态系统服务政府间科学政策平台发布的全球评估报告中强调，人类活动引发的生境破坏、气候变化、生物入侵、资源的过度利用及环境污染是导致生物多样性锐减的主要因素。受多种人类驱动因素的影响，全球 75% 的陆地表面发生了巨大改变，66% 的海域正遭受日益严重的累积影响，超过 85% 的湿地已经消失，而生物多样性极为丰富的热带地区在 2010 至 2015 年间失去了 3200 万公顷原生林或次生林。报告还指出，近 50 年的时间里，陆地、淡水和海洋中的野生脊椎动物种群数量呈现下降趋势，评估的动植物组别中平均约有 25% 的物种受到威胁，这表明大约有 100 万种物种已经濒临灭绝（吕植，2022）。世界自然基金会发布的 2020 年《地球生命力报告》中强调，地球上 75% 的无冰土地已经被人类活动显著改变，半个世纪以来各大洲的生命力指数均在全面下降，动物的种群数量平均下降了 68%（徐基良，马静，2021）。目前，地球上物种的灭绝速度是自然界物种正常衰亡规律的 1000 倍，如果人类对地球系统的干扰仍按目前的方式持续下去，将来物种的灭绝速度又将是现在的数十倍甚至数百倍。照此计算，数世纪后75%的物种将会从地球上消失(左佳,2017)。

2010年10月，在日本爱知县举办的《生物多样性公约》第10次缔约方大会上，通过了名为《爱知目标》的2020年全球生物多样性目标，这些目标包含5个战略性目标和20个纲要目标。然而，联合国2019年发布的《全球生物多样性展望》第5版报告中显示，截至2020年，全球在20个纲要目标中只有6个部分达成，没有任何一个目标完全实现。在对这20个目标进一步细分的60个具体要素中，仅有7个达到了目标，38个显示出一定的进展，而有13个指标没有进展，部分甚至出现了朝着相反的方向发展的情况(徐基良、马静，2021)。因此，全球生物多样性保护面临的形势已经变得极其严峻，人类正处于生物多样性保护的关键抉择点。

四、保护生物多样性的意义和措施

自然界中，物种一直在灭绝，为什么需要保护生物多样性？因为由于人类的干扰和破坏，物种丧失或灭绝的速度远远高于其自然灭绝的速度。习近平总书记指出："生物多样性关系人类福祉，是人类赖以生存和发展的重要基础。"生物多样性是全人类珍贵的自然遗产，保护生物多样性、共建万物和谐的美丽世界不仅是当前经济社会发展的迫切需要，也是人类的历史使命。

目前国际上主流的生物多样性保护措施有5类：一是就地保护，大多是建立自然保护区，比如陕西汉中朱鹮国家级自然保护区和四川卧龙大熊猫自然保护区等；二是迁地保护，大多转移到动物园或植物园，比如，在周至县楼观台的陕西省珍稀野生动物抢救饲养研究中心圈养朱鹮种群等；三是开展生物多样性保护的科学研究，制定生物多样性保护的法律、法规和政策；四是开展生物多样性保护方面的宣传和教育；五是加强国际合作与交流(马正学,2017)。

作为世界上最大的发展中国家，中国展现了大国担当，积极参与全球性生物多样性保护行动，并且已将生物多样性保护上升为国家战略。早在1992年，我国就参加了于巴西召开的联合国环境与发展大会，并在《生物多样性公约》(以下简称《公约》)上签字。随后,政府部门积极推动相关工作,1994 年完成了《中国生物多样性保护行动计划》,1997 年完成了《中国生物多样性国情报告》,并正式发布。与此同时,我国还不断加强了物种保护和自然保护的法规建设,并陆续启动了天然林保护工程等有关生物多样性保护的工程。2010 年,我国制定了《中国生物多样性保护战略与行动计划》(2011—2030年),提出了我国未来 20 年生物多样性保护总体目标、战略任务和优先行动。2021 年 10 月,《生物多样性公约》第十五次缔约方大会(COP15)第一阶段会议在云南省昆明市举行。在全球生物多样性丧失问题日益严峻的背景下,主题为"生态文明:共建地球生命共同体"的这场大会引发全球瞩目。COP15 的重要成果之一是由缔约方共同通过的"昆明宣言"承诺,将确保制定、通过和实施一个有效的"2020 年后全球生物多样性框架",为全面实现人与自然和谐共生的 2050 年愿景打下基础。

第二节　动物多样性的概况

一、世界的动物多样性

到目前为止,已被科学家命名的动物种类约为 300 万种,预测的动物实际种数约 500 万—1000 万种,甚至更多。美国著名生物学家爱德华·威尔逊(Edward O. Wilson)甚至大胆预测地球的所有生物可能接近 1 亿种,其中绝大部分是动物(孙忻等,2022)。目前动物界共分为 37 个门,其中 34 个为"现生门",3 个为已灭绝的"化石门",简要介绍分述如下。

(一)多孔动物门

多孔动物门是最原始的多细胞生物,也是最原始和最低等的动物。细胞虽然已开始分化,但是没有真正的胚层,没有组织和器官,体壁有无数出水小孔，游离的一端有大孔，并有针状骨骼作为支撑。多数种类为雌雄同体。现存近10000种，主要有钙质海绵纲、寻常海绵纲和六放海绵纲等3个纲。

（二）扁盘动物门

扁盘动物门是最简单的多细胞动物之一。身体呈扁形薄片状，直径不超过4mm，除有固定的背腹面外，无稳定的边缘，体表细胞有鞭毛，呈无规则运动。一般为无性生殖，即出芽和分裂，但也存在有性生殖。2018年之前能够确定的仅1种，即丝盘虫纲的丝盘虫，2018—2022年间又有3种被发现。

（三）栉板动物门

栉板动物门，也称为栉水母动物门，与其他水母不同，它们的触手上无刺细胞，但有黏细胞（极个别种类除外），体外具有8条排列成纵行的纤毛带，形成了栉板。现存约150种，有2个纲：①触手纲，包括球栉水母目、带栉水母目、兜栉水母目、扁栉水母目；②无触手纲，包括瓜水母目。

（四）刺胞动物门

刺胞动物门，身体辐射对称，体壁有表皮和肠表皮2层细胞，其间有中胶层，起支撑作用，有超过20种的刺细胞。雌雄同体或异体。现存约11000种，主要有8个纲：珊瑚纲、钵水母纲、六放珊瑚纲、海鸡冠纲、立方水母纲、十字水母纲、水螅纲和多足水螅纲等。此外，原来的黏体动物门，即黏孢子虫（也写作粘孢子虫），现在并入本门，但尚未分级。

（五）直泳动物门

直泳动物门，也称为直泳虫门，也是最简单的多细胞动物之一，是海洋无脊椎动物的寄生虫。寄生在寄主（扁形动物、软体动物的双壳纲、环节动物的多毛纲和棘皮动物）的身体间隙内。目前已知大约有20种，主要有2个科：跖球形科和楔形科，其代表性物种为楔形直泳虫。

（六）无腔动物门

无腔动物门，体长一般在2mm以下，无消化道，身体结构非常简单，感觉器官是平衡囊，有感知光线的眼点。雌雄同体。目前已知大约有400种，主要有2个纲:无肠纲和纽管纲。

（七）菱形动物门

菱形动物门,也称为菱形虫门。主要寄生在软体动物的头足纲的肾附属物表层上,它们的细胞数目恒定,为20—30个。有线性体和菱形体阶段,即无性繁殖和有性繁殖阶段。已知现存75种,主要有二胚虫目的二胚虫科和牙形二胚虫科,以及异胚虫目的琴形异胚虫科。

（八）毛颚动物门

毛颚动物门,属于原口动物。体长为2—150mm,大多为透明的鱼雷状或箭状,故称箭虫,分头部、躯干部和尾部,头部前端有刺或齿,为非几丁质的,故称毛颚,躯干部和尾部一般有侧鳍和尾鳍。雌雄同体。约80%为海洋浮游动物,20%为底栖动物。现存120多种,主要有2个纲:原箭虫纲和箭虫纲,隶属2目9科20多属,但很多种类的个体数量极其庞大。

（九）扁形动物门

扁形动物门,开始出现了两侧对称和中胚层,实现了三胚层的跨越,但仍没有体腔,没有呼吸系统和循环系统,有口,没有肛门。体长为1—250mm。营自由生活或寄生生活。雌雄同体,有性或无性生殖。已知该门种类约有29000种,主要有5个纲:涡虫纲、绦虫纲、吸虫纲、单殖纲和楯盘纲。

（十）腹毛动物门

腹毛动物门,在亲缘关系上是接近于无体腔的扁形动物。有口和肛门,即完整的消化道,身体腹面具有纤毛一类的结构。它们生活在海洋或淡水中,有近800种,分为大鼬目和鼬虫目。

（十一）轮形动物门

轮形动物门,也称为轮虫动物门,是假体腔动物中非常繁盛的一类。体形短圆,有明亮的外壳,两侧对称,身体的后端多数有尾状部,前端有一纤毛盘,具有运动功能,纤毛摆动时状如旋转的轮盘,咽内具有咀嚼器。有2200多种,分为3个纲:尾盘纲、双巢纲和单巢纲。

(十二)棘头动物门

棘头动物门,也称为棘头虫门,也是一类假体腔动物。身体前端有吻,吻上有钩刺,用来钩住寄主的肠壁。营寄生生活,具有复杂的生命周期;寄主广泛,包括无脊椎动物、鱼类、鸟类、两栖类和哺乳类。有1400多种,主要分为3个纲:原棘头虫纲、始棘头虫纲和古棘头虫纲。

(十三)颚口动物门

颚口动物门,也称为颚胃动物门,体型小,无体腔,有口,无肛门。雌雄同体。生活在浅海细沙内。目前发现18属100余种,分为囊道目和丝精目。

(十四)微颚动物门

微颚动物门仅有1种,即湖沼颚虫,也称淡水颚虫,丹麦科学家于1994年在格陵兰北部的迪斯科岛地区的泉水里首次发现,附生在藓类植物上,且这里的环境极为寒冷。体长一般小于1mm,颚的结构复杂,可以过滤水流而获得食物。无性生殖。

(十五)环口动物门

环口动物门,也称为圆环动物门或微轮动物门。体长通常小于0.5mm,身体呈囊状,在生命周期的不同阶段具有不同的形态。营寄生生活,寄生于龙虾体内。该门发现于1995年,是丹麦科学家在挪威海螯虾的口器上发现了实球共生虫。目前已知2属3种,隶属于真微轮纲。与轮形动物可能是近亲。

(十六)动吻动物门

动吻动物门,是一类假体腔动物。体表分节带,没有纤毛。生活在沿海底部泥沙中。有150多种,分为平动吻虫目和圆动吻虫目。前者包括2个科,后者包括动吻虫等在内的6个科。

(十七)兜甲动物门

兜甲动物门,也称为铠甲动物门,也属于假体腔动物。身体一般分头、胸和腹3部分,有口和消化系统,没有循环系统和内分泌系统。雌雄同体,卵生。

丹麦动物学家于1983年首次发现该门的种类,之后陆续有120余种被发现,但只有43种得到科学描述。2010年该门可以无氧呼吸的物种被发现。2017年寒武纪中期的兜甲动物的化石被发现。

(十八)曳鳃动物门

曳鳃动物门,也称为鳃曳动物门。身体有体环,但是不分节。属海洋底栖动物,多分布在靠近两极地区的冷海中,在泥沙中或管居生活。目前仅有20多种,隶属于3个纲:土曳鳃纲、刺冠曳鳃纲和曳鳃纲。

(十九)线虫动物门

线虫动物门,是假体腔动物中最大的一个门。体形为圆柱形,适应性强,各种自然环境中基本都有,甚至存在于极端环境。一半以上的种类为寄生性。通常为有性生殖。目前已正式命名,约28000种,但估计有8万—100万种;分为2个纲及5个亚纲:有腺纲的刺嘴亚纲和色矛亚纲,胞管肾纲的小杆亚纲、旋尾亚纲和双胃线虫亚纲。

(二十)线形动物门

线形动物门,也称为线形虫门,是与线虫很近似的假体腔动物。但不同于线虫,线形虫的成虫没有排泄器官,消化道退化。体长通常在50—100cm,有的种类可达2m。目前已发现种类超过350种,预测种类在2000种以上;大多隶属铁线虫纲,少数种类为游线虫纲。

(二十一)叶足动物门

叶足动物门,是已经灭绝的动物门,最早出现于寒武纪的早期。身体分节、具足,但很难将它们分到节肢动物中,奇虾、欧巴宾海蝎等可能是本门的物种。

(二十二)有爪动物门

有爪动物门,是一类“有腿的虫”,俗称“天鹅绒虫”,可能与节肢动物和缓步动物是近亲。仅1个纲,即有爪纲,包括2目4科53属,其中很多类群已灭绝。现存种类约200种,其中有些种类成为濒危物种,被国际自然保护联盟

(IUCN, the International Union for Conservation of Nature)评估为极危级。

(二十三)缓步动物门

缓步动物门,俗称水熊虫或熊虫。它们高度特化,体长不超过1mm,大多数只有0.5mm左右;除头部外,有4个体节,每个体节上具1对足,身体透明,但很多种类的颜色来源于身体中的食物颜色。雌雄异体。适应性极强,在海拔4000m以下的深海和海拔6000m以上的喜马拉雅山均有分布,甚至可以忍受真空环境,是第一种已知可以在太空中生存的动物。已知约1200种,分3个纲:异缓步纲,如水熊虫;真缓步纲,如缓步虫等;中缓步纲。

(二十四)节肢动物门

节肢动物门,是最大的一个门,已描述的种类约120万种。最主要的特征是异律分节,出现了分节的附肢,体壁具有几丁质的外骨骼,横纹肌的肌肉附着于外骨骼内面。除三叶虫亚门已灭绝外,尚有4个亚门:螯肢亚门、六足亚门、单肢亚门和甲壳亚门。

(二十五)软舌动物门

软舌动物门,也称为软舌螺动物门,是一类已经灭绝的海洋有壳无脊椎动物。它们的化石一般保存有锥壳、口盖和附肢3个部分,外壳为钙质成分,两侧对称。

(二十六)纽形动物门

纽形动物门与扁形动物类似,也是两侧对称、三胚层、没有体腔,但具有完整的消化道,有简单的循环系统,没有心脏,身体呈长带形,前端有单眼和吻,吻可伸缩,用于捕食和防卫。绝大多数为海洋底栖生物。已知有1200多种,分为2个纲:有刺纲和无刺纲。

(二十七)帚形动物门

帚形动物门,也称为帚虫动物门,是一个很小的类群。身体呈蠕虫状,分为触手冠和躯干2个部分,循环系统发达。大多数雌雄同体。全部生活在浅海海底,并居住在由自身分泌的几丁质管内,一般埋于浅海泥沙中。仅有2

属:领帚虫属和帚虫属,已知约有20种。

(二十八)苔藓动物门

苔藓动物门的动物自奥陶纪生活在海水中,营底栖固着生活。目前已知至少有1300个属,17800个化石种,6000多个现生种,主要有3个纲:被唇纲、裸唇纲和窄唇纲(已灭绝)。

(二十九)内肛动物门

内肛动物门,是一类假体腔动物,而外肛动物(苔藓动物)是真体腔动物。体型一般不超过5mm,单体或群体营固着生活,绝大多数生活在海洋中。无性和有性生殖。已知有150多种,分为3个科:斜体节虫科、节虫科和海花柄科。

(三十)腕足动物门

腕足动物门,酷似软体动物的双壳纲,但内部结构差异很大。身体分为触手冠和躯干两部分,具背腹两壳,大小相等或不等,介壳的形状、饰纹及内部器官的构造是鉴定该类群的依据,具钙质外壳、无肛门的是有铰纲,具几丁质外壳、有肛门的是无铰纲。最新分类学将其分为3个纲:舌形贝纲、髑髅贝纲和小嘴贝纲。另有8个纲700多属的分类系统,但几乎为化石,现存种类为300—500种。

(三十一)环节动物门

环节动物门属于两侧对称、三胚层,传统的环节动物身体分节,具裂生的真体腔。有的具疣足和刚毛,具有闭管式循环系统和链式神经系统。目前,已知约有23000种,分为8个纲:星虫纲、寡毛纲、多毛纲、蛭蚓纲、吸口虫纲、蛭纲、螠纲和原环虫纲。

(三十二)软体动物门

软体动物门,是动物界的第二大门。体柔软,多为左右对称,多有外壳,无体节,一般有足或腕,消化系统较发达,具有齿舌,真体腔退化,残留围心腔和内腔,通常为开管式循环,有呼吸器官鳃或肺,多数有后肾管,以及较发达的神经和感官。多为雌雄异体,体外受精。多种生境均有该类群分布。现存已知种类为11.2万多种(可能多达15万种),分为尾腔纲、多板纲、沟腹纲、腹足纲、单板纲、双壳纲、头足纲和掘足纲等8个纲,以及2个化石纲:喙壳纲和太阳女神螺纲。

(三十三)古虫动物门

古虫动物门,是已灭绝的动物门,该门是由我国中国科学院院士、古生物学家舒德干先生于2001年确立的。身体分节,分为前体和后体两部分,前体为消化道的前段(咽部),背区和腹区由5对鳃囊构造组成的鳃区所分隔;后体(尾部)为消化道的后段(肠部),肛门末位,绝大多数古虫动物的后体由7节甚至更多的体节构成。该门包含10余个物种,其中大部分的化石发现于我国云南省。分为3纲:古虫纲、异形虫纲和斑府虫纲。

(三十四)异涡动物门

异涡动物门,是后口动物中的一个小门。两侧对称,体长约为40mm。身体结构简单,无大脑、消化道、排泄系统和性腺,但在囊中有配子、卵子和晶胚产生,具有扩散神经系统和纤毛。它们的食物是软体动物的卵。生活在海底。目前仅发现1属6种。

(三十五)棘皮动物门

棘皮动物门是一个古老的门,据化石纪录,从寒武纪开始就存在,已灭绝的纲就多达17个,是后口动物第二大类群,也是无脊椎动物最高等的类群。身体呈辐射对称,但幼虫是两侧对称,有特殊的结构,具体包括五体对称步管结构、管足和水管系统。目前已知现存种有7000余种,化石种则超过13000种。有6个亚门:海扁果亚门、海星亚门、海百合亚门、有柄亚门、海胆亚门和海蕾亚门,其中海扁果亚门、有柄亚门和海蕾亚门3个亚门已灭绝。

(三十六)半索动物门

半索动物门,是无脊椎动物中的一个高等类群,也很古老,可追溯至寒武纪早期。半索动物有着脊索动物的原始形态,例如前肠长出的口索,即不完全的脊索,身体分为吻管、颈部和躯干3部分。全部生活在海洋中。现存的主要有肠鳃纲和羽鳃纲,已知有 100 多种,其中 80% 为肠鳃纲,如柱头虫,羽鳃纲则有头盘虫和无管虫等。

（三十七）脊索动物门

脊索动物门,是动物界中生态位处于最顶端的门。该门的种类不是最多的,但各种类在形态结构、生理功能和生活方式等很多方面都有很大的差异。它们的共同特征是背侧有一条脊索,或在生活史中的某个阶段具有脊索;具有中空的背神经管,是神经中枢;成体、幼体或胚胎发育期,其咽部有鳃裂;成体、幼体或胚胎发育期具有肛后尾;心脏位于消化管的腹面,除尾索动物外,均为闭管式循环系统,大多数种类血液中有红细胞。目前,已被人们描述的种类超过 6.5 万种,实际现存种类可能超过 10 万种,分为 3 个亚门。

1. 尾索动物亚门

幼虫期具有脊索和神经索,但成体后消失。已知约有 3000 种,包括海鞘纲、尾海鞘纲、樽海鞘纲和深水海鞘纲 4 个纲。

2. 头索动物亚门

终身保留脊索和神经索,但没有脊柱。咽部有许多鳃裂,用于过滤食物和呼吸。已知有 30 多种,仅 1 个纲,在以前称为头索纲,但现在一般称作狭心纲。该纲下有 2 个科:偏文昌鱼科和文昌鱼科。

3. 脊椎动物亚门

脊索的作用由骨质的脊柱代替。该亚门是最多样化和分布最广泛的动物类群之一,已知约 7 万种,分为 7 个纲:无颌纲、软骨鱼纲、硬骨鱼纲、两栖纲、爬行纲、鸟纲和哺乳纲。

二、中国的动物多样性

我国幅员辽阔,气候和地形条件复杂,具有独特的自然历史条件,生物多样性丰富,与巴西、哥伦比亚、印度尼西亚、秘鲁和厄瓜多尔等 12 个国家并称为生物多样性特丰富的国家(孙忻等,2022)。我国十分重视生物多样性大数据工作,也是目前全球唯一一个每年都发布生物物种名录的国家。《中国生物物种名录》(2023 版)共收录物种及种下单元 148674 个,其中物种 135061 个,种下单元 13613 个。其中,动物部分共收录 69658 个物种及种下单元,包括 65362 个物种,4296 个种下单元,隶属于 18 门 52 纲 242 目 1847 科 13861 属。具体来看,鱼类 5082 种、两栖动物 629 种、爬行动物 626 种、鸟类 1445 种、哺乳动物 694 种、昆虫及其他无脊椎动物 56886 种。较 2022 版,2023 版名录新增了 10027 个物种和 354 个种下单元,动物部分新增 1476 个物种和 10 个种下单元。脊索动物门软骨鱼纲新增 1 个物种,辐鳍鱼纲新增 112 个物种,两栖纲新增 81 个物种,爬行纲新增 74 个物种,哺乳纲新增 7 个物种;扁形动物门吸虫纲复殖目新增 392 个物种和 9 个种下单元;节肢动物门昆虫纲半翅目新增 420 个物种,膜翅目新增 189 个物种和 1 个种下单元;软体动物门腹足纲新腹足目新增 235 个物种,中腹足目珊瑚螺科的珊瑚螺属 35 个物种并入新腹足目骨螺科下。数据显示 2022 年中国新增脊椎动物物种 117 个,包括新种 97 种,新记录 17 种,亚种提升为种级 3 种。其中,两栖类 44 种、鱼类 28 种、爬行类 25 种,哺乳类和鸟类相对较少,分别为 14 种和 6 种。新增物种涉及全国 27 个省域,其中云南、西藏、广东、广西和四川新增物种累计约占新增物种总数的 73%,分别为 37 种、19 种、14 种、14 种和 10 种。

根据数目下降速度、种族分散程度、物种总数和地理分布等准则分类,国际自然保护联盟(IUCN)将物种分为 9 个级别(灭绝、野外灭绝、极危、濒危、易危、近危、无危、数据缺乏和未予评估),意在向公众及决策者反映保育工作的迫切性,并协助国际社会避免濒危物种走向灭绝(解焱,2022)。国际自然保护联盟于 2022 年更新的受威胁物种红色名录中,包含了 147517 个物种,在中国有分布的物种有 10846 种,其中约 42100 个物种面临灭绝威胁(解焱,2022)。2023 年 5 月,我国发布了更新的《中国生物多样性红色名录—脊椎动物卷》(2020),覆盖了全国脊椎动物 4767 种,较上一次名录增加 410 种,受威胁物种共计 1050 种,占比近 22.03%。脊椎动物受威胁物种中,有 765 种等级不变,54 种等级上升,93 种“降级”,其中 43 种移出受威胁等级,1 个物种因野外调查重新发现而由“灭绝”下调至“濒危”。

（一）中国鱼纲动物多样性

《中国生物物种名录》(2023版)中记录我国鱼类有5082种,以1987年的《中国鱼类系统检索》为依据,分为3纲50目:包括圆口纲的2个目,即七鳃鳗目和盲鳗目,七鳃鳗目1科1属3种,盲鳗目1科4属13种;软骨鱼纲14目47科105属224种;硬骨鱼纲34目287科1464属4800余种。

（二）中国两栖纲动物多样性

《中国生物物种名录》(2023版)中记录我国两栖纲动物共有3目14科94属629种和亚种。其中,蚓螈目只有1科1属1种;有尾目3科,隐鳃鲵科仅有1属3种,即大鲵、江西大鲵和华南大鲵,小鲵科在我国已知分布有9属30种,蝾螈科我国现存8属57种;无尾目10科,铃蟾科1属5种,蟾蜍科7属24种,亚洲角蛙科1属4种,叉舌蛙科13属43种,雨蛙科1属8种,角蟾科13属170种,姬蛙科7属24种,浮蛙科4属5种,蛙科是无尾目中分类数量最多的一科,15属158种,树蛙科13属97种。

（三）中国爬行纲动物多样性

《中国生物物种名录》(2023版)中记录我国爬行纲动物共有3目39科139属626种和亚种。其中,扬子鳄是我国鳄形目的唯一一个种类,仅分布于安徽省长江以南、皖南山系以北的丘陵等地带。有鳞目30科116属582种,其中代表性的壁虎科10属62种,鬣蜥科12属88种,蜥蜴科4属32种,石龙子科10属48种,鳄蜥科1属1种,蛇蜥科1属3种,游蛇科19属87种,巨蜥科1属3种,蟒科1属1种(代表物种是我国南方分布的蟒蛇),眼镜蛇科7属32种,盲蛇科2属5种。龟鳖目8科22属43种,其中海龟科4属4种,鳄龟科2属2种,泽龟科1属1种,棱皮龟科1属1种,平胸龟科1属1种,地龟科5属20种,陆龟科3属3种,鳖科5属11种。

（四）中国鸟纲动物多样性

中国是世界上鸟类多样性最丰富的国家之一。《中国生物物种名录》(2023版)中记录我国鸟纲动物有鹰形目、犀鸟目、雁形目、鸻形目、夜鹰目、鹳形目、佛法僧目、鸽形目、隼形目、鹃形目、潜鸟目、鸡形目、鹤形目、雀形目、鸨形目、鹈形目、红鹳目、鹱形目、啄木鸟目、鲣形目、䴙䴘目、鹦鹉目、鸮形目、沙鸡目、咬鹃目和鲣鸟目共计26目109科498属1445种和亚种。按照传统生态类群分类,鸟纲动物可以分为游禽、涉禽、猛禽、陆禽、攀禽和鸣禽。在中国的游禽包括雁形目、鲣形目、潜鸟目、鲣鸟目、䴙䴘目,以及鹈形目中的鹈鹕科鸟类、鸻形目中的贼鸥科、鸥科和海雀科鸟类。我国分布有5种䴙䴘目鸟类,鹈形目中的3种鹈鹕科鸟类,以及78种雁形目鸟类。我国分布在海洋的游禽包括3种鹱形目鸟类、4种潜鸟目鸟类、鸻形目中的5种海雀科鸟类、11种鲣鸟目鸟类、16种鲣形目鸟类,以及鸥形目中的4种贼鸥科鸟类、41种鸥科鸟类。我国的涉禽包括鹳形目、鹤形目、红鹳目、鸻形目的大部分类群以及鹈形目的鹮科和鹭科种类,具体有7种鹳形目鸟类,鹤形目的9种鹤科鸟类,1种红鹳目鸟类,以及鹈形目的6种鹮科鸟类和26种鹭科鸟类。我国的陆禽包括鸡形目、沙鸡目、鸨形目、鸽形目和鸻形目三趾鹑科鸟类,具体有64种鸡形目鸟类、3种沙鸡目鸟类、3种鸨形目鸟类,即大鸨、小鸨和波斑鸨,31种鸽形目鸟类,以及鸻形目的3种三趾鹑科鸟类。我国分布的猛禽有53种鹰形目、32种鸮形目和12种隼形目。我国的攀禽包括鹃形目、咬鹃目、夜鹰目、犀鸟目、佛法僧目、鹦鹉目和啄木鸟目鸟类,其中鹃形目20种、咬鹃目3种、夜鹰目22种、犀鸟目6种、佛法僧目22种、鹦鹉目9种以及啄木鸟目43种。鸣禽是鸟纲物种数最多的类群,仅包括雀形目,我国分布有55科814种雀形目鸟类。

(五)中国哺乳纲动物多样性

《中国生物物种名录》(2023版)中记录我国的哺乳纲动物共有12目58科256属694种和亚种,物种数已超过印度尼西亚的670种,成为世界上哺乳动物物种多样性最丰富的国家。我国的哺乳纲动物具体包括食肉目、鲸偶蹄目、翼手目、劳亚食虫目、兔型目、奇蹄目、鳞甲目、灵长目、长鼻目、啮齿目、攀鼩目和海牛目共计12个目。又可以细分为陆生食肉类动物、海洋哺乳类动物、灵长类动物、食草类动物、啮齿类动物、食虫类动物和翼手类动物。我国的52种陆生食肉目动物包括20种鼬科动物、12种猫科动物、3种灵猫科动物、8 种犬科动物、5 种熊科动物、2 种獴科动物和 2 种小熊猫科动物。我国的海洋哺乳类动物包括海牛目的儒艮科、食肉目的海狮科和海豹科，以及鲸偶蹄目的露脊鲸科、海豚科、须鲸科、小抹香鲸科、灰鲸科、抹香鲸科、白鱀豚科、喙鲸科和鼠海豚科共 9 科 37 种，其中海牛目动物 1 种，海狮科动物 2 种，海豹科动物 3 种。我国生活着 28 种非人灵长类，包括 19 种猴科动物、7 种长臂猿科动物和 2 种懒猴科动物。我国的食草类动物包含 1 种长鼻目动物、3 种奇蹄目动物和 46 种鲸偶蹄目动物。我国啮齿类动物包括兔型目和啮齿目，兔型目包括鼠兔科动物和兔科动物。兔型目有 26 种鼠兔科动物和 10 种兔科动物；啮齿目的物种数则高达 237 种，包括 1 种河狸科动物、74 种仓鼠科动物、16 种跳鼠科动物、2 种睡鼠科动物、2 种豪猪科动物、68 种鼠科动物、6 种刺山鼠科动物、49 种松鼠科动物、5 种蹶鼠科动物、13 种鼹型鼠科动物和 1 种林跳鼠科动物。食虫类动物多指劳亚食虫目动物，还包括以昆虫等低等动物为主要食物的鳞甲目和攀鼩目。我国生存着 1 种攀鼩目动物、2 种鳞甲目动物和 93 种劳亚食虫目动物，这 93 种劳亚食虫目动物包括 9 种猬科动物、61 种鼩鼱科动物和 23 种鼹科动物。翼手类动物仅包括翼手目，是唯一会飞翔的哺乳动物，共有 142 种翼手目动物分布在中国，包括 2 种鞘尾蝠科动物、9 种蹄蝠科动物、2 种假吸血蝠科动物、3 种长翼蝠科动物、3 种犬吻蝠科动物、10 种狐蝠科动物、20 种菊头蝠科动物和 93 种蝙蝠科动物。

三、河南省黄河流域动物资源概况

河南动植物资源丰富，现有省级以上森林公园 129 个，其中国家级森林公园 33 个，为野生动物生存提供了基础保障。据统计，黄河流域河南区域内共有各种动物超过 800 种。其中鱼类约计 99 种，隶属 8 目 19 科，其中鲤形目为优势目，优势度为 73.74%；两栖类约 30 种，隶属于 2 目 10 科，其中有尾目 3 科 8 种、无尾目 7 科 22 种。在 30 种两栖动物中，有尾目 8 种，包括小鲵科 4 种、隐鳃鲵科 1 种、蝾螈科 3 种；无尾目 22 种，包括蟾蜍科 2 种、蛙科 7 种、雨蛙科 3 种、叉舌蛙科 3 种、姬蛙科 4 种、树蛙科 2 种、角蟾科 1 种。有尾目和无尾目分别约占全省两栖种类的 26.7% 和 73.3%。30 种两栖动物中，大鲵和虎纹蛙2种为国家二级保护动物,大鲵为我国特有珍稀濒危两栖动物,已被列入《濒危野生动植物种国际贸易公约》(CITES)附录Ⅰ,另有13种动物被列入国家“三有动物”名录。爬行动物计有47种,隶于2目11科,包括龟鳖目2科4种,有鳞目9科43种,其中蜥蜴亚目4科9种、蛇亚目5科34种。三(亚)目种数分别约占河南爬行动物总种数的8.5%、19.1%和72.3%。黄河流域记录有鸟类物种662种,占中国鸟类物种总数的45.81%。这些鸟类分属于23目83科,其中雀形目物种数最多(384种,占本目全国鸟种总数的46.83%),其次为鸻形目(67种,占本目全国鸟种总数的50.00%)和雁形目(39种,占本目全国鸟种总数的72.22%)。该保护区分布的鸟类动物有292种,隶属19目57科,分别约占黄河流域鸟类目数量及科数量的82.61%、68.67%,种数约占黄河流域鸟类总数的44.11%。

四、河南省黄河流域珍稀、重点保护动物资源

河南省黄河流域自然环境优良,生活着众多珍稀动物。据统计列入《世界自然保护联盟濒危物种红色名录》未予评估的主要鱼类有赤眼鳟、三角鲂和黄黝鱼;列入《世界自然保护联盟濒危物种红色名录》缺乏数据的5种为银鮈、高体鳑鲏、瓦氏黄颡鱼、鳙和青鱼;列入《世界自然保护联盟濒危物种红色名录》近危的1种为鲢;列入《世界自然保护联盟濒危物种红色名录》易危的2种为中华多刺鱼和鲤;列入《世界自然保护联盟濒危物种红色名录》濒危的1种为鳗鲡。两栖动物中,大鲵和虎纹蛙2种为国家二级保护动物,前者为我国特有珍稀濒危两栖动物,已被列入《濒危野生动植物种国际贸易公约》(GITES)附录Ⅰ,另有13种动物被列入国家“三有动物”名录。爬行动物中,被列入《世界自然保护联盟濒危物种红色名录》2010年的有无蹼壁虎、山地麻蜥、北草蜥、铜蜓蜥、赤链华游蛇和丽纹蛇等。

“湿地好不好,鸟儿说了算”,鸟类是黄河流域最丰富的动物之一,据统计黄河流域受威胁鸟类共计121种,其中有37种和52种分别在《世界自然保护联盟濒危物种红色名录》和《中国脊椎动物红色名录》中被列为受威胁物种(即评估级别为极危、濒危或易危),22种和73种被分别列为国家一级和二级

重点保护野生动物。其中濒危等级 2 种，为东方白鹳、丹顶鹤；近危或易危鸟类有鸿雁、斑嘴鹈鹕、卷羽鹈鹕、小白额雁、玉带海雕、白头鹤、大鸨、花脸鸭、黄爪隼、黄嘴白鹭、大天鹅、小天鹅、鸳鸯、罗纹鸭、白眼潜鸭、秃鹫等。保护区国家级珍稀濒危鸟类不仅种类多，数量也很可观，如大天鹅在保护区是常见种，年均统计数量为 7000 余只，全线水域都能见到。列入《世界自然保护联盟濒危物种红色名录》易危等级的大鸨每年冬天在保护区扣马村附近越冬，年平均数量 20.82 只。黑鹳年平均数量 30.5 只。灰鹤年平均数量 200 只。

五、动物多样性保护行动

我国是世界上生物多样性最丰富的国家之一，已记录陆生脊椎动物 2900 多种，占全球种类总数的 10% 以上；有高等植物 3.6 万余种，居全球第三。近年来，我国不断加大生物多样性保护力度，积极开展野生动植物保护及栖息地保护修复，有效保护了 90% 的植被类型和陆地生态系统类型、65% 的高等植物群落和 85% 的重点保护野生动物种群，生物多样性保护成效显著。河南从 1980 年设立第一个自然保护区以来，到目前建成各类自然保护地 345 处，全省 95% 的国家重点保护野生动植物物种和 80% 的典型生态系统均纳入了保护范围。自 2017 年以来，联合有关部门连续五年开展了“绿盾”自然保护地专项行动，推动了全省自然保护区 500 多个问题得到有效整改，保护区管理水平明显提升。小秦岭国家级自然保护区，经过 5 年多的集中攻坚整治，实现了生态环境历史性变化，如今已成为黄河中游特有动植物种类最丰富的地区之一。在 2021 年联合国生物多样性大会上，小秦岭的生态修复治理经验作为典型案例向世界发布。河南不断推进湿地保护修复，颁布实施了《河南省湿地保护条例》，目前全省湿地面积 942 万亩，已建立 1 处国际重要湿地、27 处省级重要湿地，以及 11 处湿地自然保护区、116 处湿地公园，湿地保护率达到 53.26%，全省湿地保护管理体系基本建成。河南农业大学袁志良教授介绍，黄河中游两岸森林植被和生物多样性保护是黄河湿地良好生态环境的重要前提，该省在黄河中游河南段的 5 个自然保护区内建立了约 50 公顷的森林永久监测样地，用于监测森林生物多样性，成为沿黄绿色长廊。黄河湿地保护了大鸨、青头潜鸭、大天鹅等150多种珍稀鸟类，全球仅存1500多只的极危鸟类青头潜鸭，在河南自然保护区栖息数量达300多只；曾经难得一见的大天鹅、小天鹅、疣鼻天鹅，现在已经成了河南沿黄河城市的常客，仅在黄河湿地国家级自然保护区洛阳段、三门峡库区越冬的大天鹅数量就有15000多只。

参考文献

[1]马正学. 甘肃太统—崆峒山国家级自然保护区维管植物和脊椎动物多样性与保护[M]. 兰州：甘肃科学技术出版社，2017：1-4.

[2]左佳. 辽河流域生物多样性调查研究[M]. 长春：吉林人民出版社，2017：3-8.

[3]夏婧，覃瑞，贾良. 湖北省老河口市生物多样性保护规划[M]. 武汉：华中科技大学出版社，2016：1-7.

[4]周建波. 生物多样性价值及研究现状[J]. 生物化工，2019，5(01)：158-161.

[5]任文春，徐靖，何卫. 认识生物多样性价值，践行绿色发展[J]. 世界环境，2018(06)：76-77.

[6]李骁，吴纪华，李博. 为生物多样性与人类未来而战[J]. 科学通报，2019，64(23)：2374-2378.

[7]徐基良，马静. 如果蜜蜂消失了，人类仅剩下4年光阴[J]. 学习时报，2021.

[8]吕植. 中国生物多样性保护与“3030目标”[J]. 人民论坛·学术前沿，2022，236(04)：24-34.

[9]孙忻，孙路阳，熊品贞，等. 中国动物多样性与保护[M]. 河南：科学技术出版社，2022.

[10]中华人民共和国国务院新闻办公室. 白皮书：中国的生物多样性保护. [R/OL]. (2021-10-08). http://www.scio.gov.cn/ztk/dtzt/44689/47139/index.htm.

[11]解焱. IUCN受威胁物种红色名录进展及应用[J]. 生物多样性，2022，30(10)：18.

第二章 鱼纲

鱼类是体表被鳞、以鳃呼吸、用鳍运动、利用颌捕食并适于水中生活的变温脊椎动物。

在河南省黄河流域地区分布的鱼类约计99种，隶属8目19科66属。列入《世界自然保护联盟濒危物种红色名录》的有27种(赤眼鳟 *Squaliobarbus curriculus*，团头鲂 *Megalobrama amblycephala*，三角鲂 *Megalobrama terminalis*，鳙 *Aristichthys nobilis*，青鱼 *Mylopharyngodon piceus*，鲫 *Carassius auratus*，蒙古红鲌 *Erythroculter mongolicus*，银鲴 *Xenocypris argentea*，鳜 *Siniperca chuatsi*，黄鳝 *Monopterus albus*，鲢 *Hypophthalmichthys molitrix*，鲤 *Cyprinus carpio*，鳗鲡 *Anguilla japonica*，黄黝鱼 *Hypseleotris swinhonis*，银鮈 *Squalidus argentatus*，高体鳑鲏 *Rhodeus ocellatus*，瓦氏黄颡鱼 *Pelteobagrus vachelli*，麦穗鱼 *Pseudorasbora parva*，鲇 *Silurus asotus*，中华花鳅 *Cobitis sinensis*，泥鳅 *Misgurnus anguillicaudatus*，云斑鮰 *Ameiurus nebulosus*，中华刺鳅 *Macrognathus sinensis*，食蚊鱼 *Gambusia affinis*，红鳍鲌 *Culter erythropterus*，中华多刺鱼 *Pungitius sinensis*，马口鱼 *Opsariichthys bidens*)，占总种数27.27%；列入《中国国家重点保护经济水生动植物资源名录》的有24种(赤眼鳟 *Squaliobarbus curriculus*，三角鲂 *Megalobrama terminalis*，鳙 *Aristichthys nobilis*，青鱼 *Mylopharyngodon piceus*，鲫 *Carassius auratus*，蒙古红鲌 *Erythroculter mongolicus*，银鲴 *Xenocypris argenten*，鳜 *Siniperca chuatsi*，黄鳝 *Monopterus albus*，鲢 *Hypophthalmichthys molitrix*，鲤 *Cyprinus carpio*，鳗鲡 *Anguilla japonica*，草鱼 *Ctenopharyngodon idellus*，翘嘴鲌 *Culter alburnus*，铜鱼 *Coreius cetopsis*，编 *Parabramis pekinensis*，鳡鱼 *Elopichthys bambusa*，团头鲂 *Megalobrama amblycephala*，细鳞斜颌鲴 *Xenocypris microlepis*，黄颡鱼 *Pelteobagrus fulvidraco*，兰州鲶 *Silurus lanzhouensis*，花鲈 *Lateolabrax japonicus*，乌鳢 *Ophiocephalus argus*，大银鱼 *Protosalanx hyalocranius*)，占总种数24.24%。

一、物种分类系统

在黄河流域河南省内分布的鱼类约计99种，隶属8目19科66属，其分类系统如下：

鲤形目 Cypriniformes

鲤科 Cyprinidae

鲤属 *Cyprinus*

鲤 *Cyprinus carpio*

突吻鱼属 *Varicorhinus*

多鳞铲颌鱼 *Varicorhinus macrolepis*

鲫属 *Carassius*

鲫 *Carassius auratus*

鳙属 *Aristichthys*

鳙 *Aristichthys nobilis*

鱲属 *Zacco*

宽鳍鱲 *Zacco platypus*

小鳔鮈属 *Microphysogobio*

长体小鳔鮈 *Microphysogobio elongatus*

青鱼属 *Mylopharyngodon*

青鱼 *Mylopharyngodon piceus*

鲢属 *Hypophthalmichthys*

鲢 *Hypophthalmichthys molitrix*

草鱼属 *Ctenopharyngodon*

草鱼 *Ctenopharyngodon idellus*

䱗属 *Hemiculter*

贝氏䱗 *Hemiculter bleekeri*

䱗 *Hemiculter leucisculus*

鳈属 *Sarcocheilichthys*

华鳈 *Sarcocheilichthys sinensis*

黑鳍鳈 *Sarcocheilichthys nigripinnis*

红鳍鳈 *Sarcocheilichthys sciistius*

赤眼鳟属 *Squaliobarbus*

赤眼鳟 *Squaliobarbus curriculus*

鲌属 *Culter*

红鳍鲌 *Culter erythropterus*

翘嘴鲌 *Culter alburnus*

红鲌属 *Erythroculter*

翘嘴红鲌 *Erythroculter ilishaeformis*

蒙古红鲌 *Erythroculter mongolicus*

鮈属 *Gobio*

棒花鮈 *Gobio rivuloides*

似铜鮈 *Gobio coriparoides*

花丁鮈 *Gobio cynocephalus*

细体鮈 *Gobio tenuicorpus*

铜鱼属 *Coreius*

铜鱼 *Coreius cetopsis*

吻鮈属 *Rhinogobio*

吻鮈 *Rhinogobio typus*

大鼻吻鮈 *Rhinogobio nasutus*

蛇鮈属 *Saurogobio*

蛇鮈 *Saurogobio dabryi*

颌须鮈属 *Gnathopogon*

多纹颌须鮈 *Gnathopogon polytaenia*

银色颌须鮈 *Gnathopogon argentatus*

济南颌须鮈 *Gnathopogon tsinanensis*

中间颌须鮈 *Gnathopogon intermedius*

银鮈属 *Squalidus*

银鮈 *Squalidus argentatus*

点纹银鮈 *Squalidus wolterstorffi*

拟鮈属 *Pseudogobio*

拟鮈 *Pseudogobio vaillanti*

麦穗鱼属 *Pseudorasbora*

麦穗鱼 *Pseudorasbora parva*

棒花鱼属 *Abbottina*

棒花鱼 *Abbottina rivularis*

胡鮈属 *Huigobio*

清徐胡鮈 *Huigobio chinssuensis*

似白鮈属 *Paraleucogobio*

似白鮈 *Paraleucogobio notacanthus*

鱊属 *Acheilognathus*

兴凯鱊 *Acheilognathus chankaensis*

斑条鱊 *Acheilognathus taenianalis*

大鳍鱊 *Acheilognathus macropterus*

鳊属 *Parabramis*

鳊 *Parabramis pekinensis*

似鳊属 *Pseudobrama*

似鳊 *Pseudobrama simoni*

鲂属 *Phoxinus*

拉氏鲂 *Phoxinus lagowskii*

尖头鲂 *Phoxinus oxycephalus*

鳑鲏属 *Rhodeus*

中华鳑鲏 *Rhodeus sinensis*

高体鳑鲏 *Rhodeus ocellatus*

鳡属 *Elopichthys*

鳡鱼 *Elopichthys bambusa*

马口鱼属 *Opsariichthys*

马口鱼 *Opsariichthys bidens*

鲂属 *Megalobrama*

团头鲂 *Megalobrama amblycephala*

三角鲂 *Megalobrama terminalis*

石鲋属 *Pseudoperilampus*

彩石鲋 *Pseudoperilampus lighti*

䱻属 *Hemibarbus*

花䱻 *Hemibarbus maculatus*

长吻䱻 *Hemibarbus longirostris*

鲮䱻 *Hemibarbus labeo*

飘鱼属 *Pseudolaubuca*

银飘鱼 *Pseudolaubuca sinensis*

寡鳞飘鱼 *Pseudolaubuca engraulis*

细鲫属 *Aphyocypris*

中华细鲫 *Aphyocypris chinensis*

鲴属 *Xenocypris*

银鲴 *Xenocypris argentea*

黄鲴 *Xenocypris davidi*

细鳞斜颌鲴 *Xenocypris microlepis*

雅罗鱼属 *Leuciscus*

瓦氏雅罗鱼 *Leuciscus waleckii*

鳅鮀属 *Gobiobotia*

鳅鮀 *Gobiobotia pappenheimi*

宜昌鳅鮀 *Gobiobotia ichangensis*

鳅科 Cobitidae

副鳅属 *Paracobitis*

红尾副鳅 *Paracobitis variegatus*

高原鳅属 *Triplophysa*

后鳍高原鳅 *Triplophysa posteroventralis*

董氏高原鳅 *Triplophysa toni*

鞍斑高原鳅 *Triplophysa sellaefer*

副沙鳅属 *Parabotia*

花斑副沙鳅 *Parabotia fasciata*

副泥鳅属 *Paramisgurnus*

大鳞副泥鳅 *Paramisgurnus dabryanus*

北鳅属 *Lefua*

北鳅 *Lefua costata*

花鳅属 *Cobitis*

中华花鳅 *Cobitis sinensis*

泥鳅属 *Misgurnus*

泥鳅 *Misgurnus anguillicaudatus*

鲇形目 Siluriformes

鲿科 Bagridae

拟鲿属 *Pseudobagrus*

盎堂拟鲿 *Pseudobagrus ondan*

乌苏里拟鲿 *Pseudobagrus ussuriensis*

黄颡鱼属 *Pelteobagrus*

光泽黄颡鱼 *Pelteobagrus nitidus*

瓦氏黄颡鱼 *Pelteobagrus vachelli*

黄颡鱼 *Pelteobagrus fulvidraco*

鲇科 Siluridea

鲇属 *Silurus*

鲇 *Silurus asotus*

兰州鲶 *Silurus lanzhouensis*

鮰科 Lctaluridae

鮰属 *Ameiurus*

云斑鮰 *Ameiurus nebulosus*

鲈形目 Perciformes

真鲈科 Percichthyidae

花鲈属 *Lateolabrax*

花鲈 *Lateolabrax japonicus*

鮨科 Serranidae

鳜属 *Siniperca*

鳜 *Siniperca chuatsi*

斑鳜 *Siniperca scherzeri*

鰕虎鱼科 Gobiidae

吻鰕虎鱼属 *Rhinogobius*

褐吻鰕虎鱼 *Rhinogobius brunneus*

子陵吻鰕虎鱼 *Rhinogobius giurinus*

波氏吻鰕虎鱼 *Rhinogobius cliffordpopei*

丝足鲈科 Osphronemidae

斗鱼属 *Macropodus*

圆尾斗鱼 *Macropodus chinensis*

塘鳢科 Eleotridae

黄黝鱼属 *Hypseleotris*

黄黝鱼 *Hypseleotris swinhonis*

沙塘鳢属 *Odontobutis*

沙塘鳢 *Odontobutis obscura*

鳢科 Channidae

鳢属 *Ophiocephalus*

乌鳢 *Ophiocephalus argus*

刺鳅科 Mastacembelidae

刺鳅属 *Macrognathus*

中华刺鳅 *Macrognathus sinensis*

鲑形目 Salmoniformes

胡瓜鱼科 Osmeridae

公鱼属 *Hypomesus*

池沼公鱼 *Hypomesus olidus*

银鱼科 Salangidae

大银鱼属 *Protosalanx*

大银鱼 *Protosalanx hyalocranius*

合鳃目 Synbranchiformes

合鳃鱼科 Synbranchidae

黄鳝属 *Monopterus*

黄鳝 *Monopterus albus*

鳗鲡目 Anguilliformes

鳗鲡科 Anguillidae

鳗鲡属 *Anguilla*

鳗鲡 *Anguilla japonica*

刺鱼目 Gasterosteiformes

刺鱼科 Gasterosteidae

多刺鱼属 *Pungitius*

中华多刺鱼 *Pungitius sinensis*

鳉形目 Cyprinodontiformes

青鳉科 Oryziatidae

青鳉属 *Oryzias*

青鳉 *Oryzias latipes*

胎鳉科 Poeciliidae

食蚊鱼属 *Gambusia*

食蚊鱼 *Gambusia affinis*

二、群落结构特征

在该地区分布的鱼类有99种，隶属8目19科66属。从下表2－1可以看出其群落结构特征是鲤形目 Cypriniformes 为优势目，优势度为73.74%；次优势目是鲇形目 Siluriformes 和鲈形目 Perciformes，优势度分别为8.08%和11.11%；从科级水平分析鲤科 Cyprinidae 为优势类群，优势度为64.65%；次优势类群是鳅科 Cobitidae 和鲿科 Bagridae，优势度分别为9.09%和5.05%；鮰科 Lctaluridae、真鲈科 Percichthyidae、丝足鲈科 Osphronemidae、鳢科 Channidae、刺鳅科 Mastacembelidae、胡瓜鱼科 Osmeridae、银鱼科 Salangidae、合鳃鱼科 Synbranchidae、鳗鲡科 Anguillidae、刺鱼科 Gasterosteidae、青鳉科 Oryziatidae 和胎鳉科 Poeciliidae 12 个科为单属种科。

表 2-1 鱼类的群落结构特征

目 Order	科 Family	属 Genus	种 Species	比例/% Per./%
鲤形目 Cypriniformes	鲤科 Cyprinidae	40	64	73.74
	鳅科 Cobitidae	7	9	
鲇形目 Siluriformes	鲿科 Bagridae	2	5	8.08
	鲇科 Siluridea	1	2	
	鮰科 Lctaluridae	1	1	
鲈形目 Perciformes	真鲈科 Percichthyidae	1	1	11.11
	鮨科 Serranidae	1	2	
	鰕虎鱼科 Gobiidae	1	3	
	丝足鲈科 Osphronemidae	1	1	
	塘鳢科 Eleotridae	2	2	
	鳢科 Channidae	1	1	
	刺鳅科 Mastacembelidae	1	1	
鲑形目 Salmoniformes	胡瓜鱼科 Osmeridae	1	1	2.02
	银鱼科 Salangidae	1	1	
合鳃目 Synbranchiformes	合鳃鱼科 Synbranchidae	1	1	1.01
鳗鲡目 Anguilliformes	鳗鲡科 Anguillidae	1	1	1.01
刺鱼目 Gasterosteiformes	刺鱼科 Gasterosteidae	1	1	1.01
鳉形目 Cyprinodontiformes	青鳉科 Oryziatidae	1	1	1.01
	胎鳉科 Poeciliidae	1	1	1.01
合计	19	66	99	100

三、物种区系分类特征

河南地势西高东低，由平原和盆地、山地、丘陵和水域组成，地跨海河、黄河、淮河、长江四大流域，属北亚热带向暖温带过渡的大陆性季风气候。北、西、南三面由太行山、伏牛山、桐柏山、大别山沿省界呈半环形分布，中东部为黄淮海冲积平原，西南部为南阳盆地，拥有河南太行山猕猴国家级自然保护区、河南大别山国家级自然保护区、河南伏牛山国家级自然保护区、河南黄河湿地国家级自然保护区等多个国家级自然保护区。

在河南黄河流域地区分布的鱼类约计99种，各物种在此地区的分布及区系特征见下表2－2。

表2－2 鱼类的分布及区系特征

目 Order 科 Family	种 Species	区系分布	保护级别	留居型	区域内分布
鲤形目 Cypriniformes 鲤科 Cyprinidae	鲤 *Cyprinus carpio*	C	VU *	R	广布
	多鳞铲颌鱼 *Varicorhinus macrolepis*	C	—	R	广布
	鲫 *Carassius auratus*	C	LC *	R	广布
	鳙 *Aristichthys nobilis*	C	DD *	R	广布
	宽鳍鱲 *Zacco platypus*	C	—	R	有分布
	长体小鳔鮈 *Microphysogobio elongatus*	B	—	R	有分布
	青鱼 *Mylopharyngodon piceus*	C	DD *	R	广布
	鲢 *Hypophthalmichthys molitrix*	C	NT *	R	广布
	草鱼 *Ctenopharyngodon idellus*	C	*	R	广布
	贝氏䱗 *Hemiculter bleekeri*	C	—	R	广布
	䱗 *Hemiculter leucisculus*	C	—	R	广布
	华鳈 *Sarcocheilichthys sinensis*	C	—	R	广布

续表 1

目 Order 科 Family	种 Species	区系分布	保护级别	留居型	区域内分布
鲤形目 **Cypriniformes** 鲤科 Cyprinidae	黑鳍鳈 *Sarcocheilichthys nigripinnis*	C	—	R	广布
	红鳍鳈 *Sarcocheilichthys sciistius*	A	—	R	有分布
	赤眼鳟 *Squaliobarbus curriculus*	C	NE *	R	广布
	红鳍鲌 *Culter erythropterus*	C	LC	R	广布
	翘嘴鲌 *Culter alburnus*	C	*	R	广布
	翘嘴红鲌 *Erythroculter ilishaeformis*	C	—	R	广布
	蒙古红鲌 *Erythroculter mongolicus*	C	LC *	R	广布
	棒花鮈 *Gobio rivuloides*	A	—	R	有分布
	似铜鮈 *Gobio coriparoides*	A	—	R	有分布
	花丁鮈 *Gobio cynocephalus*	A	—	R	有分布
	细体鮈 *Gobio tenuicorpus*	A	—	R	有分布
	铜鱼 *Coreius cetopsis*	C	*	R	广布
	吻鮈 *Rhinogobio typus*	B	—	R	有分布
	大鼻吻鮈 *Rhinogobio nasutus*	B	—	R	有分布
	蛇鮈 *Saurogobio dabryi*	C	—	R	广布
	多纹颌须鮈 *Gnathopogon polytaenia*	C	—	R	广布
	银色颌须鮈 *Gnathopogon argentatus*	C	—	R	广布
	济南颌须鮈 *Gnathopogon tsinanensis*	A	—	R	有分布
	中间颌须鮈 *Gnathopogon intermedius*	A	—	R	有分布
	银鮈 *Squalidus argentatus*	C	DD	R	广布
	点纹银鮈 *Squalidus wolterstorffi*	C	—	R	广布
	拟鮈 *Pseudogobio vaillanti*	C	—	R	广布
	麦穗鱼 *Pseudorasbora parva*	C	LC	R	广布
	棒花鱼 *Abbottina rivularis*	C	—	R	广布

续表 2

目 Order 科 Family	种 Species	区系分布	保护级别	留居型	区域内分布
鲤形目 Cypriniformes 鲤科 Cyprinidae	清徐胡鮈 *Huigobio chinssuensis*	C	—	R	广布
	似白鮈 *Paraleucogobio notacanthus*	A	—	R	有分布
	兴凯鱊 *Acheilognathus chankaensis*	C	—	R	广布
	斑条鱊 *Acheilognathus taenianalis*	B	—	R	有分布
	大鳍鱊 *Acheilognathus macropterus*	C	—	R	广布
	鳊 *Parabramis pekinensis*	C	*	R	广布
	似鳊 *Pseudobrama simoni*	C	—	R	广布
	拉氏鲅 *Phoxinus lagowskii*	C	—	R	广布
	尖头鲅 *Phoxinus oxycephalus*	C	—	R	广布
	中华鳑鲏 *Rhodeus sinensis*	C	—	R	广布
	高体鳑鲏 *Rhodeus ocellatus*	C	DD	R	广布
	鳡鱼 *Elopichthys bambusa*	C	*	R	广布
	马口鱼 *Opsariichthys bidens*	C	LC	R	广布
	团头鲂 *Megalobrama amblycephala*	B	LC *	R	有分布
	三角鲂 *Megalobrama terminalis*	C	NE *	R	广布
	彩石鲋 *Pseudoperilampus lighti*	C	—	R	广布
	花鲭 *Hemibarbus maculatus*	C	—	R	广布
	长吻鲭 *Hemibarbus longirostris*	C	—	R	广布
	鲮鲭 *Hemibarbus labeo*	C	—	R	广布
	银飘鱼 *Pseudolaubuca sinensis*	C	—	R	广布
	寡鳞飘鱼 *Pseudolaubuca engraulis*	C	—	R	广布
	中华细鲫 *Aphyocypris chinensis*	C	—	R	广布
	银鲴 *Xenocypris argentea*	C	LC *	R	广布
	黄鲴 *Xenocypris davidi*	C	—	R	广布

续表 3

目 Order 科 Family	种 Species	区系分布	保护级别	留居型	区域内分布
鲤形目 Cypriniformes 鲤科 Cyprinidae	细鳞斜颌鲴 *Xenocypris microlepis*	B	*	R	有分布
	瓦氏雅罗鱼 *Leuciscus waleckii*	A	—	R	有分布
	鳅鮀 *Gobiobotia pappenheimi*	C	—	R	有分布
	宜昌鳅鮀 *Gobiobotia ichangensis*	B	—	R	有分布
鲤形目 Cypriniformes 鳅科 Cobitidae	红尾副鳅 *Paracobitis variegatus*	C	—	R	广布
	后鳍高原鳅 *Triplophysa posteroventralis*	A	—	R	有分布
	董氏高原鳅 *Triplophysa toni*	A	—	R	有分布
	鞍斑高原鳅 *Triplophysa sellaefer*	A	—	R	有分布
	花斑副沙鳅 *Parabotia fasciata*	C	—	R	有分布
	大鳞副泥鳅 *Paramisgurnus dabryanus*	C	—	R	广布
	北鳅 *Lefua costata*	A	—	R	有分布
	中华花鳅 *Cobitis sinensis*	B	LC	R	有分布
	泥鳅 *Misgurnus anguillicaudatus*	C	LC	R	广布
鲇形目 Siluriformes 鲿科 Bagridae	盎堂拟鲿 *Pseudobagrus ondan*	C	—	R	广布
	乌苏里拟鲿 *Pseudobagrus ussuriensis*	C	—	R	广布
	光泽黄颡鱼 *Pelteobagrus nitidus*	B	—	R	有分布
	瓦氏黄颡鱼 *Pelteobagrus vachelli*	C	DD	R	广布
	黄颡鱼 *Pelteobagrus fulvidraco*	C	*	R	广布
鲇形目 Siluriformes 鲇科 Siluridea	鲇 *Silurus asotus*	C	LC	R	广布
	兰州鲶 *Silurus lanzhouensis*	A	*	R	有分布
鲇形目 Siluriformes 鮰科 Lctaluridae	云斑鮰 *Ameiurus nebulosus*	C	LC	R	广布
鲈形目 Perciformes 真鲈科 Percichthyidae	花鲈 *Lateolabrax japonicus*	C	*	R	广布

续表 4

目 Order 科 Family	种 Species	区系分布	保护级别	留居型	区域内分布
鲈形目 Perciformes 鮨科 Serranidae	鳜 *Siniperca chuatsi*	C	LC *	R	广布
	斑鳜 *Siniperca scherzeri*	C	—	R	广布
鲈形目 Perciformes 鰕虎鱼科 Gobiidae	褐吻鰕虎鱼 *Rhinogobius brunneus*	A	—	R	有分布
	子陵吻鰕虎鱼 *Rhinogobius giurinus*	C	—	R	广布
	波氏吻鰕虎鱼 *Rhinogobius cliffordpopei*	C	—	R	广布
鲈形目 Perciformes 丝足鲈科 Osphronemidae	圆尾斗鱼 *Macropodus chinensis*	C	—	R	广布
鲈形目 Perciformes 塘鳢科 Eleotridae	黄黝鱼 *Hypseleotris swinhonis*	C	NE	R	广布
	沙塘鳢 *Odontobutis obscura*	B	—	R	有分布
鲈形目 Perciformes 鳢科 Channidae	乌鳢 *Ophiocephalus argus*	C	*	R	广布
鲈形目 Perciformes 刺鳅科 Mastacembelidae	中华刺鳅 *Macrognathus sinensis*	C	LC	R	广布
鲑形目 Salmoniformes 胡瓜鱼科 Osmeridae	池沼公鱼 *Hypomesus olidus*	A	—	R	有分布
鲑形目 Salmoniformes 银鱼科 Salangidae	大银鱼 *Protosalanx hyalocranius*	C	*	R	广布
合鳃目 Synbranchiformes 合鳃鱼科 Synbranchidae	黄鳝 *Monopterus albus*	C	LC *	R	广布
鳗鲡目 Anguilliformes 鳗鲡科 Anguillidae	鳗鲡 *Anguilla japonica*	C	EN *	—	广布
刺鱼目 Gasterosteiformes 刺鱼科 Gasterosteidae	中华多刺鱼 *Pungitius sinensis*	C	VU	R	广布

续表 5

目 Order 科 Family	种 Species	区系分布	保护级别	留居型	区域内分布
鳉形目 Cyprinodontiformes 青鳉科 Oryziatidae	青鳉 *Oryzias latipes*	C	—	R	广布
鳉形目 Cyprinodontiformes 胎鳉科 Poeciliidae	食蚊鱼 *Gambusia affinis*	C	LC	R	广布

注:表中区系分布栏:A – 古北界,B – 东洋界,C – 广布型。表中保护级别分布栏:(1)《世界自然保护联盟濒危物种红色名录》标准 NE(未予评估)、LC(无危)、DD(缺乏数据)、近危(NT)、VU(易危)、EN(濒危);(2)列入《中国国家重点保护经济水生动植物资源名录(第一批)》用 * 表示。

区系分布特征:该地区分布的鱼类有 99 种,其中属于古北界种类有 16 种,占总种数的 16.16%;属于东洋界种类有 10 种,占总种数的 10.10%;属于广布型种类有 73 种,占总种数的 73.73%。该地区分布的鱼类以广布型为主,古北界次之,东洋界最少。

四、保护现状描述

该地区分布的鱼类有 99 种,隶属 8 目 19 科 66 属。列入《世界自然保护联盟濒危物种红色名录》未予评估的 3 种为赤眼鳟 *Squaliobarbus curriculus*(NE)、三角鲂 *Megalobrama terminalis*(NE)、黄黝鱼 *Hypseleotris swinhonis*(NE);列入《世界自然保护联盟濒危物种红色名录》缺乏数据的 5 种为银鮈 *Squalidus argentatus*(DD)、高体鳑鲏 *Rhodeus ocellatus*(DD)、瓦氏黄颡鱼 *Pelteobagrus vachelli*(DD)、鳙 *Aristichthys nobilis*(DD)和青鱼 *Mylopharyngodon piceus*(DD);列入《世界自然保护联盟濒危物种红色名录》无危的 15 种为鲫 *Carassius auratus*(LC)、蒙古红鲌 *Erythroculter mongolicus*(LC)、麦穗鱼 *Pseudo-*

rasbora parva(LC)、银鲴 *Xenocypris argentea*(LC)、鲇 *Silurus asotus*(LC)、中华花鳅 *Cobitis sinensis*(LC)、泥鳅 *Misgurnus anguillicaudatus*(LC)、云斑鮰 *Ameiurus nebulosus*(LC)、中华刺鳅 *Macrognathus sinensis*(LC)、食蚊鱼 *Gambusia affinis*(LC)、红鳍鲌 *Culter erythropterus*(LC)、鳜 *Siniperca chuatsi*(LC)、黄鳝 *Monopterus albus*(LC)、马口鱼 *Opsariichthys bidens*(LC)和团头鲂 *Megalobrama amblycephala*(LC);列入《世界自然保护联盟濒危物种红色名录》近危的 1 种为鲢 *Hypophthalmichthys molitrix*(NT);列入《世界自然保护联盟濒危物种红色名录》易危的 2 种为中华多刺鱼 *Pungitius sinensis*(VU)和鲤 *Cyprinus carpio*;列入《世界自然保护联盟濒危物种红色名录》濒危的 1 种为鳗鲡 *Anguilla japonica*(EN)。列入《中国国家重点保护经济水生动植物资源名录(第一批)》的有 24 种包括赤眼鳟 *Squaliobarbus curriculus*、三角鲂 *Megalobrama terminalis*、鲫 *Carassius auratus*、蒙古红鲌 *Erythroculter mongolicus*、银鲴 *Xenocypris argentea*、鳙 *Aristichthys nobilis*、青鱼 *Mylopharyngodon piceus*、鲤 *Cyprinus carpio*、鳗鲡 *Anguilla japonica*、鲢 *Hypophthalmichthys molitrix*、草鱼 *Ctenopharyngodon idellus*、翘嘴鲌 *Culter alburnus*、铜鱼 *Coreius cetopsis*、鳊 *Parabramis pekinensis*、鳡鱼 *Elopichthys bambusa*、团头鲂 *Megalobrama amblycephala*、细鳞斜颌鲴 *Xenocypris microlepis*、黄颡鱼 *Pelteobagrus fulvidraco*、兰州鲶 *Silurus lanzhouensis*、鳜 *Siniperca chuatsi*、花鲈 *Lateolabrax japonicus*、乌鳢 *Ophiocephalus argus*、大银鱼 *Protosalanx hyalocranius* 和黄鳝 *Monopterus albus*。

特征描述如下:

(一)列入《世界自然保护联盟濒危物种红色名录》和《中国国家重点保护经济水生动植物资源名录(第一批)》

1. 赤眼鳟 *Squaliobarbus curriculus*

形态特征:鱼体呈银白色,背部为灰黑色,体侧鳞片基部有 1 个黑斑,形成纵列条纹;鱼体为长筒形,头锥形,后部较扁,2 对细小须;侧线平直后延至尾柄中央;尾鳍为深分叉形状、深灰色并具有黑色边缘(向建国,何福林,2006;

李思忠,2017)。

栖息环境:为广温性江河中层鱼类,喜生活于缓静水区。

生活习性:对环境适应性强,平常不成群,善跳跃;为杂食性鱼类,以藻类、有机碎屑、水草等为食。

繁殖:3 龄鱼可达性成熟;卵色为浅绿色,沉性卵;繁殖季节一般为 4—9 月,其中 6—7 月为盛产期,繁殖适宜水温为 22℃—28℃;河南地区产卵期为 5—6 月份。

分布:广泛分布于我国的淡水水域;河南主要见于三门峡、洛阳、焦作、郑州和安阳等。

保护:列入《世界自然保护联盟濒危物种红色名录》2013 年 ver 3. 1——未予评估(NE);列入《中国国家重点保护经济水生动植物资源名录(第一批)》。

2. 团头鲂 *Megalobrama amblycephala*

形态特征:鱼体呈青灰色,体侧鳞片基部为浅色,两侧为灰黑色,鱼鳍为灰黑色;鱼体为侧扁而高且呈菱形,背部较厚;背鳍位腹鳍基部后上方,胸鳍末端略钝,腹鳍短于胸鳍,臀鳍延长而外缘稍凹,尾鳍为深分叉形状。(刘元林,2013;屈长义等,2013)

栖息环境:栖息于底质为淤泥、生长有沉水植物的敞水区的中、下层,适合于静水性生活,冬季喜在深水处越冬。

生活习性:为草食性鱼类,以苦草、轮叶黑藻、眼子菜等沉水植物为食。

繁殖:3 龄鱼可达性成熟。繁殖期雄性亲鱼眼眶、头顶、尾柄部鳞片和胸鳍前部鳍条背面呈现白色“珠星”,胸鳍第 1 根鳍条变的肥厚,略呈“S”状弯曲;雌性亲鱼尾柄处也呈现一些“珠星”;产卵大多在夜间进行,卵色为浅黄色,黏性卵。

分布:广泛分布于我国的淡水水域;河南黄河流域均有分布。

保护:列入《世界自然保护联盟濒危物种红色名录》2011 ver 3. 1——无危(LC);列入《中国国家重点保护经济水生动植物资源名录(第一批)》。

3. 三角鲂 *Megalobrama terminalis*

形态特征:鱼体背侧呈灰黑色,鱼鳍为黄灰色,腹膜为灰褐色;鱼体侧扁而高且略呈长菱形,腹部较圆;腹棱位腹鳍基部与肛门之间而尾柄宽短。(孙翰昌,2004;李明德,2005)

栖息环境:栖息于流水或静水的中下层水域,喜欢生活于游泥质和生有沉水植物的水域。

生活习性:气温高于20℃时在水体上层活动,气温小于5℃时行动缓慢并聚集于深水区石缝中过冬;为杂食性鱼类,幼鱼喜食枝角类等浮游生物及淡水壳菜,而成鱼喜食苦草、藻类和淡水壳菜等。

繁殖:3龄鱼可达性成熟。繁殖期雄性亲鱼的头背面、眼眶、胸鳍背面,以及尾鳍上缘、下缘密布白色“珠星”。5—6月性成熟亲鱼聚集于流水区进行繁殖,并产卵于卵石底的浅水区。

分布:广泛分布于我国的淡水水域;河南主要见于洛阳。

保护:列入《世界自然保护联盟濒危物种红色名录》2013年 ver 3.1——未予评估(NE);列入《中国国家重点保护经济水生动植物资源名录(第一批)》。

4. 鳙 *Aristichthys nobilis*

形态特征:鱼体呈灰黑色,背面为暗褐色,具黑色密细斑,腹面为银白色;鱼体侧扁且较高,腹部在腹鳍基部前较圆,其后部至肛门前有狭窄腹棱;口大,端位,口裂向上倾斜,下颌稍突出;背鳍基部短而胸鳍长,腹鳍末端可达或稍超过肛门,臀鳍位肛门后方。(宫民, 2015)

栖息环境:温水性鱼类,生活于江河干流、平缓的河湾、湖泊和水库的中上层。

生活习性:为典型的浮游生物食性鱼类,从鱼苗到成鱼阶段都以浮游动物为主食,兼食浮游植物。

繁殖: 4—5龄鱼可达性成熟。繁殖期在4—7月,产卵行为多发生在水位陡涨的汛期,发育卵为漂浮性卵。

分布:广泛分布于我国的淡水水域;河南黄河流域均有分布。

保护:列入《世界自然保护联盟濒危物种红色名录》2010 年 ver 3.1——数据缺乏(DD);列入《中国国家重点保护经济水生动植物资源名录(第一批)》。

5. 青鱼 *Mylopharyngodon piceus*

形态特征:鱼体呈青灰色,背部颜色较深,腹部为灰白色,鱼鳍均为黑色;鱼体粗壮且为近圆筒形状;背鳍位腹鳍上方无硬刺。(李思忠,2017)

栖息环境:水底层生活的鱼类,主要集中于江河湾道及附属水体多螺蛳等底栖动物的地带,冬季在河床或湖泊深水处越冬。

生活习性:为肉食性鱼类,以水底层的软体动物为主要食物来源,尤其喜食螺蛳肉;青鱼苗以摄食浮游动物为主,青鱼幼鱼以摄食底栖动物、昆虫幼虫等为主,青鱼成鱼以螺蛳、蚌、蚬等有壳动物为食。

繁殖:雄鱼 4—5 龄可达性成熟,雌鱼 5—7 龄可达性成熟;繁殖期为 5—6 月,开春后越冬青鱼开始上溯并在溯流过程中性腺迅速发育成熟,在江河干流产卵繁殖。(戴志华,刘湘香,2017)

分布:广泛分布于我国的淡水水域;河南黄河流域均有分布。

保护:列入《世界自然保护联盟濒危物种红色名录》2004 年 ver 3.1——数据缺乏(DD);列入《中国国家重点保护经济水生动植物资源名录(第一批)》。

6. 鲫 *Carassius auratus*

形态特征:1 龄以下鱼体背侧常为绿灰色并且两侧及下方为银白色;1 龄以上大鱼体色较暗,背侧为黑色而微绿,两侧及下方常有金黄光泽;鱼体为长椭圆形且侧扁;背鳍开始于体正中央稍前方,胸鳍侧位且低,腹鳍开始于背鳍起始点稍前方,臀鳍短。(谢楠等,2016;李思忠,2017)

栖息环境:典型的底层鱼类,适应能力强,耐严寒、酷暑气候及低氧环境。

生活习性:为杂食性鱼类,主要以浮游动物中的轮虫、枝角类为食,也会吃摇蚊幼虫、小虾、小型软体动物、藻类、植物碎屑、水生高等植物的幼芽或嫩叶和淤泥中的腐殖质等。

繁殖:1 龄可达性成熟,繁殖期为 2—8 月;水温达 18℃开始产卵,产卵盛期水温为 20℃—26℃。

分布:广泛分布于我国的淡水水域;河南黄河流域均有分布。

保护:列入《世界自然保护联盟濒危物种红色名录》2013 年 ver 3.1——无危(LC);列入《中国国家重点保护经济水生动植物资源名录(第一批)》。

7. 蒙古红鲌 *Erythroculter mongolicus*

形态特征:鱼体背部呈青灰色,腹部为银白色,背鳍为灰褐色,胸、腹、臀鳍为浅黄色,尾鳍呈鲜红色;鱼体长而侧扁,口端位,无须;背鳍末根有光滑硬刺,胸鳍较小,臀鳍无硬刺,尾鳍为深分叉形状。(石琼等,2015;李世华,2006)

栖息环境:生活于水流缓慢的河湾或湖泊的中、上层,游动敏捷,喜追捕小鱼且成群生活。

生活习性:为凶猛肉食性鱼类,蒙古红鲌幼鱼以浮游动物和水生昆虫为食,蒙古红鲌成鱼则以其他小鱼为主食;冬季集群于深水处过冬,春季开始分散于水体中上层。

繁殖:蒙古红鲌产卵期在 5—7 月,其中 6 月为产卵高峰期;产卵场一般为流水中或静水湖泊有进水处的地点;卵白色透明且为黏性卵。

分布:广泛分布于我国的淡水水域;河南省黄河流域有分布。

保护:列入《世界自然保护联盟濒危物种红色名录》2012 年 ver 3.1——无危(LC);列入《中国国家重点保护经济水生动植物资源名录(第一批)》。

8. 银鲴 *Xenocypris argentea*

形态特征:鱼体背侧呈淡灰绿色,腹面为银白色;背鳍与尾鳍均为黄灰色,尾鳍后缘为黑色,胸鳍为淡橘黄色,腹鳍与臀鳍为淡银白色;鱼体头短锥形,后部稍微侧扁;背鳍背缘斜而微凹,胸鳍侧位,臀鳍较窄短,尾鳍为深分叉形状。(向成化,2003;李思忠,2017)

栖息环境:广温性淡水鱼类,常栖息于江、湖的中下层。

生活习性:以腐屑底泥为主食,同时也摄食硅藻和固着藻类;不耐低氧,水中溶解氧量低时容易浮头。

繁殖:2 龄鱼可达性成熟,繁殖期为 4—6 月,在流水中产卵,卵呈淡黄色并为黏性卵。

分布:广泛分布于我国的淡水水域;河南主要见于洛阳、巩义、郑州、开封等。

保护:列入《世界自然保护联盟濒危物种红色名录》2012 年 ver 3.1——无危(LC);列入《中国国家重点保护经济水生动植物资源名录(第一批)》。

9. 鳜 *Siniperca chuatsi*

形态特征:鱼体背侧呈棕黄色,腹面为微白色,体多具不规则褐色的斑块或斑点,背鳍、臀鳍和尾鳍具黑色点斑,胸鳍和腹鳍为浅色;鱼体高而侧扁,眼后背部隆起显著;背鳍连续,腹鳍胸位,臀鳍始于背鳍的最后鳍条下方,胸鳍和尾鳍为圆形。(李明锋,2010;李明德,2011)

栖息环境:喜欢栖息于江河、湖泊、水库等水草茂盛较洁净的水体中。

生活习性:为肉食性鱼类,幼鱼阶段以其他鱼苗为食,成长至 20cm 时主要捕食鳑鲏、似鲚等小型鱼类和虾类,也食蝌蚪和小蛙;成长至 25cm 以上时主要摄食鲤、鲫等鱼类;春、夏、秋季摄食旺盛且多在夜间,冬季停止摄食。

繁殖:产卵场所为有一定流速的湖泊进水处和有风浪拍击的岸滩,尤其在雨后涨水的夜晚产卵活动最盛;产卵前鳜鱼亲鱼出现集群特征,产卵时性成熟的雌、雄鳜鱼成对地在水面游动追逐,然后在水体下层分批产卵及排精。

分布:除我国青藏高原外,广泛分布于我国的淡水水域;河南黄河流域有分布。

保护:列入《世界自然保护联盟濒危物种红色名录》2020 年 ver 3.1——无危(LC);列入《中国国家重点保护经济水生动植物资源名录(第一批)》。

10. 黄鳝 *Monopterus albus*

形态特征:鱼体背呈黄褐色,腹部较淡,全身有不规则黑色斑点;鱼体为细长圆柱状。鳃退化并由口咽腔及肠代行呼吸；体裸露润滑无鳞片且富有黏液；无胸鳍和腹鳍，背鳍和臀鳍也退化为仅留皮褶，均与尾鳍相连。（李瑾，2003；李思忠，2017）

栖息环境：为热带及暖温带且营底栖生活的鱼类；主要栖息于稻田、湖泊、池塘、河流与沟渠等泥质地的水域。

生活习性：为肉食性鱼类，以昆虫及其幼虫、蛙、蝌蚪和小鱼为食；白天多在腐殖质淤泥或堤岸有水的石隙中穴居，夜间出穴觅食。

繁殖：繁殖期为6—8月，个体发育中具有雌性和雄性逆转现象；胚胎期到初次性成熟时为雌性，体长为36—48cm时部分个体出现性逆转，成长至53cm以上则多为雄性。

分布：广泛分布于我国的淡水水域；河南黄河流域均有分布。

保护：列入《世界自然保护联盟濒危物种红色名录》2010年 ver 3.1——无危（LC）；列入《中国国家重点保护经济水生动植物资源名录（第一批）》。

11. 鲢 *Hypophthalmichthys molitrix*

形态特征：鱼体背部呈青灰色，两侧及腹部为白色；鱼体侧扁且稍高，腹部较扁，发达的腹棱位于胸鳍基部前下方至肛门间。口宽大，口裂稍向上倾斜，后端伸达眼前缘的下方；背鳍基部较短，胸鳍较长，腹鳍较短，臀鳍起点为背鳍基部的后下方，尾鳍为深分叉形状。（熊六凤，2007；旭日干，2013）

栖息环境：栖息于江河干流及附属水体的上层。

生活习性：性活泼，善跳跃；以浮游植物为主食，鱼苗以浮游动物为食。喜在沿江附属静水水体肥育，冬季回到干流河床或在湖泊深处越冬。

繁殖：3—4龄可达性成熟。发情时，雄鱼追逐雌鱼，活跃异常，或雌、雄鱼并列露出水面嬉游，不时掀起浪花。

分布：广泛分布于我国的淡水水域；河南黄河流域均有分布。

保护：列入《世界自然保护联盟濒危物种红色名录》IUCN 2011年 ver 3.1——近危（NT）；列入《中国国家重点保护经济水生动植物资源名录（第一批）》。

12. 鲤 *Cyprinus carpio*

形态特征:鱼背侧呈蓝黑色,两侧及腹面小鱼为银白色,大鱼逐渐有金黄色光泽,背鳍及尾鳍为淡红黄色,其他鳍为金黄色。鱼体呈纺锤形且中等侧扁。口前位,稍低,具须2对。背鳍最后有1根硬刺发达,胸鳍侧位而低,尾鳍为深分叉形状。(李思忠,2017;冯伟业等,2018)

栖息环境:为淡水中下层鱼类,对生存环境适应性很强。

生活习性:为杂食性鱼类,幼鱼主要以轮虫、甲壳类及小型无脊椎动物等为食;成鱼主要以螺、蚌、蚬软体动物,以及水生昆虫的幼虫、小鱼、虾等为食,也会食一些丝状藻类、水草、植物碎屑。

繁殖:一般以水温18℃—25℃为产卵盛期,河南为清明节(四月上旬)前后,喜产卵于缓静多水草处,尤喜黎明前安静时产卵。

分布:除我国西北高原少数地区外,广泛分布于我国的淡水水域;河南黄河流域均有分布。

保护:列入《世界自然保护联盟濒危物种红色名录》2013年ver 3.1——易危(VU);列入《中国国家重点保护经济水生动植物资源名录(第一批)》。

13. 鳗鲡 *Anguilla japonica*

形态特征:鱼背侧呈黑绿色,腹侧为白色,鳍为淡黄色;鱼体细长且近圆柱状,微侧扁。头钝锥状,吻平扁而口前位;背鳍始于肛门前方,胸鳍圆形,臀鳍似背鳍而鳍条较长,无腹鳍,尾鳍窄短而与背鳍和臀鳍完全相连。(倪勇,伍汉霖,2006)

栖息环境:为广盐性鱼类,在海水中繁殖,在淡水中生长;对水流敏感,爱逆水游泳,善于钻土穿孔穴居或潜逃。

生活习性:生长适应温度为13℃—30℃;白天喜阴厌光而潜入洞穴、石缝或淤泥层中,夜晚出来活动觅食;鳗苗及幼鳗摄食水中的桡足类幼虫、水蚤及小虾等,成鳗则以小鱼虾、水生昆虫为食。

繁殖:秋末冬初,性成熟的亲鳗由栖息的河、湖洄游入海,在深海中产卵;

受精卵孵化成仔鳗并发育为鳗苗后漂流到大陆沿海河口，再从河口溯河而上进入江河湖泊生长。（谢刚等，2002）

分布：广泛分布于我国的沿海和淡水水域；河南黄河流域主要见于三门峡、洛阳和郑州等。

保护：列入《世界自然保护联盟濒危物种红色名录》2013 年 ver 3.1——濒危（EN）；列入《中国国家重点保护经济水生动植物资源名录（第一批）》。

（二）仅列入《世界自然保护联盟濒危物种红色名录》

1. 黄黝鱼 *Hypseleotris swinhonis*

形态特征：鱼体呈黄色，头背侧为灰黑色，体腹侧常为橘黄色，各鳍为淡灰黄色，腹膜为灰黑色；口前位，斜裂，上颌稍短于下颌；背鳍有 2 个且彼此分离，胸鳍大，腹鳍胸位，尾鳍为圆形。（蔡文仙，2013）

栖息环境：栖息于江河、湖泊水体底层的小型鱼类。

生活习性：主要以小鱼、小虾为食，也吃枝角类。

繁殖：雄鱼生殖突起呈长细尖形，体色较暗并有护卵行为；雌鱼生殖突起宽扁，体色较淡；5 月下旬产卵，卵依附于水草上或石头上。

分布：广泛分布于我国的淡水水域；河南黄河流域主要见于三门峡、洛阳、焦作、新乡和安阳等地。

保护：列入《世界自然保护联盟濒危物种红色名录》2013 年 ver 3.1——未予评估（NE）。

2. 银鮈 *Squalidus argentatus*

形态特征：背部呈银灰色，体侧及腹面为银白色，背、尾鳍均带灰色，其他鳍均为灰白色；鱼体细长且前段近圆筒形；背部在背鳍基部前稍隆起，腹部圆，尾柄稍侧扁；背鳍无硬刺，胸鳍末端较尖而腹鳍短。（旭日干，2013）

栖息环境：栖息于溪流下游地区的缓流区及深潭底部的下层底栖鱼类。

生活习性：主要以底栖水生昆虫、有机碎屑、藻类和水生植物为食。

繁殖：2—3 龄可达性成熟；产卵期水温为 17.5℃—27.0℃，为一次性产卵类型,产卵场一般分布在平均流速大于0.6m/s、水流急缓交错、流态紊乱、沙量较大、有沙洲或小岛的江段。

分布:除我国西北少数地区外,广泛分布于我国的淡水水域;河南黄河流域均有分布。

保护:列入《世界自然保护联盟濒危物种红色名录》2010年 ver 3.1——数据缺乏(DD)。

3. 高体鳑鲏 *Rhodeus ocellatus*

形态特征:雌鱼体色较淡且沿尾柄中央有1条向前呈楔形之水蓝色纵纹,雄鱼背部浅蓝而鳃盖后方另有1红色斑;鱼体高,呈卵圆形且侧扁;吻短而钝,口端位,口裂为弧形;背鳍基部较长,臀鳍位背鳍下方,腹鳍位于背鳍之前,尾鳍为分叉形状。(李军德等,2014)

栖息环境:为栖息于低海拔缓流或静止的湖沼水域的小型鱼类,常出现于透明度低及优养化程度略高的静止水域,且为成群活动。

生活习性:为杂食性鱼类,主要以附着性藻类、浮游动物及水生昆虫等为食。

繁殖:繁殖期成熟雌鱼将产卵管伸入蚌类的鳃瓣中进行产卵,雄鱼上前授精进而完成授精及孵化过程。

分布:广泛分布于我国的淡水水域;河南省黄河流域地区有分布。

保护:列入《世界自然保护联盟濒危物种红色名录》2010年 ver 3.1——数据缺乏(DD)。

4. 瓦氏黄颡鱼 *Pelteobagrus vachelli*

形态特征:鱼体背部呈灰褐色,体侧为灰黄色,腹部为浅黄色;鱼口小,下位略为弧形;吻钝,略为锥形。背鳍位前,胸鳍为下侧位,腹鳍起点位背鳍基后端垂直下方后,脂鳍短,臀鳍较长,尾鳍为深分叉形状。(李明德,2005)

栖息环境:为栖息于多岩石或泥沙底质的江河里的小型底栖鱼类。

生活习性:主要以水生昆虫及其幼虫、寡毛类、甲壳动物、小型软体动物和小鱼为食。

繁殖:产卵期为4—5月,繁殖期雄鱼肛门后有生殖突,雌鱼多在水流缓慢的浅水滩或水草多的岸边产卵;卵为浅黄色黏性卵,产出后附着在石头上发育。(段中华,孙建贻,1999)

分布:广泛分布于我国的淡水水域;河南黄河流域均有分布。

保护:列入《世界自然保护联盟濒危物种红色名录》2011年 ver 3.1——数据缺乏危(DD)。

5. 麦穗鱼 *Pseudorasbora parva*

形态特征:鱼体背部及体侧上半部为银灰微带黑色,腹部为白色;鱼体长且侧扁,腹部圆;头稍短小,前端较尖,上下稍扁平;背鳍不分枝而鳍条柔软,胸鳍和腹鳍短小,臀鳍短而无硬刺,尾鳍宽且分叉浅。(李思忠,2017)

栖息环境:为生活于平地河川、湖泊及沟渠的缓静较浅水区的小型淡水鱼类。

生活习性:稚鱼以轮虫等为食,体长25mm以上时以枝角类和摇蚊幼虫等为食。

繁殖:1龄可达性成熟;雌鱼常在水域周边附近的水草及石块表面上产卵,雄鱼具有护卵习性。(雷小青等,2013)

分布:广泛分布于我国的淡水水域;河南黄河流域均有分布。

保护:列入《世界自然保护联盟濒危物种红色名录》2010年 ver 3.1——无危(LC)。

6. 鲇 *Silurus asotus*

形态特征:鱼体呈褐灰色,体侧颜色浅,具不规则灰黑色斑块,腹面为白色;鱼头纵扁,吻宽而纵扁,口大而口裂呈弧形;背鳍短小无硬刺,胸鳍侧下位,腹鳍起点位背鳍基部后端垂直下方后,臀鳍基部长,尾鳍微凹。(金广海,骆小年,2017)

栖息环境:主要栖息于江河的中下游,水库、湖泊水生植物丛生的静水域或缓水流处的温水性鱼类。

生活习性:白天在草丛间或石缝洞穴中很少活动,黄昏或夜间出来觅食;为肉食性鱼类,鱼苗阶段以轮虫、水蚤、水蚯蚓及其他鱼苗为食。鱼种阶段及成鱼阶段则以底层的杂鱼、虾及水生昆虫等为食。

繁殖:产卵期一般在4—8月,于临时水域进行,一般与降雨有关。繁殖时雄性用头靠近雌性腹部,从侧面紧贴雌性身体,并将肛门靠近雌性。

分布:广泛分布于我国的淡水水域;河南黄河流域均有分布。

保护:列入《世界自然保护联盟濒危物种红色名录》2010年 ver 3.1——无危(LC)。

7. 中华花鳅 *Cobitis sinensis*

形态特征:身体呈浅黄色,头部具不规则的黑色斑点;鱼头短小,前端稍尖;背鳍较长且外缘凸出,胸鳍较小而末端稍钝,腹鳍小,臀鳍较短而后缘平截,尾鳍较宽而后缘为截形。(李思忠,2017)

栖息环境:栖息于江河水流缓慢处,以及底质为沙石或泥沙的清澈溪流处的小型底栖鱼类。

生活习性:主要以轮虫、枝角类、桡足类、水生昆虫、有机碎屑和藻类为食。

繁殖:1龄可达性成熟,产卵期在河南为4—5月。(杨骏等,2020)

分布:广泛分布于我国的淡水水域;河南黄河流域均有分布。

保护:列入《世界自然保护联盟濒危物种红色名录》2011年 ver 3.1——无危(LC)。

8. 泥鳅 *Misgurnus anguillicaudatus*

形态特征:鱼体上部呈灰褐色,下部为白色,体侧具有不规则的黑色斑点;鱼体长且呈圆柱状,尾柄侧扁而薄。头小,吻尖,口下位,具5对须;背鳍较短,胸鳍距腹鳍稍远,腹鳍未达臀鳍,臀鳍具不分枝的2个鳍条,尾鳍为圆形。(印杰等,2009)

栖息环境:常生活于有底淤泥的静水或缓流水域中,如湖泊、池塘、稻田、沟渠、水库等,喜中性或偏酸性的黏性土壤。

生活习性:喜昼伏夜出;虽视力退化但触须、侧线等却十分敏感。

繁殖:主要以藻类为食,也会摄食浮游动物。

分布:广泛分布于我国的淡水水域;河南黄河流域均有分布。

保护:列入《世界自然保护联盟濒危物种红色名录》2011 年 ver 3.1——无危(LC)。

9. 云斑鮰 *Ameiurus nebulosus*

形态特征:鱼体背部呈深褐色,腹部为灰白色;鱼体短而粗且腹面平直。吻宽钝而横裂,口裂较宽大。背鳍为 6—7 条鳍条,胸鳍为 8—9 条鳍条且带有锯齿状硬棘,臀鳍较长形似刀状,腹鳍为 8 条鳍条,尾鳍为 23—25 条,且末端截形。

栖息环境:常栖息于沙质及泥质水底的淡水广温性鱼类,尤其喜在富含有机质和水生植物丛生的池塘、海湾、水库、湖泊的沿岸和小溪中生活。

生活习性:具有抗寒、耐热和耐低氧的能力;其中雄鱼口腔齿和胸鳍硬棘可作挖穴工具,冬季能凿洞而栖;为杂食性鱼类,仔鱼主要以浮游生物为食,体长为 60mm 以内的幼鱼以摇蚊幼虫及小型甲壳类为食,体长 60mm 以上则以底栖生物中的大型水生昆虫幼虫、有机残屑、动物尸体及藻类等为食。

繁殖: 2—3 龄可达性成熟;产卵期在 6—7 月份,23℃—28℃时产卵最盛;繁殖期雌鱼体色偏黄而腹部膨大柔软并且生殖孔微红外凸,雄鱼体色发黑而腹部不膨胀且产前挤不出精子。(兰祖荣,2005)

分布:广泛分布于我国的淡水水域;河南黄河流域均有分布。

保护:列入《世界自然保护联盟濒危物种红色名录》2011 年 ver 3.1——无危(LC)。

10. 中华刺鳅 *Macrognathus sinensis*

形态特征:鱼体呈黄褐或浅褐色,体侧常为白色垂直纹与暗色纹相间组成的多条栅状横斑；鱼体细长且侧扁，背腹缘低平而尾部扁薄；背鳍基底较长，胸鳍短小且侧位呈扇形，腹鳍消失，背鳍与臀鳍鳍条部相对，背鳍和臀鳍鳍条部与尾鳍相连，尾鳍为尖圆形。（赵子明等，2016；李思忠，2017）

栖息环境：多栖息于浅水且底层多水草的水域。

生活习性：主要以小虾、水生昆虫及其幼虫等为食，也会摄食黄黝鱼等小型鱼类。

繁殖：1 龄可达性成熟，产卵期为 6—7 月；繁殖期雌性个体腹部明显大于雄性；雌性个体的性腺左右不对称，其腹部左侧平直，而右侧较为鼓起。

分布：广泛分布于我国的淡水水域；河南黄河流域均有分布。

保护：列入《世界自然保护联盟濒危物种红色名录》2010 年 ver 3.1——无危（LC）。

11. 食蚊鱼 *Gambusia affinis*

形态特征：鱼体背呈灰黑色，腹部为白色。鱼体为长形且略侧扁，背缘浅弧形，腹部圆凸。口小，上位，颌齿细小；背鳍位于体中点后，臀鳍位背鳍前下方，尾鳍为圆形。（刘明玉，2000；王凯，屠学东，2011）

栖息环境：生活于水库、湖泊、坝塘、沼泽、稻田、水渠、洼地等各类静水水体中的暖温性小型鱼类。

生活习性：常集群游泳于水的表层，行动活泼、敏捷；幼鱼主要以轮虫、纤毛虫为食，成鱼则摄食昆虫、枝角类、桡足类、小球藻等。

繁殖：繁殖期为 4—10 月，雄鱼臀鳍前部的一部分鳍条特化成交配器，并将精子送入雌鱼生殖孔，在雌鱼体内受精并孵化。

分布：广泛分布于我国的淡水水域；河南黄河流域均有分布。

保护：列入《世界自然保护联盟濒危物种红色名录》2019 年 ver 3.1——无危（LC）。

12. 红鳍鲌 *Culter erythropterus*

形态特征：鱼体背侧呈灰色，腹侧为微银白色，背鳍和尾鳍为淡灰色，臀鳍为橘红色;背鳍基部较短,胸鳍下侧位,腹鳍短于胸鳍,臀鳍基部长,尾鳍为分叉形状。

栖息环境:栖息于湖泊中的水草繁茂区及河流中的缓流区。

生活习性:为凶猛肉食性鱼类,幼鱼以枝角类、桡足类和水生昆虫为食,成鱼则以鱼、虾、螺、昆虫、幼虫和枝角类等为食。

繁殖:3 龄可达性成熟,繁殖期为 5—7 月;亲鱼多集中在水草繁茂的敞水区或沿岸泄水区产卵,生殖季节雄性头部和胸鳍具白色珠星。(朱存良,张玉,2007)

分布:广泛分布于我国的淡水水域;河南黄河流域均有分布。

保护等级:列入《世界自然保护联盟濒危物种红色名录》2010 年 ver 3.1——无危(LC)。

13. 中华多刺鱼 *Pungitius sinensis*

形态特征:鱼体背呈黑绿色,体侧为微浅黑或白色,腹面颜色浅;鱼体细长且侧扁,尾柄细长。口近上位,口裂上斜;背鳍前有交错排列的 9 条硬棘,臀鳍具 1 条硬棘,胸鳍大中位且略呈圆形,腹鳍具 1 条硬棘,尾鳍稍凹近截形。(李明德,2005;周传江等,2018)

栖息环境:喜栖于水温较低、水草丛生并与河流相通的静水水域中的小型鱼类。

生活习性:主要以轮虫、枝角类和挠足类等为食。

繁殖:1 龄可达性成熟;雄鱼筑巢并引诱雌鱼进巢受精;雄鱼具有护卵行为,且胸鳍扇动水流,直至孵出的幼鱼能独立生活为止;孵化结束后雄鱼离巢,并游向深处死亡。

分布:分布于我国部分淡水、咸淡水和海水水域;河南黄河流域均有分布。

保护:列入《世界自然保护联盟濒危物种红色名录》2013 年 ver 3.1——易危(VU)。

14. 马口鱼 *Opsariichthys bidens*

形态特征:背部呈灰褐色,腹部为灰白色,体中轴有蓝黑色纵纹;口端位而口裂宽大,向下倾斜;背鳍和腹鳍短小,胸鳍长,臀鳍发达且可伸达尾鳍基,尾鳍为深分叉形状。(李思忠,2017)

栖息环境:栖居于河川较上游的河段,喜生活在水流清澈、水温较低的水域上层。

生活习性:为肉食性鱼类,主要以小鱼和水生昆虫为食。

繁殖:1 龄可达性成熟,3—6 月间进行繁殖;雄鱼的头部、胸鳍及臀鳍上出现白色珠星。(杜光辉,2021)

分布:广泛分布于我国的淡水水域;河南黄河流域均有分布。

保护:列入《世界自然保护联盟濒危物种红色名录》2020 年 ver 3.1——无危(LC)。

(三)仅列入《中国国家重点保护经济水生动植物资源名录(第一批)》

1. 草鱼 *Ctenopharyngodon idellus*

形态特征:鱼体呈茶黄色,腹部为灰白色,体侧鳞片边缘为灰黑色;鱼体为长形而前部近圆筒形,尾部侧扁,腹部圆且无腹棱;头宽,吻短钝,口端位;背鳍无硬刺,胸鳍短,臀鳍位背鳍后下方,尾鳍为浅分叉形状。(李思忠,2017)

栖息环境:栖息于平原地区的江河湖泊,一般喜居于水的中下层和近岸多水草区域。

生活习性:性活泼,游速快,常成群觅食;为典型的草食性鱼类,幼鱼期以幼虫、藻类等为食。

繁殖: 4 龄可达性成熟,繁殖期为 4—7 月份。草鱼卵卵径 5mm 左右,属浮性卵;草鱼产卵地主要在河流的干流汇合处、河曲一侧的深槽水域或两岸突然紧缩的江段。

分布:除我国西藏、新疆地区外,广泛分布于我国的淡水水域;河南黄河流域均有分布。

保护：列入《中国国家重点保护经济水生动植物资源名录（第一批）》。

2. 翘嘴鲌 *Culter alburnus*

形态特征：体背侧呈灰黑色，腹侧为银色；鱼体长形而侧扁，背缘较平直；头侧扁，吻钝，口上位；背鳍位腹鳍基部后上方，胸鳍较短且尖形，腹鳍位背鳍前下方，臀鳍位背鳍后下方，尾鳍为深叉形状且末端尖形。（黄艳飞等，2019）

栖息环境：多生活在河湾、湖湾、库汊等宽水区水草多、昆虫多的水域中、上层。

生活习性：适温能力强且活跃。以泥鳅、河虾、蚯蚓、小虫、蚂蚱、蜻蜓等为食。

繁殖：3 龄可达性成熟；春、夏季涨水时在近岸产卵繁殖，常在沟湾借助水草、树丛等障碍物进行排卵。

分布：广泛分布于我国的淡水水域；河南黄河流域均有分布。

保护：列入《中国国家重点保护经济水生动植物资源名录（第一批）》。

3. 铜鱼 *Coreius cetopsis*

形态特征：鱼体呈黄色，背部颜色稍深，近古铜色，腹部颜色为白色稍带黄色；鱼体长而粗壮，前段圆筒状而后段稍侧扁；口小而下位呈马蹄形。背鳍短小而无硬刺，胸鳍宽，腹鳍稍圆，臀鳍位置靠前，尾鳍宽阔且分叉较浅。（杨四秀，谢新民，2005）

栖息环境：多栖息于水质清新、溶氧丰富的砂壤底质河段，喜流水且群体集游。

生活习性：为杂食性鱼类，主要以淡水壳菜、蚬、螺蛳及软体动物等为食，也摄食高等植物碎片、硅藻、水生昆虫、虾类和幼鱼。

繁殖： 3—4 龄可达性成熟，繁殖季节为 4—6 月；为一次性产卵，在流水中产漂浮性卵。

分布:广泛分布于我国的淡水水域;河南黄河流域均有分布。

保护:列入《中国国家重点保护经济水生动植物资源名录(第一批)》。

4. 鳊 *Parabramis pekinensis*

形态特征:体背及头部背面呈青灰色,带有浅绿色光泽,体侧为微银灰色,腹部为银白色。鱼体侧扁略呈菱形而中部较高自胸基部下方至肛门间有皮质腹棱;背鳍具硬刺,腹鳍前后具肉棱,臀鳍长,尾鳍为深分叉形状。(刘襄河等,2017;李思忠,2017)

栖息环境:常栖息于静水或流水的中、下层水域,其中幼鱼多生活在水较浅的湖汊或水流缓慢的河湾内。

生活习性:为草食性鱼类,主要以水草、硅藻、丝状藻等为食,亦摄食少量浮游生物和水生昆虫。

繁殖: 3—4 龄可达性成熟,繁殖期为 5—8 月;冬季群集在江河或湖泊的深水处越冬。

分布:广泛分布于我国的淡水水域;河南黄河流域均有分布。

保护:列入《中国国家重点保护经济水生动植物资源名录(第一批)》。

5. 鳡鱼 *Elopichthys bambusa*

形态特征:鱼体呈微黄色,腹部为银白色;鱼体长且形如梭形;口端位,口裂大;背鳍起点为腹鳍后,胸鳍未达腹鳍,腹鳍未达臀鳍,尾鳍为深分叉形状。

栖息环境:常栖息于江河、湖泊的中上层。

生活习性:性凶猛,行动敏捷,为典型的掠食性鱼类,幼鱼从江河游入附属湖泊中生长并到干流的河床深处越冬。

繁殖: 3—4 龄可达性成熟,繁殖期为 4—6 月。(王雪等,2009)

分布:广泛分布于我国的淡水水域;河南黄河流域均有分布。

保护:列入《中国国家重点保护经济水生动植物资源名录(第一批)》。

6. 细鳞斜颌鲴 *Xenocypris microlepis*

形态特征:鱼体背及体侧上部呈灰黑色,腹部为白色;鱼体形侧扁,腹部

稍圆。头小而尖,口小为下位;背鳍有不发达硬刺而腹棱明显。(王银东等,2002)

栖息环境:常栖息于江河、湖泊、水库等较开阔的水体的中下层水域。

生活习性:性较活跃,喜集群摄食和活动,为杂食性鱼类,主要以水底腐殖质、硅藻、丝状藻等藻类及高等植物碎屑为食物。

繁殖特性:2 龄可达性成熟。产卵期为 5—8 月,卵为浅黄色且产黏性卵。

分布:广泛分布于我国的淡水水域;河南黄河流域均有分布。

保护:列入《中国国家重点保护经济水生动植物资源名录(第一批)》。

7. 黄颡鱼 *Pelteobagrus fulvidraco*

形态特征:鱼体背部呈黑褐色,至腹部为渐浅黄色;鱼体稍粗壮且延长,后部侧扁;口大,下位,具颌须 1 对;背鳍较小,胸鳍侧下位,腹鳍短,脂鳍短,臀鳍基底长,尾鳍为深分叉形状且末端圆形。

栖息环境:多栖息于缓流多水草的湖周浅水区和入湖河流处,尤其喜欢生活在静水或缓流的浅滩处且腐殖质多、游泥多的地方。(李明锋,2010)

生活习性:白天潜伏水底或石缝中,夜间活动、觅食;为杂食性鱼类,鱼苗以浮游动物为食,成鱼则以昆虫及其幼虫、小鱼虾、螺蚌等为食,也摄食植物碎屑。

繁殖:2 龄可达性成熟。繁殖期在 5—7 月;为一年一次性集群繁殖产卵型鱼类。

分布:除我国西部外,广泛分布于我国的淡水水域;河南黄河流域均有分布。

保护:列入《中国国家重点保护经济水生动植物资源名录(第一批)》。

8. 兰州鲶 *Silurus lanzhouensis*

形态特征:体背部及侧面呈灰黄色;头中等而长扁平且头后身体为侧扁状。眼小,口横宽而大,具须 2 对;背鳍小,胸鳍具硬棘,腹鳍末端为椭圆形,臀鳍长,尾鳍平截或稍内凹。

栖息环境:常栖息于河流缓流处或静水中的底层。

生活习性:性凶贪吃,觅食活动多在黄昏和夜间,主要以小鱼、蛙、虾和水生昆虫为食。

繁殖:繁殖期在4—7月,主要在有一定水流的平坦的砂质水域产卵并附在细砂底质或石缝中发育孵化。(冯志云等,2019)

分布:广泛分布于我国的黄河水系;河南黄河流域均有分布。

保护:列入《中国国家重点保护经济水生动植物资源名录(第一批)》。

9. 花鲈 *Lateolabrax japonicus*

形态特征:鱼体背侧呈灰绿褐色;鱼体为长梭状且侧扁;吻钝短,口大,前位;背鳍具有2个,前背鳍开始于胸鳍起始点略后方,胸鳍为侧下位,腹鳍为胸位,尾鳍为钝叉形状且微凹。(李思忠,2017)

栖息环境:多在近海、河口附近及淡水河的中上层生活。

生活习性:性情凶猛,能在浅水中生活。为肉食性鱼类,幼鱼以浮游动物为食,成鱼以鱼虾为食。

繁殖:3—4龄可达性成熟;繁殖期为9—11月,卵为浮性卵。

分布:广泛分布于我国的沿海、河口及淡水水域;河南黄河流域均有分布。

保护:列入《中国国家重点保护经济水生动植物资源名录(第一批)》。

10. 乌鳢 *Ophiocephalus argus*

形态特征:鱼体背部为深绿黑色,体侧为不规则黑绿色。鱼体长且前部呈圆筒形而后部为侧扁形;背鳍极长,胸鳍较宽而后缘为圆形,腹鳍较小,臀鳍长。(周义斌,2006;李明德,2012)

栖息环境:常栖息于湖泊、江河、水库、池塘等水草丛生、底泥细软的静水或微流水的水域中。

生活习性:为凶猛的肉食性鱼类,3cm以下的鱼苗主要以桡足类、枝角类及摇蚊幼虫等为食,3—8cm鱼苗以水生昆虫的幼虫、蝌蚪、小虾、仔鱼等为食。

繁殖:产卵巢多分布在水流平缓、水草茂盛的水域,外观呈圆形;雌雄亲鱼有筑巢和护卵行为。

分布:除我国西部高原外,广泛分布于我国的淡水水域;河南黄河流域均有分布。

保护:列入《中国国家重点保护经济水生动植物资源名录(第一批)》。

11. 大银鱼 *Protosalanx hyalocranius*

形态特征:鱼体呈半透明状而无色,肌节间具有黑色小点;鱼体细长而头扁平;背鳍中大且后位,胸鳍较宽,腹鳍与肛门间有皮褶隆起,臀鳍基较长,尾鳍为分叉形状。(王升明,2007;石琼等,2015)

栖息环境:常栖息于海水、淡水、咸淡水中的冷温性鱼类。

生活习性:为凶猛性鱼类,幼鱼以浮游动物的枝角类、桡足类及一些藻类为食,成长为 11cm 以上时,主要以小型鱼虾为食,并存在同类残食现象。

繁殖:产卵期为 12 月至翌年 3 月;繁殖期雄鱼臀鳍两侧上方出现前大后小的 2 列生殖鳞具吸附作用,其颈部及胸腹部开始变成玫瑰红色,而雌鱼没有副性征出现。大银鱼为群体产卵,一年至少产 2 次卵,分批产卵且产卵期较长。

分布:广泛分布于我国的沿海及淡水水域;河南黄河流域均有分布。

保护:列入《中国国家重点保护经济水生动植物资源名录(第一批)》。

参考文献

[1]蔡文仙. 黄河流域鱼类图志[M]. 杨凌:西北农林科技大学出版社,2013.

[2]戴志华,刘湘香. 青鱼人工繁殖技术[J]. 湖南农业, 2017(11):18.

[3]杜光辉. 马口鱼生物学特性及人工繁育技术[J]. 黑龙江水产, 2021, 40(5):50-52.

[4]段中华,孙建贻. 瓦氏黄颡鱼的繁殖生物学研究[J]. 水生生物学报, 1999(06):610-616.

[5]冯伟业,王哲奇,李振林,等.黄河内蒙古段黄河鲤生物学特性的研究[J].现代农业,2018(10):75-78.

[6]冯志云,李勤慎,冯栋亮,等.野生兰州鲶人工培育技术的研究与应用[J].中国水产,2019(2):83-86.

[7]宫民.鳙鱼养殖技术[J].现代畜牧科技,2015(10):27.

[8]黄艳飞,段国旗,彭林平.翘嘴鲌的资源现状和生物学特征综述[J].安徽农业科学,2019(19):10-13.

[9]金广海,骆小年.北方土著鱼类高效健康养殖技术[M].北京:海洋出版社,2017.

[10]兰祖荣.云斑鮰生物学特性与繁养技术[J].当代水产, 2005, 30(2):20.

[11]雷小青,严保华,姚毅,等.麦穗鱼生物学特性及繁殖技术研究[J].江西水产科技,2013(2):16-18.

[12]李瑾.黄鳝的生物学特征及养殖技术[J].江西饲料,2003(2):35.

[13]李军德,黄璐琦,李春义.中国药用动物原色图典(下)[M].福州:福建科学技术出版社, 2014.

[14]李明德.中国经济鱼类生态学[M].天津:天津科技翻译出版社, 2005.

[15]李明锋.鳜鱼生物学研究进展[J].现代渔业信息,2010,25(7):16-21.

[16]李明锋.黄颡鱼生物学研究进展[J].现代渔业信息,2010,25(9):16-22.

[17]李思忠.黄河鱼类志[M].青岛:中国海洋大学出版社, 2017.

[18]李世华.蒙古红鲌生物学特性及其养殖技术[J].中国水产, 2016, 371(10):22-23.

[19]刘明玉.中国脊椎动物大全[M].沈阳:辽宁大学出版社,2000.

[20]刘襄河,孔江红,李修峰.长春鳊的生物学特性及人工养殖技术[J].湖北农业科学,2017,56(9):1699-1701.

[21]刘元林.人与鱼类[M].济南:山东科学技术出版社,2013.

[22]倪勇,伍汉霖.江苏鱼类志[M].北京:中国农业出版社,2006.

[23]屈长义,冯建新,张芹,等.伊河团头鲂主要形态学性状研究[J].河南农业,2013(1):47-48.

[24]石琼,范明君,张勇.中国经济鱼类志[M].武汉:华中科技大学出版社,2015.

[25]孙翰昌.三角鲂的养殖学研究[J].北京水产,2004(6):51-52.

[26]王凯,屠学东.食蚊鱼生物学特征及养殖前景浅析[J].农家科技(下旬刊),2011(5):34.

[27]王升明.大银鱼的生物学特性及移植增殖技术[J].齐鲁渔业,2007,24(9):31-32.

[28]王雪,吴勤超,章林.鳜鱼的生物学特性及人工繁养技术[J].渔业致富指南,2009(24):53-56.

[29]王银东,熊邦喜,王明学,等.细鳞斜颌鲴的生物学特性与资源利用[J].水利渔业,2002,22(3):45-47.

[30]谢刚,祁宝崙,余德光.鳗鲡某些繁殖生物学特性的研究[J].大连水产学院学报,2002,17(4):267-271.

[31]谢楠,刘凯,冯晓宇.鲫鱼常见品种概述[J].杭州农业与科技,2016(4):13-17.

[32]向成化.银鲴的生物学及其养殖技术[J].内陆水产,2003,28(5):18-19.

[33]向建国,何福林.赤眼鳟生物学特性研究[J].淡水渔业,2006,36(3):38-40.

[34]熊六凤.鲢鱼和鲤鱼主要生物学特征的比较[J].江西饲料,2007

(6):18-20.

[35]旭日干.内蒙古动物志[M].内蒙古:内蒙古大学出版社,2013.

[36]杨骏,何兴恒,孙治宇.中华花鳅的生长和繁殖生物学的研究[J].水产科学,2020,39(2):209-217.

[37]杨四秀,谢新民.铜鱼的生物学特性及养殖前景分析[J].水利渔业,2005,25(4):33-34.

[38]印杰,雷晓中,李燕.泥鳅的健康养殖技术讲座(2)泥鳅的生物学特征[J].渔业致富指南,2009(7):57-58.

[39]赵子明,王加美,袁圣,等.中华刺鳅的形态学[J].江苏农业科学,2016(6):321-324.

[40]朱存良,张玉.红鳍鲌的生物学特性及人工繁殖和苗种培育[J].当代水产,2007, 32(7):24-25.

[41]周传江,顾钱洪,孟晓林,等. 基于多来源数据分析河南省刺鱼目新纪录种——中华多刺鱼[J].四川动物,2018, 37(1):67-73.

[42]周义斌.乌鳢生物学特性及其高效养殖技术[J].江西水产科技,2006(3):43-48.

第三章

两栖纲

两栖类是脊椎动物从水生到陆生的过渡类群，是低等四足动物。其躯体结构和机能及行为等方面还不能很好地适应陆地环境，特别是幼体在水中发育、成体水生或水陆兼栖的生活方式，以及体温不能保持恒定的生物学特性，限制了其生存和分布，是脊椎动物中种类和数量较少的一个类群。

桐柏—大别山地丘陵省的物种最为丰富，除秦巴巴鲵、宁陕齿突蟾、花臭蛙、太行隆肛蛙4种之外，其他26种均有分布；而且，有17种仅分布在该地理省；其次伏南山地丘陵盆地省有12种；豫西豫西北山地丘陵台地省有11种；黄淮平原省物种最少，仅有7种，且此7种在其他三个地理省均有分布；仅分布在伏南山地丘陵盆地省和豫西豫西北山地丘陵台地省的有太行隆肛蛙和花臭蛙2种；仅分布在伏南山地丘陵盆地省的1种为秦巴巴鲵；仅分布在豫西豫西北山地丘陵台地省的1种即宁陕齿突蟾。沿豫南的桐柏大别山地丘陵省向西再向北达南山地丘陵盆地省，再向北直至豫西豫西北山地丘陵台地省，物种多样性逐渐减少，但均高于豫东黄淮平原省。两栖动物物种多样性整体体现为山区高，丘陵及平原低；豫南高于豫北，豫西高于豫东，这一分布特征和前述的河南两栖动物区系特征相一致。（赵海鹏等，2015）

一、物种分类系统

现存两栖纲约有2500种，分别隶属于无足目、有尾目及无尾目3大类，代表着穴居、水生和陆生跳跃3种特化方向。通过对野外调查所获标本的查询鉴定，并结合已有的文献报道进行整理，结果表明，河南省现生两栖动物计有2目10科23属30种。（赵海鹏等，2015）其分类系统如下：

有尾目 Urodela

　小鲵科 Hynobiidae

　　肥鲵属 *Pachyhynobius*

　　　商城肥鲵 *Pachyhynobius shangchengensis*

　　极北鲵属 *Salamandrella*

　　　极北鲵 *Salamandrella keyserlingii*

巴鲵属 *Liua*

施氏巴鲵 *Liua shihi*

秦巴巴鲵 *Liua tsinpaensis*

隐鳃鲵科 Cryptobranchidae

大鲵属 *Andrias*

大鲵 *Andrias davidianus*

蝾螈科 Salamandroidae

蝾螈属 *Cynops*

东方蝾螈 *Cynops orientalis*

瑶螈属 *Yaotriton*

大别瑶螈 *Yaotriton dabienicus*

肥螈属 *Pachytriton*

费氏肥螈 *Pachytriton feii*

无尾目 Anura

蟾蜍科 Bufonidae

蟾蜍属 *Bufo*

中华大蟾蜍 *Bufo gargarizans*

花背蟾蜍 *Bufo raddei*

蛙科 Ranidae

林蛙属 *Rana*

中国林蛙 *Rana chensinensis*

徂徕林蛙 *Rana culaiensis*

侧褶蛙属 *Pelophylax*

金线侧褶蛙 *Pelophylax plancyi*

黑斑侧褶蛙 *Pelophylax nigromaculatus*

陆蛙属 *Fejervarya*

泽陆蛙 *Fejervarya multistriata*

臭蛙属 *Odorrana*

花臭蛙 *Odorrana schmackeri*

水蛙属 *Hylarana*

沼水蛙 *Hylarana guentheri*

阔褶水蛙 *Hylarana latouchii*

雨蛙科 Hylidae

雨蛙属 *Hyla*

中国雨蛙 *Hyla chinensis*

无斑雨蛙 *Hyla immaculata*

叉舌蛙科 Dicroglossidae

虎纹蛙属 *Hoplobatrachus*

虎纹蛙 *Hoplobatrachus chinensis*

肛刺蛙属 *Yerana*

叶氏肛刺蛙 *Yerana yei*

隆肛蛙属 *Feirana*

太行隆肛蛙 *Feirana taihangnica*

姬蛙科 Microhylidae

姬蛙属 *Microhyla*

小弧斑姬蛙 *Microhyla heymonsi*

合征姬蛙 *Microhyla mixtura*

饰纹姬蛙 *Microhyla fissipes*

狭口蛙属 *Kaloula*

北方狭口蛙 *Kaloula borealis*

树蛙科 Rhacophoridae

泛树蛙属 *Polypedates*

斑腿泛树蛙 *Polypedates megacephalus*

树蛙属 *Rhacophorus*

大树蛙 *Rhacophorus dennysi*

角蟾科 Megophryidae

齿突蟾属 *Scutiger*

宁陕齿突蟾 *Scutiger ningshanensis*

二、群落结构特征

河南省分布的两栖动物有 30 种，隶属 2 目 10 科 23 属。从下表 3－1 可以看出其群落结构特征是无尾目 Anura 为优势目，占比 73.3%。从科级水平分析：蛙科 Ranidae 为优势类群，占比 23.3%；次优势类群是小鲵科 Hynobiidae 和姬蛙科 Microhylidae，占比均为 13.3%；隐鳃鲵科 Cryptobranchidae 和角蟾科 Megophryidae 2 个科为单属种科。

表 3－1　两栖类群落结构特征

<table>
<tr><th>目
Order</th><th>科
Family</th><th>属
Genus</th><th>种
Species</th><th>比例/%
Per./%</th></tr>
<tr><td rowspan="3">有尾目 Urodela</td><td>小鲵科 Hynobiidae</td><td>3</td><td>4</td><td rowspan="3">26.7</td></tr>
<tr><td>隐鳃鲵科 Cryptobranchidae</td><td>1</td><td>1</td></tr>
<tr><td>蝾螈科 Salamandroidae</td><td>3</td><td>3</td></tr>
<tr><td rowspan="7">无尾目 Anura</td><td>蟾蜍科 Bufonidae</td><td>1</td><td>2</td><td rowspan="7">73.3</td></tr>
<tr><td>蛙科 Ranidae</td><td>5</td><td>7</td></tr>
<tr><td>雨蛙科 Hylidae</td><td>2</td><td>2</td></tr>
<tr><td>叉舌蛙科 Dicroglossidae</td><td>3</td><td>3</td></tr>
<tr><td>姬蛙科 Microhylidae</td><td>2</td><td>4</td></tr>
<tr><td>树蛙科 Rhacophoridaae</td><td>2</td><td>2</td></tr>
<tr><td>角蟾科 Megophryidae</td><td>1</td><td>1</td></tr>
<tr><td>合计</td><td>10</td><td>23</td><td>30</td><td>100</td></tr>
</table>

三、物种区系分类特征

两栖动物可归为水栖、陆栖和树栖三大生态类型,水栖类型可细分为静水类型和流溪类型,陆栖类型可细分为林栖静水繁殖型、穴居静水繁殖型、林栖流溪繁殖型。在河南省已知的30种两栖动物中,水栖、陆栖和树栖类型分别为15种、11种和4种,分别约占总数的50.0%、36.7%和13.3%;15种水栖类型中,静水类型9种,溪流类型6种,各占60.0%和40.0%;11种陆栖类型中,林栖静水繁殖型5种,穴居静水繁殖类型3种,林栖溪流繁殖类型3种,各约占45.4%、27.3%和27.3%。

在河南省的现生30种两栖动物中,东洋种20种、广布种6种、古北种4种,各约占总种数的66.7%、20.0%和13.3%,东洋种占优势。中国动物地理区划分属于世界动物区划的古北界和东洋界,陈领根据两栖动物分布特征认为,两界在我国是一条过渡带,其范围:北界为秦岭—伏牛山—淮河—苏北灌溉总渠,南界为伏牛山—桐柏山—淮南丘陵—通扬运河(陈领,2004)。张荣祖认为,秦岭—伏牛山—淮河—苏北灌渠总渠一线为古北界和东洋界在我国东部依优势度转换的分野;该线大致与现有常绿阔叶林带的北界一致,对于大多数东洋型种而言,它是向北扩散的最北界限(张荣祖,2011)。上述两种观点均认为古北界、东洋界的分界线(带)均横穿河南南部。东洋种占河南省两栖动物总数的大部分,原因在于河南境内东洋界虽面积小,但此区域多山、多溪流,以及其湿润潮湿的气候更适合两栖动物的栖息繁衍;河南境内古北界区域气候干燥、耕地面积多、人口密度大及人为干扰强度大等因素对大多数两栖动物限制作用明显。

河南省的商城、新县是斑腿泛树蛙、小弧斑姬蛙和阔褶水蛙等东洋种分布的北限;同时也是北方狭口蛙和极北鲵等古北种分布的南限。整体而言,河南两栖动物的分布体现了古北界与东洋界过渡性的特点。

表 3－2　河南两栖动物分布及特征（赵海鹏，2015）

目 Order 科 Family	种 Species	区系分布	省内分布	保护级别	生态分布
有尾目 Urodela 小鲵科 Hynobiidae	商城肥鲵 *Pachyhynobius shangchengensis*	B	Ⅰ	3	A
	极北鲵 *Salamandrella keyserlingii*	A	Ⅰ	3	B
	施氏巴鲵 *Liua shihi*	B	Ⅰ	/	D
	秦巴巴鲵 *Liua tsinpaensis*	B	Ⅱ	/	A
有尾目 Urodela 隐鳃鲵科 Cryptobranchidae	大鲵 *Andrias davidianus*	C	Ⅰ、Ⅱ、Ⅲ	2	D
有尾目 Urodela 蝾螈科 Salamandridae	东方蝾螈 *Cynops orientalis*	B	Ⅰ	3	E
	大别瑶螈 *Yaotriton dabienicus*	B	Ⅰ	/	B
	费氏肥螈 *Pachytriton feii*	B	Ⅰ	/	D
无尾目 Anura 蟾蜍科 Bufonidae	中华大蟾蜍 *Bufo gargarizans*	C	Ⅰ、Ⅱ、Ⅲ、Ⅳ	/	C
	花背蟾蜍 *Bufo raddei*	A	Ⅰ、Ⅱ、Ⅲ、Ⅳ	3	C
无尾目 Anura 蛙科 Ranidae	中国林蛙 *Rana chensinensis*	C	Ⅰ、Ⅱ、Ⅲ、Ⅳ	3	B
	徂徕林蛙 *Rana culaiensis*	A	Ⅰ	/	B
	金线侧褶蛙 *Pelophylax plancyi*	C	Ⅰ、Ⅱ、Ⅲ、Ⅳ	3	E
	黑斑侧褶蛙 *Pelophylax nigromaculatus*	C	Ⅰ、Ⅱ、Ⅲ、Ⅳ	/	E
	泽陆蛙 *Fejervarya multistriata*	C	Ⅰ、Ⅱ、Ⅲ、Ⅳ	3	B
	花臭蛙 *Odorrana schmackeri*	B	Ⅰ、Ⅲ	3	D
	沼水蛙 *Hylarana guentheri*	B	Ⅰ	3	E

续表

目 Order 科 Family	种 Species	区系分布	省内分布	保护级别	生态分布
无尾目 Anura 雨蛙科 Hylidae	中国雨蛙 *Hyla chinensis*	B	Ⅰ	/	F
	无斑雨蛙 *Hyla immaculata*	B	Ⅰ	/	F
	阔褶水蛙 *Hylarana latouchi*	B	Ⅰ	/	E
无尾目 Anura 叉舌蛙科 Dicroglossidae	虎纹蛙 *Hoplobatrachus chinensis*	B	Ⅰ	2	E
	叶氏肛刺蛙 *Yerana yei*	B	Ⅰ	/	D
	太行隆肛蛙 *Feirana taihangnica*	B	Ⅰ、Ⅲ	/	D
无尾目 Anura 姬蛙科 Microhylidae	小弧斑姬蛙 *Microhyla heymonsi*	B	Ⅰ	/	E
	合征姬蛙 *Microhyla mixtura*	B	Ⅰ	/	E
	饰纹姬蛙 *Microhyla ornate*	B	Ⅰ、Ⅱ	3	E
	北方狭口蛙 *Kaloula borealis*	A	Ⅰ、Ⅱ、Ⅲ、Ⅳ	3	C
无尾目 Anura 树蛙科 Rhacophoridaae	斑腿泛树蛙 *Polypedates megacephalus*	B	Ⅰ	/	F
	大树蛙 *Rhacophorus dennysi*	B	Ⅰ	3	F
无尾目 Anura 角蟾科 Megophryidae	宁陕齿突蟾 *Scutiger ningshanensis*	B	Ⅲ	3	A

注:(1)区系分布:A 古北界、B 东洋界、C 广布型。(2)省内分布:Ⅰ桐柏大别山地丘陵省、Ⅱ伏南山地丘陵盆地省、Ⅲ豫西豫西北山地丘陵台地省、Ⅳ黄淮平原省。(3)保护级别:2 国家二级保护动物、3 国家“三有动物”(国家林业局,2000)。(4)生态类型:A 陆栖类型之林栖溪流繁殖型、B 陆栖类型之林栖静水繁殖型、C 陆栖类型之穴栖静水繁殖型、D 水栖类型之溪流类型、E 水栖类型之静水类型、F 树栖类型。

四、保护现状描述

地球目前正遭受着生物多样性锐减的威胁,这可能是过去 5 亿年里最严重的灭绝事件之一。两栖动物数量的减少是全球两栖动物物种大规模灭绝的原因之一。世界自然保护联盟(IUCN)已评估7212种两栖动物的保护现状,最新数据显示,归类为受威胁物种的两栖动物数量几乎与受威胁鸟类和哺乳动物的总和一样多,估计有43.3%的两栖动物受到了灭绝的威胁,另有16.4%的两栖动物由于研究不足而不能被排除在这个不断增长的物种名单之外,近几十年来,有168种两栖动物已经灭绝。

截至2021年,《世界自然保护联盟濒危物种红色名录》纳入了全球两栖动物评估和后续更新,将663种两栖动物列为“极度濒危”。受威胁和缺乏数据的两栖动物的比例很高,这使得了解两栖动物灭绝风险和种群数量下降背后的过程及原因成为保护生物学研究的重点。

截至2015年3月,河南的两栖动物共30种,隶属2目10科23属(见表3-1)。在30种两栖动物中,有尾目8种,包括小鲵科4种、隐鳃鲵科1种、蝾螈科3种;无尾目22种,包括蟾蜍科2种、蛙科7种、雨蛙科3种、叉舌蛙科3种、姬蛙科4种、树蛙科2种、角蟾科1种。有尾目和无尾目分别约占全省两栖种类的26.7%和73.3%。30种两栖动物中,有大鲵和虎纹蛙2种为国家二级保护动物,前者为我国特有珍稀濒危两栖动物,已被列入《濒危野生动植物种国际贸易公约》(CITES)附录Ⅰ,另有13种动物被列入国家“三有动物”名录(国家林业局,2000)。

(一)有尾目 Urodela

大多生活于淡水水域中。具长尾、四肢(少数种类仅有前肢),体表裸露。头骨膜性硬骨比无尾目消失得少,但头骨边缘不完整。低等种类的椎体为双凹型,高等种类的椎体为后凹型。具分离的尾椎骨,有肋骨和胸骨。耳一般无鼓室及鼓膜。不具眼睑或具不活动的眼睑。大多为体内受精,仅小鲵科和隐鳃鲵科为体外受精,体内受精是对激流流水中生活的一种适应。蝾螈体内受精的方式是:雄体向水中产出精囊,雌体以后腿将其纳入泄殖腔壁的贮精囊内。少数种类的受精卵在母体内发育,长成幼体后产出。河南两栖动物有尾目共8种,包括小鲵科4种、隐鳃鲵科1种、蝾螈科3种。

1. 小鲵科 Hynobiidae

全长不超过30cm,皮肤光滑无疣粒。成体不具外鳃。多数属种有肺。有眼睑。具颌齿及犁齿,犁骨齿呈“U”形排列或左、右2个短列。椎体双凹型。体外受精。

(1)商城肥鲵 *Pachyhynobius shangchengensis*

形态特征:雄鲵全长约167mm,雌鲵约164mm。体形肥壮,尾小于头体长;有唇褶,四肢短弱,指4个,趾5个;犁骨齿列近内鼻孔内侧呈“\/”形,无囟门;上颌骨与翼骨相连接;鳞骨内侧明显隆起。雌鲵肛裂前灰蓝色,后部色浅;雄鲵肛裂前与体腹面色同。

栖息环境:山区流溪。

生活习性:5—8月见于海拔380—1100m的山区流溪内,常栖息于流速缓慢、清澈的大小水坑内的水底石下。成鲵白天潜居在石缝中,晚上活动觅食。商城肥鲵水栖与爬壁能力强,易逃跑。

繁殖:繁殖和个体发育均在水中进行。

分布:中国河南(商城)、湖北(阴山)、安徽(金寨、霍山、岳西)。

保护:列入中国国家林业局于2000年8月1日发布的《国家保护的有益的或者有重要经济、科学研究价值的陆生野生动物名录》。列入《中国濒危动物红皮书》易危。

(2)极北鲵 *Salamandrella keyserlingii*

形态特征:雄鲵全长117—127mm,雌鲵全长100—112mm;头部扁平,呈椭圆形;吻圆而高,吻棱不显;鼻孔略近吻端或在吻眼之间,鼻间距大于眼间距;眼大,眼径约等于或略大于吻长或眼间距;无唇褶;上颌、下颌具细齿;前肢短弱;前肢贴体向前,指端达眼后角;后肢短弱,较前肢略粗壮;生活时背面为棕褐、棕黄或橄榄棕色;自枕部至尾基部背正中有1条若断若续的黑褐色纵脊纹;从眼后至尾两侧各有1条黑褐色纵纹,纵纹下方由深至浅,且多散有深色斑或细纹,致使躯干背面显现3条深色纵纹,其间为2条色浅的宽纵带;腹面浅灰色或呈污白色。

栖息环境:生活于海拔200—1800m的丘陵、山地植被较好的静水域及山沟附近。

生活习性:成体营陆栖生活,昼伏夜出,多在黄昏或雨后外出活动,觅食昆虫、软体动物、蚯蚓等。9 月中旬、下旬入蛰,冬眠洞穴深达 20—30cm;在翌年 4 月上旬、中旬出蛰。

繁殖:繁殖期在 4—5 月,繁殖期成鲵进入静水沟或水塘内配对产卵,卵袋成对,一端多黏附在水内的枯枝上。卵在卵袋内呈多行交错排列,卵袋长 90—140mm、直径 14—20mm,一只雌鲵产卵 72—144 粒。幼体以水蚤和水丝蚓等为食,80—100 天完成变态,次年的幼鲵全长 35—60mm。

分布:中国分布于黑龙江、辽宁、吉林以及内蒙古东北部、河南东南部。

保护:列入中国《国家重点保护野生动物名录》二级。

(3)施氏巴鲵 *Liua shihi*

形态特征:体长 150—200mm,皮肤光滑,肋沟 11 条;体色呈黄褐、灰褐或绿褐色,有黑褐色或浅色大斑;腹面乳黄,有黑褐色细斑点;掌、趾腹面有棕色角质鞘,4 指 5 趾;头长略大于头宽,唇褶发达;犁骨齿 2 列短,超过内鼻孔甚多,前额囟较大。

栖息环境:一般生活在海拔 910—2350m 的山区的流溪中,溪水的水质清凉,水流平缓,两岸植被一般较为丰富。溪中石块多,有利于成鲵隐藏。

生活习性:成鲵以水栖为主,多数伏于水内石下,少数上岸活动,主要捕食毛翅目等水生的昆虫幼虫及金龟子等。

繁殖:繁殖期 3 月下旬到 4 月上旬,雌鲵产出卵鞘袋 1 对,共有卵 12—42 粒,固着在溪内石块下或植物枝条上。

分布:中国分布于秦岭中南部、湖北神农架。

保护:尚不属于保护级别的动物。

(4)秦巴巴鲵 *Liua tsinpaensis*

形态特征:雄鲵全长 119—142mm,头体长 62—71mm;头部扁平呈卵圆形,头长大于头宽;吻端钝圆,吻棱不显;鼻孔略近吻端,鼻间距大于眼间距;眼适中,眼径约与眼间距等长;无唇褶;上颌、下颌有细齿;颈褶明显平直;躯干略呈圆柱状,背部略扁平;肋沟 13 条;前肢贴体向前达眼前角;前后肢贴体相对，指、趾末端仅相遇；尾基部较圆，向后逐渐侧扁，尾末端多钝圆；尾背鳍褶肥厚而平直，起自尾基部后段，隆起呈嵴状；腹鳍褶在接近尾后端部位才出现，尾末端钝圆。

栖息环境：生活于海拔1770—1860m的小山溪及其附近，流溪水量小，坡度缓，水底多碎石，溪边以草本植物和灌丛为主。

生活习性：成鲵营陆栖生活，白天多隐蔽在小溪边或附近的石块下。成鲵主要捕食昆虫和虾类。

繁殖：繁殖期为5—6月。繁殖期雌鲵产卵袋1对，一端相连呈柄状，黏附在石块底面，另一端漂于水中。卵袋长39—79mm，中段直径10—11mm，其自然弯曲似香蕉状；卵粒单行排列在卵袋内，每一袋内有卵6—11粒，每一雌鲵产卵13—20粒。幼体全长达60mm以上时，外鳃逐渐萎缩至变态成幼鲵。

分布：中国分布于陕西南部、河南西部、四川东北部。

保护：列入中国《国家重点保护野生动物名录》二级。

2. 隐鳃鲵科 Cryptobranchidae

全长50—200cm。眼小。不具眼睑。口裂大。幼体有外鳃，成体无外鳃有肺，颌骨具齿，犁齿横列。椎体双凹型。体外受精，雌鲵不具受精器。

(1)大鲵 *Andrias davidianus*

鉴别特征：体大，全长一般100cm左右；头躯扁平，尾侧扁。眼小，无眼睑，体侧有明显的与体轴平行的纵行厚肤褶；每2个小疣粒紧密排列成对。

形态特征：一般全长100cm左右，大者可达200cm以上；头大，扁平而宽阔，头长略大于头宽；吻端圆；外鼻孔小，近吻端，鼻间距为眼间距的1/3或1/2；眼小，位背侧，无眼睑，眼间距宽，视力极差；舌大而圆，与口腔底部粘连，四周略游离；犁骨齿列甚长，位于犁腭骨前缘，左右相连，相连处微凹，与上颌齿平行排列呈一弧形；颈褶明显；躯干粗壮扁平；肋沟12—15条；前肢粗短；后肢较前肢略长；前后肢贴体相对，指、趾端相距6个肋沟左右。

栖息环境：多栖息于海拔100—1200m的水流较急而清凉的溪河中。

生活习性：成鲵常栖息于溪河深潭内的岩洞、石穴中，以滩口上下的洞穴内较为常见,很少外出活动,捕食主要在夜间进行,也有白天上岸觅食或晒太阳的习性。其食量大,食性广,主要以蟹、蛙、鱼、虾以及水生昆虫等为食。

繁殖:繁殖期5—9月,一般7—9月是产卵盛期,雄鲵有护卵行为。

分布:中国各省均有分布,河南分布于卢氏。

保护:列入《世界自然保护联盟濒危物种红色名录》2006年ver3.1——极危(CR)。

3. 蝾螈科 Salamandridae

全长小于230mm。头、躯略扁平,皮肤光滑或有瘰疣,肋沟不明显。具可活动的眼睑。犁齿多呈"∧"形。椎骨多为后凹型。成体有肺。体内受精。以水栖为主。

(1)东方蝾螈 *Cynops orientalis*

形态特征:雄螈全长56—77mm,雌螈全长64—94mm;体型较小;头部扁平,头长明显大于头宽;吻端钝圆,吻棱较明显;鼻孔近吻端,鼻间距小于眼径或眼间距;无囟门;枕部"V"形棱脊不清晰;唇褶显著;上颌、下颌有细齿;舌小而厚,卵圆形,约占口腔底面的1/2,两侧游离;犁骨齿呈"∧"形;似鳃状腺明显;颈褶明显;躯干圆柱状;无肋沟;头背面两侧无棱脊,体背中央脊棱弱;前肢纤细;后肢纤细;尾侧扁,背、腹鳍褶较平直,尾末端钝圆;背、腹尾鳍褶适度高;雄螈肛部肥肿状,肛孔纵长,内壁后部有突起;雌螈肛部呈丘状隆起,具颗粒疣,肛孔短圆,肛内无突起;无童体型;体背面满布痣粒及细沟纹;咽喉部痣粒略显或不显,胸腹部光滑。

栖息环境:生活于海拔30—1000m的山区,多栖于有水草的静水塘、泉水凼及稻田。

生活习性:成螈白天静伏于水草间或石下,偶尔浮游到水面呼吸;主要捕食蚊蝇幼虫、蚯蚓及其他水生小动物。

繁殖:繁殖期为3—7月,5月为繁殖高峰期。繁殖高峰期雌螈、雄螈比为1∶1.5至1∶2。雌螈多次产卵,每次1粒,每天产1—5粒;卵单粒黏附在水草叶片间。每尾雌螈年产卵100粒左右,最多达283粒;幼体当年完成变态,6—

8 月间可在野外见到幼螈。

分布：中国分布于河南、湖北、安徽等地。

保护：列入中国国家林业局于 2000 年 8 月 1 日发布的《国家保护的有益的或者有重要经济、科学研究价值的陆生野生动物名录》。

(2) 大别瑶螈 *Yaotriton dabienicus*

形态特征：雌螈全长 134.9—155.5(145.4) mm，头体长 72.6—82.4(76.1) mm；头扁平，头长远大于头宽；吻端平切近方形；头侧棱脊甚显著，耳后腺后部向内弯曲；鼻孔近吻端；无囟门；枕部有 1 条"V"形棱脊，与背正中脊棱连续至尾基部；无唇褶；上、下颌具细齿；舌近圆形，前后端与口腔底部相连；犁骨齿呈"∧"形；颈褶明显；躯干圆柱状或略扁；无肋沟；背脊棱明显；前肢短，后肢略长于前肢；前肢贴体向前，指末端达眼前角；后肢短；尾长短于头体长，尾侧扁，尾末端钝尖；尾背鳍褶窄，略呈弧形隆起，尾腹鳍褶平而厚；雌性泄殖腔部略隆起，泄殖腔孔长裂形，内壁无乳突；无童体型；体背面黑色，腹面色稍浅，指趾腹面、指趾端背面、掌跖突、泄殖腔孔周缘、尾下缘橘红色。

栖息环境：生活于海拔 698—767m 的山区，常隐蔽于溪流岸边的石块间，栖息环境水源丰富、植被茂盛，腐殖质丰厚，多枯枝腐叶与沙石。

生活习性：成螈以陆栖为主，繁殖期到水塘边陆地上产卵。

繁殖：繁殖期在 4—5 月，在室温 23℃—28℃ 的条件下，胚胎经过 6—8 天孵出幼体。刚出膜的幼体有 3 对外鳃，前肢芽具 3 指，后肢芽初现，无平衡肢，全长 16.5—18mm。

分布：中国分布于湖北、河南商城。

保护：列入中国《国家重点保护野生动物名录》二级。

(3) 费氏肥螈 *Pachytriton feii*

形态特征：雄螈全长 167.2—198.4mm，雌螈全长 147—189.8mm；体型肥壮；头部略扁平，头长大于头宽；吻钝圆；头侧无棱脊；鼻孔位于吻端；枕部多有"V"形隆起；唇褶发达；上、下颌有细齿；舌与口腔底部相连；犁骨齿呈"∧"形；似鳃状腺明显；颈褶显著；躯干粗壮，背腹略扁平；肋沟 11 条；背脊部位不隆起而呈浅纵沟;前肢较短;后肢较短;尾前段宽厚而粗圆,后半段逐渐侧扁,末端钝圆;雄螈肛部显著隆起,肛孔纵长,内壁有乳突;雌螈肛部略隆起,肛孔短,内壁无乳突;无童体型;体背面、体侧和尾部均为深褐色;腹面颜色较背面浅,具浅橘红色斑或橘黄色斑(成年个体色斑分散,幼体色斑鲜艳而小);尾下缘前3/4为橘红色或橘黄色;背面皮肤光滑,体、尾两侧有横的细皱纹;咽喉部常有纵肤褶、颈褶,体腹面光滑无疣。

栖息环境:成螈生活于海拔400—930m山区中较为陡峭的山溪内。

生活习性:成螈以水栖为主,白天常隐于溪内石块下或落叶间。主要捕食毛翅目、襀翅目、浮游目、革翅目等昆虫幼虫及其他小动物。生活时皮肤可分泌大量黏液,发出似硫黄气味。据 Nishikawa et al. (2009)的报道,黄山地区的该螈次成体具有陆生生活的习性,性成熟后回到溪内生活。

繁殖:繁殖期5—8月;雌螈分批产卵,每年2—3批,每批产卵20—40粒,一只雌螈年产卵108粒左右;卵群黏附在流速缓慢的流溪石块下,单粒或相连成片。水温(20±3)℃时,孵化期30—35天。

分布:中国分布于安徽黄山、河南。

保护:尚不属于保护动物。

(二)无尾目 Anura

体形似蛙,后肢发达,趾间具蹼。成体不具尾。体表光滑,有些种类具疣粒。头骨骨化不佳但边缘完整。椎体以前凹型或后凹型为主。具尾杆骨。一般无肋骨。胸骨发达。营两栖,跳跃生活。口宽阔,舌后端多游离,可翻出口外摄食。耳具鼓室及鼓膜。眼具可动眼睑。陆生,在水中产卵,体外受精。一般产卵量较大,例如蟾蜍每次可产10000枚卵。幼体称蝌蚪,在水中生活,变态后陆生。蝌蚪以植物性食物为食,口部角质齿的排列和数目是其分类依据之一。河南两栖动物无尾目22种,包括蟾蜍科2种、蛙科7种、雨蛙科3种、叉舌蛙科3种、姬蛙科4种、树蛙科2种、角蟾科1种。

1. 蟾蜍科 Bufonidae

体短而粗壮,皮肤有大小不一的疣粒。具有耳后腺,能分泌毒液。不具齿。舌后端自由。瞳孔水平。椎体前凹型，肩带为弧胸型。我国常见代表为中华大蟾蜍(*Bufo gargarizans*)，陆栖性较强，体暗褐色，腹面乳黄色，具有黑褐色花斑。耳后腺的提取物为著名中药"蟾酥"，河南省计两种：中华大蟾蜍和花背蟾蜍。

(1)中华大蟾蜍 *Bufo gargarizans*

鉴别特征：本种与圆疣蟾蜍(*Bufo tuberculatus*)外形相近似，但本种体腹面深色斑纹很明显，腹后部有1个深色大斑块。

形态特征：雄蟾体长62—106mm，雌蟾体长70—121mm；体肥大；头宽大于头长；吻圆而高；吻棱明显；鼻孔位于吻眼之间；鼻间距小于眼间距，上眼睑宽为眼间距的3/5；瞳孔圆或横椭圆形，黑色，虹膜土红色；鼓膜、鼓环显著；上颌无齿；舌长椭圆形，后端无缺刻；无犁骨齿；无声囊；前肢长而粗壮；指关节下瘤成对或单个；掌突2个，棕色，内掌突小呈椭圆形，外掌突大而圆；雄蟾内侧3指有黑色刺状婚垫；无雄性线；后肢粗短；后肢贴体前伸，前伸贴体时胫跗关节达肩部或肩后；左右跟部不相遇；指端较圆；趾端钝尖；指侧具缘膜或无；趾侧缘膜显著；皮肤很粗糙，背面满布圆形瘰疣；吻棱上有疣；上眼睑内侧有3—4枚较大的疣粒，其前后分别与吻棱和耳后腺相接，沿眼睑外缘有1条疣脊；腹面满布疣粒；胫部无大瘰粒。

栖息环境：生活于海拔120—4300m的多种生态环境中。除冬眠和繁殖期栖息于水中外，多在陆地草丛、地边、山坡石下或土穴等潮湿环境中栖息。

生活习性：黄昏后出外捕食，其食性较广，以昆虫、蚁类、蜗牛、蚯蚓及其他小动物为主。成蟾在9—10月进入水中或松软的泥沙中冬眠，翌年1—4月出蛰(南方早，北方晚)即进入静水域内繁殖。

繁殖：繁殖期1—6月，因地而异。产卵时雄性前肢抱握在雌性的腋胸部，卵产在静水塘浅水区，卵群排列于管状卵带内，卵带缠绕在水草上。蝌蚪在静水塘内生活，以植物性食物为主；从卵变成幼蟾，共需64天左右。

分布：中国东北、华北、华东、西北都有分布，河南黄河流域均有分布。

保护：尚不属于保护动物。

(2)花背蟾蜍 *Bufo raddei*

形态特征:雄蟾一般体长 55—61mm,雌蟾体长 54—64mm;体型较小;头宽大于头长;吻圆;吻棱明显;鼻孔略近吻端;颊部向外倾斜,无凹陷;鼻间距略小于眼间距及上眼睑宽;鼓膜显著,呈椭圆形,略小于眼径的 1/2;上颌无齿;无犁骨齿;有单咽下内声囊,声囊无色素,声囊孔长裂形,一般位于右侧,少数位于左侧或两侧;前肢粗短;前臂及手长不到体长的 1/2;手、趾细短;后肢粗短;后肢贴体前伸,前伸贴体时胫跗关节达肩后;左右跟部不相遇;足比胫长;指端钝尖,深褐色;趾末端较尖,深褐色;四肢较光滑;腹面满布扁平疣;背面一般为灰褐色、黄褐色或橄榄灰色,上有深褐色或黑色斑,从吻背面或两眼之间至肛上方常有 1 条灰白或黄白色脊纹;腹面黄白色或浅褐色,一般无斑点,少数个体有灰褐色斑点。

栖息环境:广布于东部海边至海拔 3300m 的多种环境内,能栖息在半荒漠、盐碱沼泽、林间草地和沙荒湿地。

生活习性:春夏期间,白昼常栖于农作物地、草丛、石下或土洞内,黄昏时出外觅食,捕食地老虎、蝼蛄、蚜虫、金龟子等多种昆虫及其他小动物。

繁殖:繁殖期为 3—6 月。繁殖期喜在静水坑、池塘和水沟内产卵,卵 2—3 行交错排列在胶质管状卵带内,约 3000 粒。蝌蚪生活于静水域内,从受精卵变成幼蟾全程约需 82 天。

分布:中国主要分布于黑龙江、辽宁、吉林、内蒙古、青海、甘肃、宁夏、陕西、山西、河北和山东等地,河南黄河流域也有分布。

保护:列入国家“三有动物”名录,尚不属于保护动物。

2. 蛙科 Ranidae

河南省计中国林蛙、徂徕林蛙、金线侧褶蛙、黑斑侧褶蛙、泽陆蛙、花臭蛙、水沼蛙 7 种。

(1)中国林蛙 *Rana chensinensis*

形态特征:雄蛙体长 44—53mm,雌蛙体长 44—60mm;体型细长;头扁平,头长略大于头宽或几乎相等;吻端钝圆而较宽,略突出于下颌;吻棱较钝;鼻孔位于吻眼之间；颊面向外倾斜有 1 个浅凹陷；眼间距小于鼻间距；鼓膜圆形，直径约为眼径的 1/2；舌后端缺刻深；犁骨齿为 2 个小团，略呈椭圆形，位于内鼻孔内后方；有 1 对咽侧下内声囊；背侧褶不平直；前肢较短；手、趾较细长而略扁；关节下瘤发达，后肢长，约为体长的 185%，后肢贴体前伸，前伸贴体时胫跗关节达鼻孔前方或超过吻端；左右跟部重叠颇多，胫细长，超过体长的 1/2，足比胫长，指端钝圆；趾略扁而末节变窄，趾端钝圆；皮肤较光滑，背部及体侧有少而分散的小圆疣或长疣。

栖息环境：栖息于海拔 200—2100m 的山地森林植被较好的静水塘或山沟附近。

生活习性：生活在低海拔或低纬度地区，可能与黑斑蛙分布区域接近，但分布区域微生境存在分化，黑斑蛙倾向于生活在静水中，而中国林蛙倾向于生活在流水环境中。

繁殖：繁殖期为 2—7 月，随纬度和海拔有变化。

分布：中国分布于黑龙江、吉林、辽宁、内蒙古等地，河南分布于桐柏、开封以及大别山。

保护：列入《世界自然保护联盟濒危物种红色名录》2008 年 ver3.1——无危（LC）。

（2）徂徕林蛙 *Rana culaiensis*

形态特征：雄蛙体长 48.5—59.1mm，雌蛙体长 62mm 左右；雄蛙头长略大于头宽，雌蛙头长略小于头宽；吻端圆，突出于下唇；吻棱清晰；瞳孔横椭圆形；鼓膜圆形，约为眼径的 2/3；犁骨齿列呈 2 短斜行；无声囊；背侧褶细窄，在颞部上方略向外侧弯曲；前臂及手长不到体长的 1/2；雄性第 1 指具大的婚刺；背侧无雄性线，腹侧雄性线弱；后肢较长；前伸贴体时胫跗关节几乎达到鼻孔；左右跟部重叠；皮肤较光滑，背部及体侧有少数小圆疣；体腹面光滑；体背面多为红褐色或棕灰色而无深色斑，颞部有黑色三角斑，眼间无深色横斑；腹面乳黄色。

生存环境：生活于海拔 630—900m 的徂徕山地区。

繁殖:繁殖期3—4 月。

分布:中国北部有分布,河南省黄河流域均有分布。

保护:尚不属于保护动物。

(3)金线侧褶蛙 *Pelophylax plancyi*

鉴别特征:趾间几乎满蹼;内跖突极发达;背侧褶最宽处与上眼睑等宽;大腿后部云斑少,有清晰的黄色与酱色纵纹;雄蛙有 1 对咽侧内声囊。

形态特征:雄蛙体长 55mm 左右,雌蛙体长 67mm 左右;头略扁,头长略大于头宽;吻端钝圆;吻棱略显;鼻孔位于吻眼之间;颊部向外倾斜,鼻眼间有 1 个深凹陷;眼间距窄,小于鼻间距或上眼睑宽;鼓膜较大而明显,略小于眼径;颞褶不显;舌长梨形,后端缺刻深;犁骨齿呈 2 小团,间距宽;有 1 对咽侧内声囊,声囊孔较小;背侧褶宽而明显,直达胯部,鼓膜上方的褶较窄,其后逐渐宽厚,部分个体的后段不连续,最宽处与上眼睑几乎等宽;前肢较短;后肢粗短;左、右跟部相遇;指端钝尖;趾端钝尖;指侧缘膜窄;第 5 趾外侧缘膜窄。

栖息环境:生活于海拔 50—200m 稻田区的池塘内。

生活习性:冬眠期在 10 月下旬到翌年 4 月。4 月下旬出蛰,鸣声似小鸡;雌蛙、雄蛙数量比为 1∶3。

繁殖:繁殖期 4—6 月。卵群分散呈片状,雌蛙产卵 325—3445 粒。蝌蚪栖于池塘边的水草间,多分散底栖。

分布:中国分布于辽宁、河北、山东、山西、江西等地,河南黄河流域均有分布。

保护:列入《中国生物多样性红色名录—脊椎动物卷》(两栖类)无危(LC)。

(4)黑斑侧褶蛙 *Pelophylax nigromaculatus*

形态特征:雄蛙体长 62mm 左右,雌蛙体长 74mm 左右;头长大于头宽;吻部略尖,吻端钝圆,突出于下唇;吻棱不明显;鼻孔在吻眼中间;颊部向外倾斜;鼻间距等于眼睑宽,眼大且突出;鼓膜大而明显,接近圆形,为眼径的 2/3—4/5;鼓膜上缘有细颞褶;舌宽厚,后端缺刻深;犁骨齿呈 2 个小团,突出在内鼻孔之间;有声囊;背侧褶明显,褶间有多行长短不一的纵肤棱,后背、肛周及股后下方有圆疣和痣粒;前肢短;前臂及手长小于体长的1/2;后肢较短而肥硕;后肢贴体前伸,胫跗关节达鼓膜和眼之间;左、右跟部不相遇;胫长小于体长的1/2;指末端钝尖;趾末端钝尖;指侧缘膜不明显;背面皮肤较粗糙。

栖息环境:广泛生活于平原或丘陵的水田、池塘、湖沼区及海拔2200m以下的山地。

生活习性:成蛙在10—11月进入松软的土中或枯枝落叶下冬眠,翌年3—5月出蛰。

繁殖:繁殖期在3月下旬至4月,繁殖时雄蛙前肢抱握在雌蛙腋胸部位,黎明前后产卵于稻田、池塘浅水处,卵群团状,每团3000—5500粒。

分布:广泛分布于中国东部各省,河南黄河流域均有分布。

保护:列入《世界自然保护联盟濒危物种红色名录》2004年ver3.1——近危(NT)。

(5)泽陆蛙 *Fejervarya multistriata*

鉴别特征:本种与海陆蛙(*Fejervarya cancrivora*)相似。但本种体长小于60mm;第5趾无缘膜;有外跖突;雄蛙有单咽下外声囊。生活于淡水水域。

形态特征:雄蛙体长38—42mm,雌蛙体长43—49mm;头长略大于头宽;吻端钝尖;吻棱不显;鼻孔位于吻眼之间;颊部向外倾斜;眼间距很窄,为上眼睑的1/2;瞳孔横椭圆形;鼓膜圆形,约为眼径的3/5;舌宽厚,卵圆形,后端缺刻深;梨骨齿小而突出;前肢短;指纤弱;指关节下瘤明显,近基部者略大;后肢较粗短;左右跟部不相遇或仅相遇;胫长小于体长的1/2;指、趾末端钝尖无沟;背部皮肤粗糙,体背面有数行长短不一的纵肤褶,褶间、体侧及后肢背面有小疣粒;体腹面皮肤光滑。

栖息环境:生活于平原、丘陵和海拔2000m以下山区的稻田、沼泽、水塘、水沟等静水域或其附近的旱地草丛。

生活习性:昼夜活动,主要在夜间觅食。蝌蚪生活于静水域中。

繁殖:繁殖期4—9月。4月中旬至5月中旬、8月上旬至9月为产卵高峰期；大雨后常集群繁殖；雌蛙每年多次产卵，每次产卵370—2085粒，卵群多产于水深5—15cm的稻田及雨后水坑中，卵粒成片漂浮在水面上或黏附于植物枝叶上。

分布：中国分布于山东、河南、陕西、甘肃、四川、湖北、安徽等地区，河南黄河流域均有分布。

保护：列入《世界自然保护联盟濒危物种红色名录》2004年ver3.1——数据缺乏（DD）。

（6）花臭蛙 *Odorrana schmackeri*

形态特征：雄蛙体长44mm左右，雌蛙体长80mm左右；头顶扁平，头长几乎等于或略长于头宽；吻端钝圆而略尖，略突出于下唇；吻棱明显，眼至鼻孔处尤显；鼻孔略近吻端；颊部微向外侧倾斜，颊面凹入颇深；吻长于眼径；眼间距略小于鼻间距，与上眼睑几乎相等；鼓膜大而明显，雌蛙的较小，约为眼径的1/2，距眼后角稍远，雄蛙的较大，约为眼径的2/3，距眼后角较近；舌呈长梨形，后端缺刻深；犁骨齿2斜行，颇强，向后中线集中，二者一般相距较近，雄蛙的较弱，雌蛙的发达，其末端在内鼻孔后方；前臂及手长不到体长的1/2，前臂较粗；手指较长，略扁平；后肢长，约为体长的1.7倍；后肢前伸贴体时胫跗关节达眼与鼻孔之间或达鼻孔；左、右跟部重叠较多；皮肤光滑，头体背面满布极细致而弯曲的深浅线纹，盘桓呈凹凸状；体侧有大小不一的扁平疣；两眼前角之间有1个小白点；颞褶较细；口角后端有2—3颗浅色大腺粒，少数个体腹部略有细横皱纹，股后下方有小痣粒。

栖息环境：生活于海拔200—1400m山区的大小山溪内。溪内石头甚多，植被较为繁茂，环境潮湿，两岸岩壁常长有苔藓。

生活习性：成蛙常蹲在溪边岩石上，头朝向溪内，体背斑纹很像映在落叶上的阴影，也与苔藓颜色相似。该蛙受惊扰后常跳入水凼并潜入深水石间，但一般在水内潜伏时间不长，10—20分钟后又游到岸边。蝌蚪在水凼中、底层落叶间或石下。

繁殖：繁殖期在7—8月，雄蛙在夜间发出鸣叫声；雌蛙可产卵1400—

2544 粒，产卵后雌蛙离水，分散栖于林间草丛中。

分布：中国分布于湖北、安徽、湖南、四川、重庆、贵州、广东、广西等地区，河南分布于南部地区。

保护：列入中国国家林业局于 2000 年 8 月 1 日发布的《国家保护的有益的或者有重要经济、科学研究价值的陆生野生动物名录》。

（7）沼水蛙 *Hylarana guentheri*

鉴别特征：本种与黑带水蛙相似，但指端没有腹侧沟；雄蛙前肢基部有肱腺；有 1 对咽侧下外声囊。蝌蚪体背、腹面均无腺体。

形态特征：雄蛙体长 71mm 左右，雌蛙体长 72mm 左右；体形大而狭长；头部较扁平，长大于宽；吻长而略尖，末端钝圆；吻棱明显；鼻孔近吻端；颊部略向外倾斜；有深凹陷；鼻间距大于眼间距，上眼睑宽几乎与眼间距、鼓膜相等；眼大；鼓膜圆而明显，为眼径的 4/5；颞褶不显；舌大，后端缺刻深；犁骨齿 2 斜列，有 1 对咽侧下外声囊；背侧褶平直而明显，自眼后直达胯部；前臂及手长不到体长的 1/2；手指趾长；指关节下瘤发达，指基下瘤略小；掌突 3 个，长椭圆形，相互分离；体背侧雄性线明显；后肢较长，为体长的 1.6 倍；后肢前伸贴体时胫跗关节达眼部；左、右跟部相重叠；足与胫等长，约为体长的 1/2；指、趾末端钝圆，不膨大，腹侧无沟；趾端钝圆，腹侧有沟。

栖息环境：栖息于海拔 1100m 以下的平原、丘陵和山区。

生活习性：成蛙多栖息于池塘、水坑或稻田中，常隐蔽在水生植物间、小土洞或杂草丛中，捕食以昆虫为主，还觅食蚯蚓、田螺及幼蛙等。

繁殖：繁殖期为 5—6 月。

分布：广泛分布于中国北纬 31°以南各省、河南分布于商城。

保护：列入中国国家林业局于 2000 年 8 月 1 日发布的《国家保护的有益的或者有重要经济、科学研究价值的陆生野生动物名录》。

3. 雨蛙科 Hylidae

体细瘦，腿较长，皮肤光滑。有颌齿及犁齿。椎体前凹型。指（趾）末端膨大成指垫，有助于吸附在植物上。瞳孔垂直，水平或三角形。肩带为弧胸型。主要分布在温热带地区。我国常见种类为无斑雨蛙(*Hyla immaculata*),河南省计 3 种:中国雨蛙、无斑雨蛙和阔褶水蛙。

(1)中国雨蛙 *Hyla chinensis*

鉴别特征:眼后鼓膜上方、下方棕色细线纹在肩部汇合成三角形斑;体侧、股前后方有大小不等的黑斑点。

形态特征:雄蛙体长 30—33mm,雌蛙体长 29—38mm;头宽略大于头长;吻圆而高;吻端平直向下;鼻孔接近吻端;颊部平直向下;鼓膜小而圆,约为眼径的 1/3;上颌有齿;舌圆厚,后端有缺刻;犁骨齿为 2 个小团;有单咽下外声囊,鸣叫时膨胀成球状;后肢向前伸贴体时胫跗关节到达鼓膜或眼;左、右跟部重叠;足比胫部短;指、趾端有吸盘和边缘沟,指的基部具微蹼;背面皮肤光滑;无疣粒;腹面密布颗粒疣,咽喉部光滑。

栖息环境:生活于海拔 200—1000m 低山区。

生活习性:白天多匍匐在石缝或洞穴内,隐蔽在灌丛、芦苇、美人蕉及高秆作物上。夜晚多栖息于植物叶片上鸣叫,头向水面,鸣声连续,音高而急。成蛙捕食蟋象、金龟子、象鼻虫、蚁类等小动物。9 月下旬开始冬眠,翌年 3 月下旬出蛰。

繁殖:繁殖期为 4—5 月。雌蛙一次可产卵 236—682 粒,数十至数百粒组成卵群,附着在水草或池边石块上。5 月下旬可见到幼蛙。

分布:中国分布于湖北西南部、安徽南部、江苏南部等地区,河南南部也有分布。

保护:列入《世界自然保护联盟濒危物种红色名录》2004 年 ver3.1——无危(LC)。

(2)无斑雨蛙 *Hyla immaculata*

鉴别特征:背部纯绿,鼻孔至眼之间无深色线纹,体侧和胫前后无黑色斑点,肛上方有 1 条细白横纹,足略长于胫,趾占蹼的 1/3。

形态特征:雄蛙体长 31mm 左右,雌蛙体长 36—41mm;头宽略大于头长;吻圆而高,吻端平直向下;吻棱明显;鼻孔近吻端;颊部略向外侧倾斜;鼻间距小于眼间距,略等于眼睑宽;瞳孔横椭圆形;鼓膜圆;颞褶明显;上颌有齿;舌较圆厚,后端微有缺刻;单咽下外声囊;犁骨齿为2个小团;后肢短;胫跗关节前伸达鼓膜后缘;左右跟部相遇或不遇;足略长于胫或相等;指、趾端具吸盘,吸盘有边缘沟;体和四肢背面光滑,胸、腹、股部遍布颗粒状疣。体背面纯绿色,体侧与股前后方浅黄或黄色,均无黑斑点;体侧、前臂后缘、胫与足外侧及肛上方有1条白色细线纹;鼻眼间无黑棕色细纹;体和四肢腹面白色或乳黄色。

栖息环境:生活于海拔200—1200m的山区稻田及农作物秆上、田埂边、灌木枝叶上。

生活习性:成蛙在下雨后或夜间常出外活动,多栖息于池塘边、稻丛中或草丛中鸣叫,声大而高,常常集群在一片农作物地内,1蛙领叫,群蛙共鸣;成蛙善于攀爬高秆农作物,捕食多种昆虫、蚁类等。蝌蚪在静水域内生活,以浮游生物、藻类、腐物为食。

繁殖:繁殖期为5—6月。雄蛙产卵分小群黏附于稻田或水坑内的草茎上,产卵220粒左右。

分布:中国分布于辽宁、吉林、黑龙江、河北、湖北等地,河南黄河流域均有分布。

保护:列入《世界自然保护联盟濒危物种红色名录》2004年ver3.1——无危(LC)。

(3)阔褶水蛙 *Hylarana latouchii*

鉴别特征:本种与细刺水蛙相似,但阔褶水蛙背侧褶宽厚,其宽度大于或等于上眼睑宽,褶间距窄;颌腺甚明显。

形态特征:雄蛙体长38mm左右,雌蛙体长47mm左右;头长大于宽;吻较短而钝,末端略圆;吻棱明显;鼻孔近吻端;颊部凹陷;鼻间距较宽,略大于眼间距;眼适中;鼓膜明显,与上眼睑等宽,为眼径的3/5—2/3;无颞褶;舌长卵圆形,后端缺刻深;犁骨齿为2个小团,在内鼻孔之间;有1对咽侧内声囊,声囊孔小,长裂形;肩胸骨分叉,上胸软骨极小;中胸骨细长,基部粗;剑胸软骨远大于上胸软骨,后端有缺刻;自眼后角至胯部有极明显的背侧褶,在后端常断续成疣粒,整个背侧褶宽窄不一,中部最宽,等于或大于上眼睑宽,为4—4.5mm;前臂及手长小于体长的1/2;趾、指纤细而长;指关节下瘤小而清晰,有指基下瘤;后肢长约为体长的1.5倍,胫长约为体长的1/2,雌蛙胫长或小于体长的1/2;后肢前伸贴体时胫跗关节达眼部;左、右跟部重叠;足略长于胫;指末端钝圆略扁,无腹侧沟;趾末端略膨大呈吸盘状,其腹侧有沟;皮肤粗糙;背面有稠密的小刺粒;吻端、头侧、前肢及腹面的皮肤光滑;股部近肛周疣粒扁平;两眼前角之间有凸出的小白点。

栖息环境:栖息于海拔30—1500m的平原、丘陵和山区。

生活习性:常栖于山旁水田、水池及水沟附近,很少栖于山溪内。白天隐匿在草丛或石穴中,主要捕食昆虫、蚁类等小动物。

繁殖:繁殖期为3—5月。

分布:中国分布于贵州、河南、安徽、江苏、浙江等地,河南分布于商城。

保护:列入中国国家林业局于2000年8月1日发布的《国家保护的有益的或者有重要经济、科学研究价值的陆生野生动物名录》。

4. 叉蛇蛙科 Dicroglossidae

(1)虎纹蛙 *Hoplobatrachus chinensis*

鉴别特征:体长可达100mm以上;下颌前侧方有2个骨质齿状突;鼓膜明显;雄蛙声囊内壁黑色。

形态特征:雄蛙体长66—98mm,雌蛙体长87—121mm,体重可达250g左右;体型硕大;头长大于头宽;吻端钝尖;吻棱钝;鼻孔略近吻端或于吻眼之间;颊部向外倾斜;瞳孔横椭圆形;鼓膜明显,鼓膜约为眼径的3/4;上颌齿锐利,下颌前缘有2个齿状骨突;恰与上颌的两个凹陷相吻合;舌后端缺刻深;犁骨齿极强;有1对咽侧外声囊;无背侧褶;前肢短;趾、指短;内掌突略显,无外掌突;雄性第1指上灰色婚垫发达;后肢较短;后肢前伸贴体时胫跗关节达眼至肩部;左右跟部相遇或略重叠;胫长小于体长的1/2;指、趾末端钝尖,无沟;体背面粗糙,背部有长短不一、多断续排列成纵行的肤棱,其间散有小疣粒,胫部纵行肤棱明显;头侧、手、足背面和体腹面光滑。

栖息环境:生活于海拔20—1120m的山区、平原、丘陵地带的稻田、鱼塘、水坑和沟渠内。

生活习性:白天隐匿于水域岸边的洞穴内;夜间外出活动,跳跃能力很强,稍有响动即迅速跳入深水中。成蛙捕食各种昆虫,也捕食蝌蚪、小蛙及小鱼等。雄蛙鸣声如犬吠。蝌蚪栖息于水塘底部。

繁殖:在静水内繁殖,繁殖期3月下旬至8月中旬,5—6月为产卵盛期,雌蛙每年可产卵2次以上,每次产卵763—2030粒。卵单粒至数十粒粘连成片,漂浮于水面。

分布:中国分布于长江以南,最北可达江苏盐城,河南分布于固始、商城、桐柏、大别山、罗山。

保护:2021年12月,被农业农村部列入第三批《人工繁育国家重点保护水生野生动物名录》。

(2)叶氏肛刺蛙 *Yerana yei*

鉴别特征:雄蛙肛部囊泡状隆起明显,肛孔下方有2个大的白色球形隆起,每个隆起上均有多枚锥状黑刺;雌蛙肛孔上方有1个大的囊泡状突起,肛孔下方有2个小囊状突,囊状突上有白色疣粒,疣粒中央有黑刺;雄蛙第1指背面及内侧有稀疏的黑色角质刺;有单咽下内声囊;蝌蚪唇齿式多为I:6+6/1+1:II,出水孔有长游离管等特征可与隆肛蛙属和太行隆肛蛙相区别。

形态特征:雄蛙体长50—64mm,雌蛙体长69—83mm;头宽大于头长;吻圆,上唇突出于下唇缘;吻棱不明显;鼻孔位于吻眼之间;颊部向外倾斜;鼻间距大于眼间距;鼓膜圆不明显;颞褶明显;舌大椭圆形,后端缺刻浅;雄蛙具有单咽下内声囊;声囊孔圆形;前肢适中;指基部的关节下瘤发达,后肢短;后肢前伸贴体时胫跗关节达眼部;左右跟部仅相遇;胫长为体长的1/2;皮肤粗糙,整个背面满布疣粒,背部上的较大;雄蛙肛部皮肤明显隆起,肛孔周围刺疣密集;肛孔下方有2个大的圆形隆起,其上有黑刺,圆形隆起与肛部下壁之间有1个囊泡状突起;雌蛙肛部囊状突起较小;雌、雄蛙体腹面均光滑。

栖息环境:生活于海拔 320—560m 林木繁茂的山区。

生活习性:成蛙栖息于水流较急的流溪内及其附近,白天多隐居于石缝内或大石块下,夜晚上岸觅食,食物以小昆虫为主。10 月下旬该蛙在溪内岩洞内冬眠,蛰眠期约 6 个月。蝌蚪多栖息于水凼内石下。

繁殖:繁殖期为 5—8 月。卵群产于石下。

分布:中国分布于河南、安徽等地,河南分布于商城。

保护:列入中国《国家重点保护野生动物名录》二级。

(3)太行隆肛蛙 *Feirana taihangnica*

形态特征:雄蛙体长 51—83mm,雌蛙体长 68—91mm;头宽大于头长;吻圆;上唇突出于下唇缘;吻棱明显;鼻孔略近眼;颊部向外倾斜;鼻间距大于眼间距,眼间距小于上眼睑宽;鼓膜小或不甚明显;颞褶明显;舌大而圆,后端缺刻明显;无声囊;无指基下瘤;指基部的关节下瘤发达;掌突 3 个,内掌突大而突出;皮肤较光滑,体背面散有少量的扁平圆疣或长疣;体后部、肛部、后肢背面有白痣粒,尤以肛部周围痣粒密集;股、胫背面肤棱呈线状;腹面光滑;肛部皮肤形成囊状泡起,肛孔内壁无黑刺;跗部腹面有白色痣粒。

栖息环境:生活于海拔 500—1700m 的山区谷地流溪内及其附近,山上林木繁茂。

生活习性:捕食多种昆虫,如天牛、象鼻虫、叩头虫等。

繁殖:繁殖期为 4 月下旬至 5 月中旬。雌蛙可产卵 600 余粒,卵群单粒状平铺于流溪石块底面,卵粒动物极深棕色,约占卵球的 1/2,在 60°处有 1 个浅黄色圆环,此圆环与隆肛蛙相同,而未见于其他蛙类。

分布:中国分布于陕西、河南等地。河南分布于济源,嵩山,峦川,内乡。

保护:列入《世界自然保护联盟濒危物种红色名录》2019 年 ver3.1——无危(LC)。

5. 姬蛙科 Microhylidae

肋骨、椎骨、肩带及筛骨特性均似蛙科,头狭,口小,大多数种类无颌齿和犁齿。舌端不分叉。指(趾)间无蹼。瞳孔常垂直。我国北方常见的北方狭口蛙(*Kaloula borealis*)为本科代表。体短圆,背皮近褐色,具疣状突起。雄蛙具单个咽下外声囊,叫声尖而短促。喜陆栖,所栖洞穴常深达数尺。河南省计4种:小弧斑姬蛙、合征姬蛙、饰纹姬蛙、北方狭口蛙。

(1)小弧斑姬蛙 *Microhyla heymonsi*

形态特征:雄蛙体长18—21mm,雌蛙体长22—24mm;体型小,略呈三角形;头小,头长、宽几乎相等;吻端钝尖,突出于下唇;吻棱明显;鼻孔近吻端;颊部几近垂直;眼间距大于上眼睑宽,鼻间距小于眼间距而大于上眼睑宽;鼓膜不显;舌窄长,后端无缺刻;无犁骨齿;雄蛙具单咽下外声囊,声囊孔长裂状;前肢细弱;前臂及手长远小于体长的1/2;后肢较粗壮;后肢前伸贴体时胫跗关节达眼;左、右跟部重叠;胫长略大于体长的1/2,足比胫略长;指末端有小吸盘,背面有纵沟,有的不太明显;趾吸盘大于指吸盘,背面有明显的纵沟。

栖息环境:常栖息于70—1515m的山区、稻田、水坑边、沼泽泥窝、土穴或草丛中。

生活习性:雄蛙发出"嘎、嘎"鸣叫声,低沉而慢。捕食昆虫和蛛形纲等小动物,其中蚁类占91%左右。有益系数达98%。蝌蚪集群游于水体表层,受惊时迅速潜入水下。

繁殖:繁殖期为5—6月,部分地区可到9月。繁殖旺季卵产于静水域中,卵群成片,每次产106—459粒,每年可产卵2次。

分布:中国分布于长江以南,最北达安徽金寨、河南商城。

保护:列入《世界自然保护联盟濒危物种红色名录》2004年 ver3.1——无危(LC)。

(2)合征姬蛙 *Microhyla mixtura*

鉴别特征:指端无吸盘,其背面亦无纵沟,可区别于粗皮姬蛙及小弧斑姬蛙;趾端具吸盘,其背面有纵沟,可区别于花姬蛙与饰纹姬蛙;趾间微蹼又可区别于缅甸姬蛙。

形态特征:雄蛙体长21—24mm,雌蛙体长24—27mm;体型小,呈三角形;

头小,头宽大于头长;吻端钝尖,突出于下唇;吻棱明显;鼻孔近吻端;颊部略向外倾斜;鼻间距小于眼间距而大于上眼睑宽;鼓膜不显;舌椭圆形,后端无缺刻;无犁骨齿;雄蛙有单咽下外声囊,声囊孔长裂形;前肢细弱;前臂及手长不到体长之半;后肢粗壮;左、右跟部重叠;指端钝圆,无吸盘,其背面亦无纵沟;皮肤较粗糙,背面有小疣,多呈纵行排列。

栖息环境:生活于海拔 100—1700m 的山区稻田、水坑或其附近的草丛、土穴及泥窝内。

生活习性:在水中时仅露出头部,有时浮在水面,不叫也不动;在草丛中或土缝内隐蔽。雄蛙鸣叫声略带弹音。蝌蚪多群集在水体中层活动,受惊潜入水底。

繁殖:繁殖期 5—6 月,繁殖期卵产在水坑或稻田中,雌蛙一次产卵 400—657 粒。从受精卵至完成变态需约 60 天,刚变态幼蛙体长 8—10mm。

分布:中国分布于陕西、河南、湖北、安徽、浙江、四川、重庆、贵州等地。河南主要分布于商城。

保护:列入中国国家林业局于 2000 年 8 月 1 日发布的《国家保护的有益的或者有重要经济、科学研究价值的陆生野生动物名录》。

(3)饰纹姬蛙 *Microhyla fissipes*

鉴别特征:趾间具蹼迹;指、趾末端圆而无吸盘及纵沟;背部有 2 个前后相连续的深棕色“∧”形斑。

形态特征:雄蛙体长 21—25mm,雌蛙体长 22—24mm;体型小,略呈三角形;头小,头长宽几乎相等;吻钝尖,突出于下唇;吻棱不显;鼻孔近吻端;眼间距大于上眼睑宽,鼻间距小于眼间距而大于上眼睑之宽;鼓膜不显;舌长椭圆形,后端无缺刻;无犁骨齿;单咽下外声囊;前肢细弱;前臂及手长小于体长之半;后肢粗短;左、右跟部重叠;胫长小于体长的 1/2,足比胫略长;指末端圆,无吸盘也无纵沟;趾端圆,无吸盘也无纵沟;皮肤粗糙。

栖息环境:生活于海拔 1400m 以下的平原、丘陵和山地的泥窝或土穴内,或生活于水域附近的草丛中。

生活习性:雄蛙鸣声低沉而慢,如"嘎、嘎、嘎";主要以蚁类为食,其有益系数约为98%。

繁殖:繁殖期为3—8月。卵产于雨后临时积水坑内及有水草的静水塘,雌蛙每次产卵243—453粒,卵群单层形成片浮于水面。受精卵24小时左右孵化,小蝌蚪在水中生活20—30天完成变态,刚变态幼蛙体长9.5mm左右。

分布:中国主要分布于长江以南,最北可达山西南部、河南信阳。

保护:列入中国国家林业局于2000年8月1日发布的《国家保护的有益的或者有重要经济、科学研究价值的陆生野生动物名录》。

(4)北方狭口蛙 *Kaloula borealis*

鉴别特征:指、趾末端不膨大,除第四趾外,其余各趾均为半蹼;雄蛙仅胸部有厚皮肤腺。

形态特征:体长40—46mm;体型宽扁;头宽大于头长;吻短而圆;吻棱不明显;鼻孔近吻端;眼间距大于鼻间距;鼓膜隐蔽;舌大呈椭圆形,后端无缺刻;内鼻孔后缘各有1条明显的嵴棱,外侧细,内侧粗,2条嵴棱在中线处几乎相遇;无犁骨齿;雄蛙有单咽下外声囊;前肢短;不到体长的1/2;后肢粗短;左右跟部相距较远;胫长不到体长的1/3,足比胫长;指端钝圆;趾端钝圆;皮肤较厚而平滑;背面有少数小疣,枕部有横肤沟;颞褶斜置;肛周围小疣较多;腹面皮肤光滑。

栖息环境:生活于海拔50—1200m的平原和山区丘陵地区,常栖息于房屋或水坑附近的土穴内、石下或草丛中。

生活习性:不善跳跃,多爬行。产卵期与雨季来临的迟早有关,大雨后雄蛙发出"阿、阿"洪亮而低沉的鸣叫声;夜间在路灯下也可见其活动。

繁殖:繁殖期为7—8月。夜晚抱对产卵,每年产卵2—3次,每次400—800粒。卵产于临时水坑内,单粒浮于水面;蝌蚪变成幼蛙需14—20天。

分布:中国分布于黑龙江、吉林、辽宁、河北、山东、山西、河南、湖北、江苏、浙江等地。

保护:列入中国国家林业局于2000年8月1日发布的《国家保护的有益的或者有重要经济、科学研究价值的陆生野生动物名录》。

6. 树蛙科 Rhacophoridaae

外形与生活习性与雨蛙相似,肋骨、椎骨、肩带及筛骨特性均似蛙科,但指、趾末端具膨大的足垫。主要分布在热带地区。我国长江以南分布的大树蛙(*Rhacophorus dennysi*)可作为本科的代表。河南省计2种:斑腿泛树蛙和大树蛙。

(1)斑腿泛树蛙 *Polypedates megacephalus*

鉴别特征:背前部多有"X"形斑。

形态特征:雄蛙体长41—48mm,雌蛙体长57—65mm;体型扁而窄长;头部扁平,头长大于头宽或二者相等;吻长,吻端钝尖或钝圆,突出于下唇,呈倾斜状;吻棱明显;鼻孔近吻端;颊面内陷;鼻间距小于眼间距,上眼睑宽为眼间距的2/3;鼓膜明显,为眼径的1/2—2/3;颞褶平直而长;舌后端缺刻深;犁骨齿强;通常具内声囊;前肢细长;前臂及手长超过体长的1/2;后肢细长;后肢前伸贴体时胫跗关节达眼与鼻孔之间;左、右跟部重叠;胫长约为体长的1/2,足短于胫。

栖息环境:生活于海拔80—2200m的丘陵和山区,常栖息在稻田、草丛或泥窝内,或在田埂石缝及附近的灌木、草丛中。

生活习性:傍晚发出"啪、啪、啪"的鸣叫声。行动较缓,跳跃力不强。

繁殖:繁殖期为4—9月。繁殖期因地而异,多在4—6月产卵,卵群附着在稻田或静水塘岸边草丛中或泥窝内,卵泡呈乳黄色,每次产250—2410粒。蝌蚪在静水内发育生长,当年完成变态,幼蛙以陆栖为主。

分布:中国分布于秦岭以南各省。河南主要分布于商城。

保护:列入中国国家林业局于2000年8月1日发布的《国家保护的有益的或者有重要经济、科学研究价值的陆生野生动物名录》。

(2)大树蛙 *Rhacophorus dennysi*

形态特征:雄蛙体长68—92mm,雌蛙体长83—109mm;体型大,体扁平而窄长;头部扁平,雄蛙头长、宽几乎相等,雌蛙头宽大于头长;吻端斜尖;吻棱棱角状;鼻孔近吻端;鼻间距小于眼间距而略大于上眼睑宽;瞳孔呈横椭圆形;鼓膜大而圆;颞褶明显,短而平直;舌宽大,后端缺刻深;犁骨齿强壮;具单咽下内声囊;前肢粗壮;后肢较长;左、右跟部不相遇或仅相遇;指、趾端均具吸盘和边缘沟,吸盘背面可见"Y"形迹,指腹面有清晰的肉质垫,第1指吸盘略小;体色和斑纹有变异,多数个体背面绿色。

栖息环境:生活于海拔80—800m山区的树林里或附近的田边、灌木及草丛中,偶尔也进入寺庙或山边住宅内。

生活习性:主要捕食金龟子、叩头虫、蟋蟀等多种昆虫。傍晚后,雄蛙发出"咕噜! 咕噜!"或"咕嘟咕!"的连续清脆的鸣叫声。蝌蚪在稻田或静水塘中生活。

繁殖:繁殖期为4—5月。配对时雄蛙前肢抱握在雌蛙的腋部,卵泡多产于田埂或水坑壁上,有的产在灌丛或树的枝叶上。卵泡白色或乳黄色,含卵1329—4041粒;卵孵化后的蝌蚪跌落到静水中生活。

分布:中国分布于长江以南,最北可达安徽霍山。河南分布于商城。

保护:列入中国国家林业局于2000年8月1日发布的《国家保护的有益的或者有重要经济、科学研究价值的陆生野生动物名录》。

7. 角蟾科 Megophryidae

(1)宁陕齿突蟾 *Scutiger ningshanensis*

形态特征:雄蟾体长44—51mm,雌蟾体长41—53mm;体形扁而窄长;头宽略大于头长,略超过体长的1/3;吻端较钝圆,略突出于下唇缘;吻棱不显;鼻孔近吻端;颊部向外倾斜;眼间距大于鼻间距,后者大于眼睑宽;瞳孔纵置;头侧鼓膜不显;上颌具有许多小齿;舌较发达,后端微具或几乎无缺刻;无犁骨齿;前肢长而细;雄性前臂及手长小于体长的1/2;皮肤腺体发达。

栖息环境:生活于海拔 1970—2550m 植被较稀疏的山区。

生活习性:1988 年 5 月 12 日发现 1 只雄蟾,该蟾胸、腹部刺群较明显;6 月 2 日发现 1 只雌蟾静伏在林下草丛中的泥凹内。剖腹雌蟾其卵巢内有小米似的卵群,呈灰白色。

繁殖:繁殖期为 5—6 月。

分布:中国分布于陕西、河南。河南主要分布于内乡伏牛山。

保护:列入中国《国家重点保护野生动物名录》二级。

参考文献

[1]赵海鹏,等. 河南两栖动物资源现状与区系分析[J]. 河南大学学报(自然科学版),2015,45(6):705-711.

[2]陈领. 古北和东洋界在我国东部的精确划界——据两栖动物[J]. 动物学研究,2004,25(3):369-377.

[3]张荣祖. 中国动物地理[M]. 北京:科学出版社,2011:132.

[4]国家林业局. 国家保护的有益的或者有重要经济、科学研究价值的陆生野生动物名录[J]. 野生动物,2000,21(5):49-82.

[5]IUCN. The IUCN red list of threatened species [EB/OL]. Version 2015-03 [2015-10-12]. http://www.iucnredlist.org.

[6]中国两栖类. http://www.amphibiachina.org.

[7]中国林业局.《国家保护的有益的或者有重要经济、科学研究价值的陆生野生动物名录》.

[8]姚敏,赵凯,花月,耿磊. 珍稀濒危动物商城肥鲵的栖息地选择[J]. 安徽农业科学,2014(第 11 期):3305-3308.

[9]张昌盛,刘云雀. 动物剥制标本制作理论与实务[M]. 北京:中国农业大学出版社,2018:158-164.

[10]国家林业和草原局农业农村部公告(2021 年第 3 号).《国家重点保

护野生动物名录》. 国家林业和草原局政府网.

[11]Rana chensinensis. The IUCN Red List. 2016-01.

[12]江苏省林业局.《江苏省重点保护陆生野生动物名录》(第一批,1997 年).

[13]中华人民共和国生态环境部. 关于发布《中国生物多样性红色—名录:脊椎动物卷》的公告.

[14]陈效一. 中国保护动物图谱[M]. 北京:中国环境科学出版社,2004:285.

第四章

爬行纲

爬行动物,隶属于脊椎动物门的一个纲,其生理和形态特征显著地适应了陆地生态。它们的躯体结构清晰划分为头部、颈部、躯干、四肢和尾部,其中颈部的灵活性显著,这不仅增强了捕食效率,也提升了感官器官如视觉的效能。这些动物拥有坚固的骨骼系统,这不仅支撑了它们的身体结构,还保护了内脏器官,并加强了它们的运动能力。它们的脑部,特别是大脑和小脑,较为发达,心脏则具有三个室,尽管鳄鱼的心脏室未完全分隔,但已接近四室结构。它们的肾脏从后肾演化而来,且在身体的末端拥有一个典型的排泄和生殖腔。爬行动物性别分明,具备用于交配的器官,并通过体内受精的方式繁殖,它们可以产卵或胎生。这些动物的腭部骨化,使得口腔和鼻腔分隔开来,内鼻孔位于口腔的后部;咽喉部分别通向食道和气管,允许它们在进食的同时进行呼吸。它们的皮肤覆盖着鳞片或甲壳,通过肺部进行呼吸,并具有卵生和体温随环境变化的特性。爬行动物的代表性种类包括蛇、鳄类和蜥蜴等。

在生态系统中,两栖和爬行动物扮演着关键角色,它们不仅维护了生态平衡,还因其对环境变化的敏感性,被视为环境健康的重要指示者和预警者。从生物学和古生物学的证据来看,爬行动物的起源可以追溯到两栖动物,尤其是蜥蜴类动物,它们在进化树上与爬行类动物的共同祖先——迷齿亚纲有着密切的联系。已知最早的爬行动物化石记录出现在上石炭统的地层中,属于杯龙类的林蜥 Hylonomus,尽管其特征与迷齿类相比仍有待进一步研究。比较解剖学研究揭示,在美国德克萨斯州西蒙城发现的下二叠统地层中的西蒙螈 Seymouria,其生物学特征介于两栖类和爬行类之间,表现为一种过渡形态。西蒙螈 Seymouria 的头部和牙齿保留了两栖类的特征,而其身体后部的骨骼则显示出了爬行类的特征。

一、物种分类系统

黄河流域河南省内分布的爬行动物共计 47 种及亚种,隶属 2 目 11 科 30 属,其分类系统如下。

龟鳖目 Testudoformes

　龟科 Emydidae

闭壳龟属 *Cuora*

黄缘闭壳龟 *Cuora flavomarginata*

潘氏闭壳龟 *Cuora pani*

乌龟属 *Chinemys*

乌龟 *Chinemys reevesii*

鳖科 Trionychidae

鳖属 *Pelodiscus*

鳖 *Pelodiscus sinensis*

有鳞目 Squamata

壁虎科 Gekkonidae

壁虎属 *Gekko*

无蹼壁虎 *Gekko swinhonis*

鬣蜥科 Agamidae

龙蜥属 *Japalura*

米仓山攀蜥——米仓山龙蜥 *Japalura micangshanensis*

蜥蜴科 Lacertidae

麻蜥属 *Eremias*

丽斑麻蜥 *Eremias argus*

山地麻蜥 *Eremias brenchleyi*

草蜥属 *Takydromus*

北草蜥 *Takydromus septentrionalis*

石龙子科 Scincidae

石龙子属 *Eumeces*

黄纹石龙子 *Eumeces capito*

蓝尾石龙子 *Eumeces elegans*

滑蜥属 *Scincella*

宁波滑蜥 *Scincella modesta*

蜓蜥属 *Sphenomorphus*

铜蜓蜥 *Sphenomorphus indicus*

游蛇科 Colubridae

两头蛇属 *Calamaria*

钝尾两头蛇 *Calamaria septentrionalis*

翠青蛇属 *Cyclophiops*

翠青蛇 *Cyclophiops major*

锦蛇属 *Elaphe*

赤峰锦蛇 *Elaphe anomala*

双斑锦蛇 *Elaphe bimaculata*

王锦蛇 *Elaphe carinata*

白条锦蛇 *Elaphe dione*

玉斑锦蛇 *Elaphe mandarina*

灰腹绿锦蛇 *Elaphe frenata*

紫灰锦蛇 *Elaphe porphyracea*

晨蛇属 *Orthriophis*

黑眉锦蛇 *Elaphe taeniura*

链蛇属 *Dinodon*

黄链蛇 *Dinodon flavozonatum*

赤链蛇 *Dinodon rufozonatum*

刘氏链蛇 *Lycodon liuchengchaoi*

黑背链蛇 *Lycodon ruhstrati*

滞卵蛇属 *Oocatochus*

红纹滞卵蛇 *Oocatochus rufodorsatus*

游蛇属 *Coluber*

黄脊游蛇 *Coluber spinalis*

乌梢蛇属 *Zaocys*

乌梢蛇 *Zoacys dhumnades*

剑蛇属 *Sibynophis*

黑头剑蛇 *Sibynophis chinensis*

斜鳞蛇属 *Pseudoxenodon*

大眼斜鳞蛇 *Pseudoxenodon macrops*

纹尾斜鳞蛇 *Pseudoxenodon stejnegeri*

水游蛇亚科 Homalopsinae

腹链蛇属 *Amphiesma*

草腹链蛇 *Amphiesma stolata*

锈链腹链蛇 *Amphiesma craspedogaster*

颈棱蛇属 *Macropisthodon*

颈棱蛇 *Macropisthodon rudis*

小头蛇属 *Oligodon*

中国小头蛇 *Oligodon chinensis*

颈槽蛇属 *Rhabdophis*

虎斑颈槽蛇 *Rhabdophis tigrinus*

华游蛇属 *Sinonatrix*

赤链华游蛇 *Sinonatrix annularis*

乌华游蛇 *Sinonatrix percarinata*

钝头蛇科 Pareas

钝头蛇属 *Pareas*

平鳞钝头蛇 *Pareas boulengeri*

眼镜蛇科 Elapidae

丽纹蛇属 *Calliophis*

丽纹蛇 *Calliophis macclellandi*

蝰科 Viperidae

亚洲蝮属 *Gloydius*

短尾蝮 *Gloydius brevicaudus*

烙铁头蛇属 *Ovophis*

山烙铁头蛇 *Ovophis monticola*

原矛头蝮属 *Protobothrops*

菜花原矛头蝮 *Protobothrops jerdonii*

大别山原矛头蝮 *Protobothrops dabieshanensis*

绿蝮属 *Cryptelytrops*

福建绿蝮 *Viridovipera stejnegeri*

二、群落结构特征

该地区分布的爬行动物有47种及亚种，隶属2目11科30属，从下表4-1可以看出其群落结构特征是有鳞目 Squamata 为优势目，优势度为91.49%；次优势目是龟鳖目 Testudoformes，优势度为8.51%。从科级水平分析游蛇科 Colubridae 为优势类群，优势度为42.55%；次优势类群是蝰科 Viperidae 和水游蛇亚科 Homalopsinae，优势度分别为10.64%和14.89%；鳖科 Trionychidae、壁虎科 Gekkonidae、鬣蜥科 Agamidae、钝头蛇科 Pareas、眼镜蛇科 Elapidae 5个科为单属种科。

表4-1　爬行动物群落结构特征

目 Order	科 Family	属 Genus	种 Species	比例/% Per./%
龟鳖目 Testudoformes	龟科 Emydidae	2	3	8.51
	鳖科 Trionychidae	1	1	
有鳞目 Squamata	壁虎科 Gekkonidae	1	1	91.49
	鬣蜥科 Agamidae	1	1	
	蜥蜴科 Lacertian	2	3	
	石龙子科 Scincidae	3	4	
	游蛇科 Colubridae	10	20	
	水游蛇亚科 Homalopsinae	5	7	
	钝头蛇科 Pareas	1	1	
	眼镜蛇科 Elapidae	1	1	
	蝰科 Viperidae	4	5	
合计	11	30	47	100

三、物种区系分类特征

该保护区的爬行动物有47种，各物种在此地区的分布及区系特征见表4-2。河南省，位于古北界与东洋界动物地理区的交汇处，其独特的动物地理特性一直吸引着学术界的注意。在河南爬行动物的研究历程中，张春霖在其著作《中国蜥蜴类之调查》中首次记录了守宫，也就是我们熟知的无蹼壁虎(*Gecko swinhonis*)。除此之外，还有众多研究文献涉及河南省或其特定区域的爬行动物种类及其分布情况，其中不乏对物种新分布的报道。

河南省的爬行动物展现出从东洋界到古北界的地理分布特性，这一现象与对两栖类和啮齿类动物的研究相呼应，并与中国的动物地理分区相吻合。据瞿文元等学者的研究，大多数两栖类和爬行类动物偏好温暖湿润的环境，这解释了为何亚热带区域的物种多样性更为丰富，而温带区域则相对较少。在河南省，淮河以南的桐柏—大别山区，由于其亚热带的气候条件和湿润的环境，成了爬行动物多样性的热点。尽管河南省内属于东洋界的区域面积不大，但其地形多山且溪流众多，加之气候湿润，为爬行动物提供了理想的栖息地。相比之下，河南省的古北界区域，由于其温带气候和干旱条件，对爬行动物的生存构成一定的限制。黄淮平原地区作为农耕平原的一部分，其景观较为单一，人口密集，人类活动频繁，这些因素导致了该地区物种多样性相对较低。

表4-2 爬行动物分布及区系特征

目 Order 科 Family	种 Species	区系分布	保护级别	区域内分布
龟鳖目 Testudoformes 龟科 Emydidae	黄缘闭壳龟 *Cuora flavomarginata*	B	三有	广布
	潘氏闭壳龟 *Cuora pani*	A	三有	有分布
	乌龟 *Chinemys reevesii*	C	三有	广布
龟鳖目 Testudoformes 鳖科 Trionychidae	鳖 *Pelodiscus sinensis*	C	三有	广布

续表 1

目 Order 科 Family	种 Species	区系分布	保护级别	区域内分布
有鳞目 Squamata 壁虎科 Gekkonidae	无蹼壁虎 *Gekko swinhonis*	A	三有	广布
有鳞目 Squamata 鬣蜥科 Agamidae	米仓山攀蜥——米仓山龙蜥 *Japalura micangshanensis*	A	三有	有分布
有鳞目 Squamata 蜥蜴科 Lacertidae	丽斑麻蜥 *Eremias argus*	A	三有	有分布
	山地麻蜥 *Eremias brenchleyi*	A	三有	有分布
	北草蜥 *Takydromus septentrionalis*	C	三有	广布
有鳞目 Squamata 石龙子科 Scincidae	黄纹石龙子 *Eumeces capito*	B	三有	有分布
	蓝尾石龙子 *Eumeces elegans*	C	三有	广布
	宁波滑蜥 *Scincella modesta*	A	三有	有分布
	铜蜓蜥 *Sphenomorphus indicus*	B	三有	广布
有鳞目 Squamata 游蛇科 Colubridae	钝尾两头蛇 *Calamaria septentrionalis*	B	三有	有分布
	翠青蛇 *Cyclophiops major*	B	三有	广布
	赤峰锦蛇 *Elaphe anomala*	A	三有	有分布
	双斑锦蛇 *Elaphe bimaculata*	C	三有	广布
	王锦蛇 *Elaphe carinata*	C	三有	广布
	白条锦蛇 *Elaphe dione*	C	三有	广布
	玉斑锦蛇 *Elaphe mandarina*	C	三有	广布
	灰腹绿锦蛇 *Elaphe frenata*	B	三有	有分布
	紫灰锦蛇 *Elaphe porphyracea*	C	三有	广布
	黑眉锦蛇 *Elaphe taeniura*	C	三有	广布
	黄链蛇 *Dinodon flavozonatum*	B	三有	广布
	赤链蛇 *Dinodon rufozonatum*	C	三有	广布
	刘氏链蛇 *Lycodon liuchengchaoi*	B		有分布

续表 2

目 Order 科 Family	种 Species	区系分布	保护级别	区域内分布
有鳞目 Squamata 游蛇科 Colubridae	黑背链蛇 *Lycodon ruhstrati*	C	三有	广布
	红纹滞卵蛇 *Oocatochus rufodorsatus*	A	三有	有分布
	黄脊游蛇 *Coluber spinalis*	C	三有	广布
	乌梢蛇 *Zoacys dhumnades*	C	三有	广布
	黑头剑蛇 *Sibynophis chinensis*	C	三有	广布
	大眼斜鳞蛇 *Pseudoxenodon macrops*	C	三有	广布
	纹尾斜鳞蛇 *Pseudoxenodon stejnegeri*	B	三有	有分布
有鳞目 Squamata 水游蛇亚科 Homalopsinae	草腹链蛇 *Amphiesma stolata*	C	三有	广布
	锈链腹链蛇 *Amphiesma craspedogaster*	C	三有	广布
	颈棱蛇 *Macropisthodon rudis*	B	三有	有分布
	中国小头蛇 *Oligodon chinensis*	B	三有	广布
	虎斑颈槽蛇 *Rhabdophis tigrinus*	C	三有	广布
	赤链华游蛇 *Sinonatrix annularis*	B	三有	广布
	乌华游蛇 *Sinonatrix percarinata*	B	三有	广布
有鳞目 Squamata 钝头蛇科 Pareas	平鳞钝头蛇 *Pareas boulengeri*	B	三有	有分布
有鳞目 Squamata 眼镜蛇科 Elapidae	丽纹蛇 *Calliophis macclellandi*	B	三有	有分布
有鳞目 Squamata 蝰科 Viperidae	短尾蝮 *Gloydius brevicaudus*	B	三有	有分布
	山烙铁头蛇 *Ovophis monticola*	B	三有	有分布
	菜花原矛头蝮 *Protobothrops jerdonii*	B	三有	有分布
	大别山原矛头蝮 *Protobothrops dabieshanensis*	B	三有	有分布
	福建绿蝮 *Viridovipera stejnegeri*	B	三有	有分布

注：区系分布：A 古北界、B 东洋界、C 广布型。

区系分布特征：在47种河南现生爬行动物中，以东洋界种类最多，为32种，约占总种数的68.1%；其次分别为广布种9种和古北界种6种，分别约占总种数的19.1%和12.8%，体现出东洋界与古北界成分相过渡的特点。从地理区划来看，桐柏—大别山地丘陵、伏牛山地丘陵盆地、豫西豫西北山地丘陵台地和黄淮海平原4个动物地理省的爬行动物分别有46种、31种、27种和9种，分别约占总种数的97.8%、66.0%、57.4%和19.1%。沿豫南的桐柏—大别山地丘陵省向西，再向北达伏牛山地丘陵盆地省，然后向北直至豫西豫西北山地丘陵台地省，物种数逐渐趋于减少，但均高于豫东黄淮平原省，总体呈现出山区高，丘陵及平原低，豫南高于豫北、豫西高于豫东的地理分布特点。

四、保护现状描述

该保护区分布的哺乳动物有47种。属于国家"三有动物"种类的有43种，特征描述如下。

1. 黄缘闭壳龟 *Cuora flavomarginata*

形态特征：俗称黄缘盒龟，背部棕红色，具1条浅棕色脊棱。腹部棕黑色，其四周及背甲腹缘黄色。背腹甲以韧带相连，腹甲前后2叶亦以韧带相连，可分别向上关闭背甲，头、颈、四肢及尾均可缩入壳内，得以保护。上颚钩曲。肛盾单枚，前端有不达末端的纵缝。因产于中国本土，而且在中国历史文明发展过程中有着极高的地位，因此素有中国"国龟"之称。尤其是以原产于皖西地区为代表的安缘，由于其高背、细纹等极符合中国人审美的外部特征而成为"国龟"中的典型代表。

栖息环境：在自然界中，黄缘闭壳龟常被发现在杂草、丘陵山区的林缘、灌木之中。

生活习性：常活动在离水源近、阴暗的地方如阴暗潮湿的树根下及石头缝中，喜欢群居。活动规律受季节和温度的影响，主要表现在4—5月和9—10月气温高于18℃低于24℃时早、晚活动少，中午前后活动较多；6—8

月气温高于25℃低于34℃时,常以夜间、清晨或傍晚活动为主。在自然情况下冬眠多在山阳坡,利用草堆或烂树叶隐藏身体。当气温回升到13℃以上,黄缘闭壳龟就会结束冬眠。主要食昆虫、蠕虫、软体动物。

繁殖:雄龟在繁殖期会通过自身的臭味招引异性交配。雌、雄龟在外观上即可分辨,雌性尾部粗,雄性尾部细,雌性身体短且厚且无异味。

分布:我国主要分布于安徽、江苏、浙江、河南、湖北、上海、湖南、福建、台湾、广东、香港、等中南部山区。河南主要分布在信阳,并在河南信阳南部山区设立黄缘闭壳龟省级自然保护区,主要保护黄缘闭壳龟及其生存环境。

种群现状:国内外各个分布区黄缘闭壳龟的野生种群数量已经十罕见,该种群将要接近灭绝的状态。

保护:列入多个公约及保护名录。如:《世界自然保护联盟濒危物种红色名录》及《濒危野生动植物种国际贸易公约》附录 Ⅱ。此外中国安徽、河南、江苏等地也都将黄缘闭壳龟列入《地方重点保护野生动物名录》。

2. 潘氏闭壳龟 *Cuora pani*

形态特征:身体较小,背甲长约116mm,宽约80mm,壳高约37mm。头部狭长,头背皮肤光滑。吻长,突出于上颚,上颚微钩曲;鼻孔开口于吻端。眶大,眶径8—8.5mm×7.5mm,约与吻长相等,鼓膜明显。背甲较低平,长卵形,前后缘圆。有脊棱,但无侧棱;颈盾狭长,呈长条形或倒钟形;椎盾5枚,均宽大于长,第1枚椎盾五边形,前缘中央突出,余皆为六边形。肋盾4对,缘盾12对,均有同心纹。第3至第7,第9、10枚缘盾外缘略微上翻。腹甲卵圆形,前缘圆,后缘凹缺。

栖息环境:生活在岩缝,以及水流平缓、丘陵地区的山涧、水质清澈的河流中。喜欢隐居在有淡水、光线充足、周围有树荫的地方。

生活习性:肉食性龟,人工条件下,以其他动物的内脏等为食。进食多少受温度的影响,生活环境温度最佳为22℃—30℃,在20℃时正常进食,处于低于10℃环境下容易进入冬眠状态。冬眠时间为11月至翌年4月。

繁殖:产卵期在每年的7、8月份,卵近似椭圆形,每次产1—9枚,可分批产卵。卵重10—20g,卵平均长径35—45mm,卵平均短径18—25mm。

分布:中国特有的物种,在中国分布于四川、陕西、云南南部、河南。河南主要分布在信阳。

种群现状:100年前,发现并命名潘氏闭壳龟。1906年,6号标本命名;1946年,1号标本采集;2004—2005年,云南昆发现2只活体;2006年,首次报道了云南闭壳龟的人工饲养和生长状况;2010年前后,在河南信阳发现6只野生潘氏闭壳龟。

保护:列入《世界自然保护联盟濒危物种红色名录》200年 ver 3.1——极危(CR)。列入《濒危野生动植物种国际贸易公约》。列入《中国生物多样性红色名录—脊椎动物卷》(爬行类)极危。列入中国国家林业局于2000年8月1日发布的《国家保护的有益的或者有重要经济、科学研究价值的陆生野生动物名录》。列入《中国濒危动物红皮书:两栖类和爬行类》极危(CR)。列入《中国国家重点保护野生动物》。列入《陕西省重点保护野生动物》。

3. 乌龟 *Chinemys reevesii*

形态特征:背甲宽是头部的4倍有余,头顶前部平滑,后部皮肤具细粒状鳞;具有坚强的甲壳,甲壳椭圆形,略扁平,背面为褐色或黑色,腹面略带黄色,均有暗褐色斑纹;四肢粗壮,略扁。雄性较小,背甲黑色,尾较长,有异臭;雌性较大,背甲棕褐色,尾较短,无异臭。

栖息环境:喜欢栖息在湖泊、稻田、溪流、水草丛等。

生活习性:大多数乌龟以肉为食,比如蠕虫、螺类、虾及小鱼,亦食植物的茎叶及粮食等。

繁殖:4月下旬交尾;5—8月产卵期,每次产卵5—7枚,将卵产于穴内,产毕复将松土覆盖于卵上。产卵50—80天后,孵出幼龟,幼龟出壳后即能入水,独立生活。

分布:中国分布于江苏、浙江、安徽、福建、河北、江西、河南、湖北、湖南、香港、广东、四川、贵州、广西、山东、云南、陕西、甘肃、台湾等地;广西各地均有分布。河南主要分布在洛阳、商丘、信阳。

种群现状：人工种群较为庞大。由于人为捕捉及其栖息地丧失等因素，野生种群数量急剧下降。

保护：列入《世界自然保护联盟濒危物种红色名录》——濒危(EN)。列入《濒危野生动植物种国际贸易公约》。列入《中国生物多样性红色名录——脊椎动物卷》(爬行类)濒危。列入中国国家林业局于2000年8月1日发布的《国家保护的有益的或者有重要经济、科学研究价值的陆生野生动物名录》。列入《中国广西重点保护野生动物名录》。列入中国《国家重点保护野生动物名录》。

4. 鳖 *Pelodiscus sinensis*

形态特征：身体被柔软的皮革，没有角质层；体色一致，长约30cm，躯干扁平，呈椭圆形，背部腹部盔甲，无明显斑点；头粗大，前端略呈三角形；鼻长管，长而多肉的喙，约与眼径相等；眼小，位于鼻的后侧面。无齿嘴，颈细长且灵活。颈基底两侧及甲壳前缘均未见明显阴囊结节或较大疣体。甲壳为深绿色或黄褐色，周围有肥厚的结缔组织，俗称“裙”；腹甲灰白色或黄白色，平整光滑；尾巴更短；四肢扁平，后肢较前肢发达；前肢和后肢各有5个趾，趾间有蹼；脚趾内侧有锋利的爪子；四肢可以缩进壳里。

栖息环境：常栖息在江河、湖沼、池塘、水库等水流平缓的地方，在鱼虾繁生的淡水水域和大山溪中也有分布。

生活习性：鳖又名水鱼、甲鱼、团鱼，是很常见的养殖龟种。野生鳖在中国、越南北部、韩国、日本、俄罗斯东部都可见。能上岸但不能离开水源太远活动，能在陆地上爬行、攀登，也能在水中自由生活。多夜间觅食，主要以鱼、虾、软体动物等为食。

繁殖：雌、雄鳖常于4—5月在水中交配，经历20天的等待后产卵，一般产卵活动会持续到8月份。首次产卵约4—6枚，成鳖在繁殖期一般可产卵3—4次。卵为球形，乳白色，卵径15—20mm，卵重为8—9g。

分布：中国广泛分布，除西藏和青海外，其他各省均产，产量相对较高的有湖南、湖北、江西、安徽、江苏等地。河南主要分布在潢川。

种群现状：中华鳖在中国分布较广，近年在新疆地区也发现有野生中华鳖。

保护：中华鳖在四川是重点保护水生野生动物。

5. 无蹼壁虎 *Gekko swinhonis*

形态特征：成体体长 54.5—74.0mm，体背具浅黑色的不规则横纹，腹面乳黄或乳白色。头部无大型对称鳞片，吻鳞宽约为高的 2 倍，上缘略凸。鼻孔位于吻鳞与第 1 上唇鳞间。上、下唇鳞多为 8—9 枚，颏鳞五边形。耳孔前方具 1 簇小疣鳞。瞳孔直立。背鳞粒状，腹鳞六边形，后缘略圆，肛前窝 6—9 个，多 8 个。指（趾）下瓣单行，第 1 指（趾）无爪。雌性个体颌下具膨大的闪淋巴腺，雄性不明显；旋性尾基部面由于内藏半阴茎而具 2 个纵行隆起，雌性不存在；雄性尾基部腹面每侧具 3 个大疣鳞，雌性仅具 2 个或 3 个疣鳞。

栖息环境：常生活在海拔 600—1300m 之处。栖息场所广泛，树木、建筑物的缝隙及岩缝等处均有分布。

生活习性：属夜行性蜥蜴，白天躲在树洞、石头或建筑物墙壁的裂缝下，因为它的脚趾有瓣，可以在墙壁或天花板上爬行。到了晚上，在厕所或者其他有灯的地方，数量比较集中，因为这里的昆虫比较多，它们可以快速地追逐和伸出舌头捕捉小昆虫。一般在每天 18 点后到次日 7 点前活动，少数个体中午偶尔有活动，当遇敌时，迅速爬行以逃离或从附着点掉到地上。下落时，尾巴容易断裂，断裂的尾巴可以在短时间内再生。尾巴肌肉还可以强收缩一段时间，使尾巴在地面上跳动，以迷惑对方视线，借机逃跑。

繁殖：6、7 月份进入繁殖期，孵化期约 2 个月。成年雌性每次可产卵 2 枚，卵圆形、白色，壳薄而硬。幼蜥吻端有角齿，以此啄破卵壳而出，角齿随即自行脱落，2 龄性成熟。

分布：中国各地均有分布，但分布相对较多的是河北，河南主要分布在洛阳、平顶山、南阳唐河、安阳。

种群现状:在医学方面无蹼壁虎可作为一种中药材,导致其被大量捕捉,再加上栖息地的丧失,导致总体呈下降趋势。该种很可能将面临更多的威胁,应对其进行保护。

保护:列入《世界自然保护联盟濒危物种红色名录》2010 年 ver3.1——易危(VU)。列入中国国家林业局于 2000 年 8 月 1 日发布的《国家保护的有益的或者有重要经济、科学研究价值的陆生野生动物名录》。

6. 米仓山攀蜥——米仓山龙蜥 *Japalura micangshanensis*

形态特征:生活时体背淡棕色,杂有 5 个不规则的棕色斑块,中央嵌灰色,尾背棕灰色有 20—24 个褐色环纹,腹面颜色稍淡,颌下、腹部以及四肢内侧为乳白色;头体长 32—70mm ,尾长 84—154mm,绝大多数尾长超过头体长 2 倍;吻钝圆,吻棱明显,与眶上乳白色鳞相连,头背起棱鳞片大小不同;枕、颞、下腭后部均具对称的单枚锥状鳞,鼓膜处被小锥状鳞;喉部鳞片又细又小,无喉褶;肩部前上方具肩褶;颈鬣由 8 枚侧扁的刺状鳞构成,除第 1 枚鳞片较小,其余大小差异不大,背鬣低矮不显;体背具大小不一的鳞片,均起棱,体侧缀以大棱鳞,后端隆起,有不规则褐色条纹;腹鳞大小近乎相等,均起棱;四肢均被以大小不等的棱鳞,前臂、股、胫外侧杂以大棱鳞,后肢贴体前伸到达颈部;尾圆柱形,鳞起棱,大小不同;头背浅褐色,两眼眶间有 1 浅褐色横纹;上下眼睑缘细鳞,颜色为乳白色,眼后到口角有 1 条褐色纹;吻鳞与上唇、下唇鳞皆为乳白色;体侧、四肢背面褐色,浅灰色横纹分布于前后肢;尾背面棕灰色,有褐色环纹,腹面较浅;腹部鳞脊、鳞片尖端褐色。

栖息环境:生活于海拔 650—1300m 的山坡草丛中。主要栖息在树上。在农田、草丛和灌木丛等低矮灌丛林地区活动。

生活习性:常栖息在树干上,有领域性。以蜚蠊、蚂蚁等昆虫为食。4—9 月为其主要活动季节,其余时间进行冬眠。

繁殖:卵生,主要在 6—7 月产卵。6 月解剖雌性 5 尾,见每侧输卵管内有乳黄色长椭圆形卵 2—4 枚,卵径 5—8mm;另有白色卵粒 4—7 枚,卵径在 1mm 以下。

分布:主要分布于陕西南部地区(宁强,南部秦岭,大巴山区)。河南也有分布,2010—2011 年分别在河南伏牛山国家级自然保护区、太行山猕猴自然保护区发现其踪迹。

保护:列入《世界自然保护联盟濒危物种红色名录》2013 年 ver3.1——近危(NT)。列入 2000 年 8 月 1 日中国国家林业局发布的《国家保护的有益的或者有重要经济、科学研究价值的陆生野生动物名录》。

7. 北草蜥 *Takydromus septentrionalis*

形态特征:头部具有大的鳞片且对称,无上鼻鳞;额鼻鳞 1 枚,前端钝圆,后端略尖为一锐角,呈菱形;前额鳞 1 对,左右相切,左右前额鳞长大于宽;额鳞单枚,长五边形,上眶鳞 4 对,第 1 对极小呈颗粒状;额顶鳞 1 对,呈不规则五边形,左右相切,较前额鳞大;顶间鳞小,呈倒置水滴形,其后有 1 片更小的枕鳞,形状为等腰梯形,二者相连;枕部被粒鳞,向后鳞片逐渐变大并起棱,到颈部成排列不规则的棱鳞列;背部 6 行大棱鳞列的中央 2 行到体中部后逐渐变小,最后消失,有些个体达荐部才消失;腹鳞大,8 列,起强棱;体侧有 2—3 行较腹鳞明显小的棱鳞列;体侧余部被粒鳞;四肢背面被鳞,均起棱,腹面鳞片比较光滑;肛前鳞 1 枚,呈倒梯形;鼠蹊窝 1 对,位于股基部;泄殖腔后方和尾基两侧被粒鳞,以后的鳞片变大起棱;尾部细长,具鳞,尾鳞起强棱,共有 150 环强棱,环尾中部鳞 14 列;掌、跖面被大小较一致的粒鳞;体色变化与环境温度有关,生活时体色变化较大,体背棕绿、草绿或棕色,腹面黄绿或灰白色,有 1 条浅纵纹分布在眼至肩部,有 1 条绿色纵纹位于雄体背侧外缘,有不规则的深色斑散布于体侧,浸泡标本后颜色由绿色变为浅蓝色。

栖息环境:栖息于海拔 436—1700m 的山区和丘陵的荒地、农田、茶园、路边草丛、乱石堆及灌木丛中。

生活习性:反应十分迅速,细长的指趾能帮助其在灌木、草丛上攀援,以便遇到敌害或惊扰时能快速逃脱,不容易被捕捉。能断尾再生。有冬眠习性,10 月下旬到翌年 4 月上旬是其冬眠期,冬眠期间多匿藏在有遮掩物的土洞内。通常在 10 月下旬以后,当气温降到 13℃以下时,相继进入冬眠状态。

次年4月份气温升至超过13℃时,相继出蛰。刚出蛰时只在中午活动,常见于太阳照射下的草丛中,进入夏季后,从清晨到傍晚都在外活动,寻找食物,但中午多见于背光处。雨天绝大多数不外出洞穴活动,通常是在雨后天晴时外出活动。以昆虫以及其他无脊椎动物为食,如蝗虫、螽斯、鼠妇、地花蜂、蛾类幼虫等。

繁殖:卵生,产卵季为5—8月,每次产2—4枚,多者甚至可产6枚,为多次性产卵。刚产下的卵呈乳白色,卵圆形,卵壳为革质,有一定弹性,随即颜色变为白色且卵壳变硬,卵径(10—15)mm×(6.5—9)mm,产卵活动一般于白天进行,产卵持续时间随产卵的数量而不同,绝大多数为30分钟左右。卵产于有一定湿度的土壤中或枯叶下,湿度至少40%,自然温度下孵化,孵化的温度下限为24℃,孵化时间长短与温度高低有关,27℃左右孵化期在44天左右,30℃以上孵化期35天左右。卵在孵化过程中,其体积比刚刚产出时增大40%,在幼蜥破壳后,卵壳随即皱缩。

分布:中国分布于河南、广东、甘肃、江西、山西、山东、陕西、甘肃、江苏、湖北、四川、浙江、福建、湖南、贵州、云南、台湾等地区。河南主要分布在南阳、郑州、焦作。模式产地为浙江宁波。

种群现状:北草蜥世界约有10种,中国有6种,主要分布于中国的西南、华南及华中地区。

保护:列入《世界自然保护联盟濒危物种红色名录》2013年ver3.1——近危(NT)。列入2000年8月1日中国国家林业局发布的《国家保护的有益的或者有重要经济、科学研究价值的陆生野生动物名录》。

8. 黄纹石龙子 *Eumeces capito*

形态特征:吻端钝圆,吻鳞背视呈三角形,其长大于鼻鳞的1/2;两鼻鳞之间有鼻孔,上鼻鳞和前额鳞大小近乎相等,但超过鼻鳞的2倍,额鼻鳞单枚,呈菱形,其宽大于长;额鳞单枚,呈盾形,较之从前端至吻端的距离更长,两侧与眶上鳞相连接;颞鳞3枚,第2列下颞鳞2枚且呈扁形;体鳞光滑,圆形,以瓦状排列,背正中2行鳞比其侧面鳞片稍大;尾下正中鳞较宽大;绕体中段鳞

22—24 枚,后鼻鳞、后颏鳞、颊鳞及上鼻鳞都是 1 对,颈鳞 2 对,上唇、下唇鳞分别为 7 枚、6 枚;体背棕褐色且光滑,5 条浅色纵纹分别位于背中央和两侧,纵纹于顶尖鳞处分叉;尾末灰蓝色。

栖息环境:栖息在植被较好的丘陵山地,多栖息于山间溪流两侧的石堆下或草丛中,也常见于林缘、耕作地的石堆或草地中。

生活习性:活动于 4 月下旬至 10 月上旬。主要以各种昆虫为食,如蝗虫、蟋蟀、蚂蚁、蝈蝈等,喜食蝼蛄和蛾,对食物大小和种类具有一定的选择倾向性。

繁殖:卵生,6 月产卵,每次产卵 6 枚,卵平均短径为 9.32 ±0.32mm,平均长径为 15.47 ±0.87mm。雌体有护卵行为。

分布:中国分布于辽宁、河北、宁夏、陕西、甘肃、四川、湖北、河南等地区。河南主要分布在大别山区、伏牛山区、郑州登封嵩山及南阳市桐柏山。

种群现状:中国特有种,在陕西分布范围更广一些。

保护:列入 2000 年 8 月 1 日中国国家林业局发布的《国家保护的有益的或者有重要经济、科学研究价值的陆生野生动物名录》。

9. 蓝尾石龙子 *Eumeces elegans*

形态特征:吻端钝圆;有上鼻鳞 1 对,左右相切;无后鼻鳞;前额鳞 1 对,彼此分隔;后颏鳞 1 枚;颈鳞 1 对;股后有一大簇鳞;成体褐色侧纵纹显著;幼体背面 5 条浅黄色纵纹,尾末端蓝色;头体长 57—83mm,尾长 89—107mm;顶鳞之间有顶间鳞,被分割开;2—3 枚锥状鳞位于耳蜗前缘;躯体光滑,体鳞圆状,环体中段鳞 21—28 行;肛前鳞 2 枚;背面深黑色,有 5 条黄色纵纹,沿体背正中及两侧往后直达尾部,尾端为蓝色;雄蜥紫红色小点隐约散布在腹侧及肛区,雌体呈青白色。

栖息环境:栖息于长江以南的低山山林及山间道路旁的石堆下。喜欢在干燥且温度较高的阳坡上进行活动,因此在平原地区或阴凉地方比较少见,如茂密的草丛中。

生活习性:一般在 3 月下旬到 4 月初出蛰。春季主要以蝗虫、避债虫、鼠妇及鞘翅目昆虫为食,其中害虫占比较大;夏季食物更为广泛,害虫的比例也有所增加,主要为叩头虫幼虫、鼠妇和蚂蚁等,偶尔也吞噬其他幼蜥蜴。

繁殖:每年繁殖1次,产卵期在6—7月期间,产卵5—11枚,卵呈椭圆形,颜色为乳白色而略微泛红。

分布:国外分布于越南。中国分布于河南、河北、四川、重庆、云南、贵州、湖北、安徽、江苏、浙江、江西、福建、湖南、台湾、广西、广东、上海、香港等。河南南部有分布,如伏牛山国家级自然保护区、南阳唐河。

保护:列入2000年8月1日中国国家林业局发布的《国家保护的有益的或者有重要经济、科学研究价值的陆生野生动物名录》。

10. 宁波滑蜥 *Scincella modesta*

形态特征:体型较小,全长80—100mm;头体长38—43mm,尾长45—55mm,尾部比头体稍长。头明显宽于颈部,吻短且钝圆;吻鳞明显,宽大于高;眼睛大小适当,下眼睑中央有1个扁圆形透明的睑窗,睑窗无鳞区;鼓膜深陷,耳孔近圆形,大于睑窗,其周围光滑无瓣突,也无锥状鳞。

栖息环境:主要栖息在丘陵地带的优质森林中。

生活习性:早晚多喜活动于阴凉处,如杂草丛中或枯叶底下及石缝间。

繁殖:两性异形,雌性繁殖。

分布:中国分布于长江以南等地,主要分布在江西、安徽、河北、辽宁、湖北、江苏、浙江和福建、安徽、湖南、香港、四川等地。河南主要存在于伏牛山国家级自然保护区。模式产地在浙江宁波。

种群现状:数量正在逐渐变少。

保护:列入《世界自然保护联盟濒危物种红色名录》2013年ver3.1——近危(NT)。列入2000年8月1日中国国家林业局发布的《国家保护的有益的或者有重要经济、科学研究价值的陆生野生动物名录》。列入《中国生物多样性红色名录——脊椎动物卷》低危(LC)。

11. 铜蜓蜥 *Sphenomorphus indicus*

形态特征:雄性全长16—23cm,雌性全长16—25cm;体背面以古铜色为底色，背中央有 1 条间断的黑纹；1 条较宽的黑褐色纵带位于体侧。

栖息环境：主要生活于海拔 2000m 以下的低海拔地区、平原及阴湿草丛中，以及荒石堆或有裂缝的石壁处。其生存的海拔上限为 2000m。

生活习性：常见于森林中，如森林小路上，或躲在落叶和倒下的树木下，主要活动于白天。为肉食性动物，以各类昆虫以及小型无脊椎动物为食，如蚯蚓、蝗虫、蚂蚱等。受到惊吓尾巴可以自截再生，以此来保护自己不被捕食。

繁殖：雌雄同体。胎生，每次可产 4—11 只幼蜥。

分布：国外分布在印度、锡金、缅甸、泰国。中国分布于上海、河南、江苏、云南、浙江、安徽、福建、贵州、江西、河南、湖北、湖南、广东、香港、广西、四川、台湾等地。河南主要分布在郑州、南阳唐河、安阳等地。模式产地在锡金喜马拉雅山。

种群现状：铜蜓蜥出现的范围包括了东亚和东南亚，西起印度，东至中国南部，经中南半岛到马来半岛，由于最早被发现的地点在印度，因此也被命名为“印度蜓蜥”。

保护：列入《世界自然保护联盟濒危物种红色名录》2013 年 ver3.1——近危（NT）。列入 2000 年 8 月 1 日中国国家林业局发布的《国家保护的有益的或者有重要经济、科学研究价值的陆生野生动物名录》。

12. 钝尾两头蛇 *Calamaria septentrionalis*

形态特征：俗名双头蛇、越王蛇、两头蛇、枳首蛇；无毒蛇类；体型很小，较细，全长 335—362mm；无鼻间鳞、颊鳞和颞鳞；头小，尾部粗钝，头尾粗细差别不明显，都有类似的黄斑和黑斑，尾易被误认为头，故称两头蛇；腹鳞朱红色，黑色斑点散布，雄体 154—178 枚，雌体 166—170 枚；尾下鳞雄体 10—18 对，雌体 9—15 对；体背面灰黑色或灰褐色，鳞缘黑色或稍淡，形成网纹；背中央有 6 行鳞片，鳞片有相间黑点排成的 3 条纵线；尾腹面中央有 1 条黑色纵线；上唇鳞 4 片或 5 片（1 或 2—2—1），下唇鳞 5 片；眼前及眼后鳞片各 1 片；背鳞光滑；通体 13 行；肛鳞完整；尾下鳞 2 列。

栖息环境：栖息于海拔 300—1200m 的低山丘陵。

生活习性：隐匿于地表之下，偶在夜晚或雨后到地面活动。以蚯蚓和各种无脊椎动物的幼虫为食。

繁殖：卵生动物。

分布：国外主要分布于越南，中国分布于浙江、江苏、安徽、福建、江西、湖南、广西、贵州、香港、广东、海南、河南、湖北、四川。河南主要分布在南阳。

种群现状：极为少见的物种。

保护：列入 2000 年 8 月 1 日中国国家林业局发布的《国家保护的有益的或者有重要经济、科学研究价值的陆生野生动物名录》。列入《世界自然保护联盟濒危物种红色名录》。

13. 翠青蛇 *Cyclophiops major*

形态特征：全长 1000mm 左右，身体细长，呈绿色，吻端窄圆，鼻孔卵圆形，位于鼻鳞前端；眼较大，瞳孔圆形；背鳞平滑且无棱，只有雄性体后中央 5 行鳞片偶尔有棱，但棱较弱，通体 15 行；半阴茎不分叉，半阴茎外翻态近似柱形；精沟不分叉，精沟外翻态走向为稍外斜到顶；萼片大，背有弱刺。

栖息环境：多活动于耕作区的地面或树上，或隐居于石下，也栖息于草木茂盛的山地阔叶林和次生林，其活动海拔高度为 200—1700m。

生活习性：性格极其温柔和顺，一般不会主动攻击，喜潮湿环境。夜伏昼出，主要于白天进行活动，夜晚则在树干或叶面上休息；平时一般行动缓慢，但受到外界惊吓时会快速闪躲逃跑，主要以蚯蚓及昆虫为食。

繁殖：卵生，7 月产卵，7—8 枚，卵呈椭圆形，颜色为橙黄色，卵径（14—17）mm ×（37—38）mm。幼蛇身体带有黑色斑点。

分布：分布于中国、越南和老挝，越南境内分布于老街、高平、永福、河西、广平，在老挝北部也有分布。中国广泛分布于南方地区，如安徽、重庆、福建、甘肃、广东、广西、贵州、海南、河南、湖北、湖南、江苏、江西、陕西、上海、四川、台湾、香港、浙江等地。河南分布于河南南部，如郑州、漯河、洛阳、南阳。

种群现状：分布广泛，对环境的适应能力强，种群数量呈较为平稳的趋势。

保护：列入《世界自然保护联盟濒危物种红色名录》2013 年 ver3.1——无

危(LC)。列入2000年8月1日中国国家林业局发布的《国家保护的有益的或者有重要经济、科学研究价值的陆生野生动物名录》。

14. 赤峰锦蛇 *Elaphe anomala*

形态特征:体粗大长圆,是辽宁省唯一的大型蛇,全长1500—2000mm的大型无毒蛇种。雄性最长(1800+270)mm(辽宁沈阳),雌性最长(1925+275)mm(辽宁棋盘山);幼体、亚成体与成体体色斑差异较大;成体头背棕灰或棕褐色,颜色从前向后逐渐变深,到体中段以后颜色为棕黑色;腹面黄白色或乳白色,腹鳞左右两侧都缀有黑斑;上下唇鳞鹅黄或乳白色,其鳞片的后缘黑色;亚成体体色相较于成体略浅,横斑自颈部开始显见,从中段开始横斑更为明显;幼体色斑较成体更鲜艳,背面深褐色,有1个醒目的暗黄色倒"V"形斑分布在顶鳞缝后端向枕部两侧之间;鼻孔与眼之间有1条浅色斑纹;瞳孔圆形,自眼后到口角有1个带状黑斑;暗黄色横斑自颈部至尾端有所分布,横斑于两侧进行分叉且不规则,横斑占1—3.5个鳞列,斑间隔为5—8个鳞列;有2条暗黄色或淡褐色的细纵纹分布于第1横斑向前的两侧;颔部为乳白色,腹面苍灰色,有黑斑点分布,其两侧更为明显。

栖息环境:栖息于平原低地地区到海拔1500m左右的丘陵、山区。林缘、临近水域附近、农田、村寨、农舍都有其踪迹,攀缘能力强,甚至可进入住宅。长期栖息地多选择在山地阳坡,一般该地遮风性好,冻土层较浅且土质疏松湿润。

生活习性:在野外多以游荡的方式寻找食物,常游荡在小动物活动的区域,易捕食。主要捕食啮齿类动物,也吃鸟类甚至鸟蛋。野外栖息在离水源较远的地方,一般饮河水或塘水,但不饮脏水。饲养环境下观察一般在食后5—10分钟左右饮水,饮水时唇部接触水面,两颊反复鼓动,一口接一口地喝,每次饮水时间在1—2分钟内。活动的最佳温度在24℃—31℃,温度低于20℃便不再进食。有冬眠习性,时间长达7个月,若在进入冬眠前未能储存到足够多的食物,死亡可能性大大增加。冬眠期身体蜷曲,不进食也不蜕皮,处于假死状态。

繁殖:卵生。产卵期在7月上旬至8月上旬。一次产卵10—25枚,孵化期在一般在45天左右。孕蛇产卵前很安静,腹部明显增粗,稍后尾部上翘,产卵时,可见泄殖孔初张,随后逐渐张大,乳白色的卵随之产出,每产1枚卵的时间约20—30秒,中间间隔30—40秒,极个别间隔1—2分钟。产卵一次会连续全部产完,产下的卵为乳白色,长圆筒状,壳软而韧。

分布:中国以外分布于朝鲜、西伯利亚。中国分布于辽宁、内蒙古、河北、山东、山西、安徽、湖北、湖南、甘肃、江苏、陕西、黑龙江。河南主要分布在郑州、洛阳、南阳。

保护:列入2000年8月1日中国国家林业局发布的《国家保护的有益的或者有重要经济、科学研究价值的陆生野生动物名录》。列入《世界自然保护联盟濒危物种红色名录》2019年ver3.1——无危(LC)。

15. 双斑锦蛇 *Elaphe bimaculata*

形态特征:体长700—1200mm;身躯以黄褐或淡褐色为底色,镶有黑边的红褐色或褐色斑纹分别位于其背中线左右两侧;亦有相同颜色的小斑纹分布于躯体两侧;此外另有4条淡色直纹与这些斑纹相连接;头部背面则有矛尖状斑纹,颜色与躯体斑纹一致。

栖息环境:生活在平原、丘陵和山区的坡地树林、灌木丛或溪地沟边。

生活习性:以蜥蜴、壁虎、蛙和鼠为食物,有捕食蚊虫的特性,性情温顺,野生的被捕后1分钟后一般不会再攻击人类,但被粗暴对待时会进行攻击。从10月底至次年4月底为冬眠期。常2—3条居于一穴,也常与赤链蛇一起过冬。

繁殖:卵生,8—9月间交配,隔年6—8月产卵,孵化期40—50天。

分布:中国分布于河北、山东、甘肃、河南、陕西、重庆、四川、江西、湖北、安徽、江苏、浙江等地。河南主要分布在郑州、洛阳、平顶山、新乡、漯河、南阳。

种群现状:在我国分布较广,种群数量较为稳定。

保护:列入2000年8月1日中国国家林业局发布的《国家保护的有益的或者有重要经济、科学研究价值的陆生野生动物名录》。

16. 王锦蛇 *Elaphe carinata*

形态特征:体型粗壮,成体全长200cm以上,其长势仅次于蟒蛇;吻鳞宽超过高,背见部比较明显;鼻间鳞为方形,长略微大于宽,前额鳞宽比长略多,其沟较于鼻间鳞沟略大;额鳞为盾形,其长度稍超过其与吻鳞之间的距离,顶鳞大于额鳞,但其间沟比额鳞长小;个体之间的色斑变异比较大,大多数个体自体前段至中段之间具数个黑色横斑,横斑较宽,体后段及尾因鳞沟黑色而呈现黑网纹;腹面为黄色,腹鳞边缘则呈黑色;体尾鳞片均起棱,且较为明显。

栖息环境:一般栖息于海拔100—2240m的山区、丘陵、平原地带,常于山地灌丛、田野沟边、山间小溪旁、草木丛中、水库区及其他临近水域的地方活动。

生活习性:典型的无毒蛇类。耐寒、适应性强,性情凶猛,动作敏捷迅速,会攀爬上树且爬行速度快。昼夜均活动,但于夜间最活跃。属于广食性蛇类,主要是以蛙、蜥蜴、其他蛇类、鸟、鼠等动物为食,但当食物缺乏时吞食同类甚至自己的幼蛇。捕杀能力强且突出,当遇见其他蛇时,会采取攻击措施,也会猎食一些剧毒蛇类,对一些剧毒蛇类的毒有一定的免疫力,例如尖吻蝮。

繁殖:卵生,产卵高峰期集中于每年6—7月,每次产卵5—15枚不等,自然温度下孵化,孵化期一般长达40—45天左右。

分布:中国分布非常广泛,越南也有分布。中国主要分布于天津、陕西、广东、山东、安徽、江西、福建、江苏、上海、浙江、湖南、湖北、四川、河北、甘肃、云南、贵州、重庆、山西、北京、广西、河南、宁夏和台湾等地区。河南主要分布在郑州、洛阳、南阳、漯河、商丘。

种群现状:人类对其野生资源的滥用以及对其栖息环境生态的破坏,导致野生王锦蛇的数量快速下降,2005年以后已禁止相关贸易。

保护:列入2000年8月1日中国国家林业局发布的《国家保护的有益的或者有重要经济、科学研究价值的陆生野生动物名录》。列为湖南省地方重点保护野生动物。2008年被国家林业局列入国家三级保护动物,是安徽省二级保护动物。

17. 白条锦蛇 *Elaphe dione*

形态特征:别名麻蛇、枕纹锦。体尾较细长,头呈椭圆形,全长约1m,吻鳞略呈五边形,高小于宽,从背面可见其上缘,鼻间鳞成对,长小于宽,其前额鳞是颌弓的2倍;前额鳞1对略呈方形,瓣缘略宽于后缘,额鳞单枚成盾形,长度约等于其与吻端的距离;顶鳞1对,比额鳞长,头顶有3条黑褐色斑纹,最前1条细或不明显,穿过鼻间鳞经颊鳞、眶前鳞到达眼,第2条较宽,穿过前额鳞斜向后经过眶前鳞上角至眼与前一条相会合,眼是粗大黑纹斜达口角,第3条纹最宽,位于额鳞沿左右眶上鳞、顶鳞外半后行至枕后,呈"钟形"两侧连接,形成一个特殊的枕纹,头顶的诸斑纹在幼蛇中特别显著,躯尾背面有3条浅色纵纹,正背中1条窄且模糊,常被黑斑隔断,两侧的2条较宽,尾下鳞和腹鳞两外侧斑点粗大,像链一样断续缀连,还有的个体腹两侧散有棕红色的小斑点。

栖息环境:生活于丘陵、平原或草原、山区,栖息于坟堆、田野、林区、草坡、河边及近旁,也常见于农家、菜园、畜圈附近,有时为了捕食鼠类会进入老土房。

生活习性:耐饥渴、生命力强、性情较温顺、无毒且行动较迟缓,捕杀小鸟、蜥蜴及小型鼠。

繁殖:卵生,在7—8月产卵于深穴或石缝内,卵壳柔韧,每次产卵10个左右,乳白色,卵每枚约(28—45)mm×(15—25)mm。依据产地不同,孵化天数约在20—35天,极端记录为13天孵化出壳。

分布:中国分布于黑龙江、吉林、北京、辽宁、河北、山西、江苏、山东、安徽、上海、河南、陕西、宁夏、湖北、甘肃、四川、青海、新疆。河南主要分布在郑州、焦作、洛阳、商丘。

种群现状:中国北方广泛分布。

保护:列入2000年8月1日中国国家林业局发布的《国家保护的有益的或者有重要经济、科学研究价值的陆生野生动物名录》。

18. 玉斑锦蛇 *Elaphe mandarina*

形态特征:全长1m左右,尾长约占全长的1/5,背面呈紫灰色或灰褐色,正背部有一排约(18—31)+(6—11)个约等距排列的黑色菱形斑点,菱形斑点的腹面灰白色,中心是黄色。散布着交替排列、长短不一的黑点,它的背部和头部都呈黄色,另外还有1个典型的呈黑色倒"V"形图案。

栖息环境:多栖息于海拔300—1500m的平原山区林中、溪边、草丛,也常出没于山区居民点附近的水沟边或山上草丛中及其附近。其生存海拔上限为3000m。

生活习性:捕食蜥蜴和鼠类,无毒。

繁殖:卵生,6—7月份产卵5—16枚,卵白色,椭圆形,卵径(20—40)mm×(13—17)mm。

分布:大多数分布在中国的南部和中部,例如:北京、上海、天津、江苏、重庆、辽宁、浙江、福建、台湾、江西、湖北、湖南、广东、广西、贵州、云南、西藏、安徽、陕西、甘肃。河南主要分布在郑州、开封、信阳的鸡公山及洛阳。模式产地在浙江舟山群岛。

种群现状:广布于中国华东、华南、华北地区。

保护:列入《世界自然保护联盟濒危物种红色名录》2013年ver 3.1——无危(LC)。列入2000年8月1日中国国家林业局发布的《国家保护的有益的或者有重要经济、科学研究价值的陆生野生动物名录》。

19. 灰腹绿锦蛇 *Elaphe frenata*

形态特征:全长1m左右,最长可达1.456m;头较长,颈明显,尾细长;上唇鳞8(2—3—3)枚,无颊鳞;眶前鳞1枚,眶后鳞2枚;颞鳞2(1)枚+3(3)枚;背鳞19(21)枚—19(17)枚—15(13)枚,中央数行呈微棱状,其余均呈光滑状,腹鳞208—224枚;肛鳞2枚;尾下鳞108—151对;背面绿色(幼体棕褐),眼前后各1条黑纵纹,腹面淡黄或淡灰,腹鳞两侧白色。

栖息环境:生活于高山地区,地面生活或树栖。

生活习性:多在竹林、树林、山溪两岸的灌丛中活动。无毒,以鼠、蛙、蜥蜴、鸟和鸟卵为食。

繁殖:卵生,8—9月产卵5枚左右。

分布:国外分布于越南、印度;中国分布于河南、四川、贵州、安徽、浙江、福建、广东。河南主要分布在郑州、信阳、洛阳、南阳。

种群现状:我国广泛存在的一种蛇类。

保护:列入 2000 年 8 月 1 日中国国家林业局发布的《国家保护的有益的或者有重要经济、科学研究价值的陆生野生动物名录》。

20. 紫灰锦蛇 *Elaphe porphyracea*

形态特征:中型,体后节两侧各有 2 条深褐色的尾部条纹,身体细长,长约 1m。头颈部可分辨,体背呈紫红色或紫灰色,头背有 3 条黑色纵纹,身体后部有 14—16 个鞍状横斑,尾部有 3—6 个。体后节两侧各有 2 条深褐色的尾部条纹。

栖息环境:生活在山区林地及其边缘地带,经常迁移或在农田附近觅食。

生活习性:性情温和且无毒,属于夜行性蛇,主要以啮齿动物和其哺乳动物为食。

繁殖:卵生,7 月产卵 5—7 枚。

分布:中国分布于云南、河南、甘肃、重庆、四川、贵州、西藏、海南、香港、台湾。河南主要分布在安阳、郑州、信阳、商丘、南阳。

种群现状:近年由于毁林开荒或建设,其栖息面积缩小,数量亦显著减少。

保护:列入《世界自然保护联盟濒危物种红色名录》2013 年 ver3.1——近危(NT)。列入 2000 年 8 月 1 日中国国家林业局发布的《国家保护的有益的或者有重要经济、科学研究价值的陆生野生动物名录》。列入《中国生物多样性红色名录—脊椎动物卷》易危(VU)。

21. 黑眉锦蛇 *Elaphe taeniura*

形态特征:总长度 1.7—2.5m,后眼有明显的黑色线条,体背呈黄绿色,前、中期有黑色斜方体或近缘纹。

栖息环境:生活在高山、丘陵、平原、草地、田野和附近的农舍,也住在稻田和河边。

生活习性:本身无毒,擅长攀爬,性情暴躁凶猛,喜欢以鼠类为食。

繁殖：每年的5月左右交配，6—7月产卵，每次产卵6—12枚。孵化期约为35—50天，但卵的孵化受温度影响很大，个别孵化时间最长可达2个月。

分布：中国分布于淮安、无锡、南京、苏州、盐城、南通、镇江。河南主要分布在郑州，洛阳，安阳的太行山，新乡，焦作，南阳。

种群现状：黑眉锦蛇已有9个亚种，分别为黑眉锦蛇华南亚种、黑眉锦蛇指名亚种、黑眉锦蛇云南亚种、黑眉锦蛇台湾亚种、黑眉锦蛇印尼亚种、黑眉锦蛇先岛亚种、黑眉锦蛇马来西亚洞穴亚种及黑眉锦蛇泰国北部亚种、黑眉锦蛇越南亚种。

保护：2020年9月，中国国家林业和草原局发布《关于规范禁食野生动物分类管理范围的通知》，通知禁止以食用为目的养殖黑眉锦蛇的活动，允许用于展示、药用、科研等非食用性目的的养殖。列入中国国家林业局于2000年8月1日发布的《国家保护的有益的或者有重要经济、科学研究价值的陆生野生动物名录》。

22. 黄链蛇 *Dinodon flavozonatum*

形态特征：体较细长；头宽扁，头颈略能区分；眼小，瞳孔直立椭圆形；全长一般800mm左右；最大雄性全长（901 + 260）mm（福建崇安），雌性（954 + 201）mm（江西井冈山）；头背、体背黑色；具（50—96）+（13—28）个黄色窄横斑；横斑宽度约为半枚鳞片的长度；在最外侧第5或第6背鳞处分叉延伸至腹鳞；尾后部分叉不明显；枕部具1个倒“V”形黄斑；前端达顶鳞后缘；后端延伸至两侧口角；腹面灰白色；尾下鳞有黑色斑点；中间组齿较小而等大；最后一组齿最大。

栖息环境：常生活在山区森林，以及靠近水沟、溪流的草丛、矮树的附近，偏树栖。

生活习性：虽色斑或外形与毒蛇类似但无毒，从傍晚开始活跃，夜晚是最活跃的时间。主要取食蜥蜴，偶尔以小蛇、爬行动物的卵为食。

繁殖：卵生，每次产卵10余枚。

分布：中国分布于贵州、安徽、浙江、福建、广东、江西、海南、广西。河南主要分布在郑州、洛阳、漯河、南阳、驻马店。

种群现状：分布广但呈点状，数量稀少。

保护：列入2000年8月1日中国国家林业局发布的《国家保护的有益的或者有重要经济、科学研究价值的陆生野生动物名录》，成为“三有动物”，相关规定可以养殖，但需持有特种养殖许可证。

23. 赤链蛇 *Dinodon rufozonatum*

形态特征：又称火赤链。中型蛇类，体长可达1.5m以上，体重1000—1250g，最大者可达1500g。头部略扁，呈椭圆形；吻鳞高，从背面可以看到；鼻间鳞小，前端椭圆；额鳞片短，长度等于鼻间鳞片前缘至前缘的距离，颅鳞又长又大，长度为额鳞和前额鳞的总和，眼表面积小，唇鳞片长和狭窄，穿透，低于第2和第3上唇鳞片，上唇鳞片8片，前眼鳞片小，1片，达不到头背；后鳞2枚，偶发鳞3枚；前颞部鳞片2片，下部较大；颞后部量表3个；鼻位于2个鼻鳞片、鼻瓣之间；下唇鳞片10片，前颏鳞片大于后颏鳞片，与前4片下唇鳞片相连；体表鳞片光滑，背侧中央后数排微弱脊；腹侧鳞片187—207枚，肛侧鳞片单枚，尾侧鳞片64—79对。背部黑体，约有70条窄红色横纹；头鳞片黑色，有明显的红色边缘；后脑勺上有“Y”形图案。

栖息环境：主要栖息在村庄、住宅、田野及水源周围，偶尔会在村民院内发现。在树洞、地洞或瓦片下、石堆下的窝，野外废弃的土窑及附近多有发现。

生活习性：微毒蛇，游蛇科毒腺为达氏腺，咬伤后无毒性反应，通常以伤口炎症、荨麻疹、皮疹为主要中毒过敏表现，但过敏患者被咬后可能危及生命，不要忽视，尽快就医。在晚上外出活动，属于夜间活动的蛇。晚上10点以后活动频繁，平时是温和的，白天蹲着不动，头板在身体下面。以青蛙、蜥蜴、蝎子和鱼为食。

繁殖：卵生，5—6月交配，7—8月产卵，每次产7—15枚，孵化期40—50天。

分布：中国分布于浙江、安徽、湖南、江西、广东、湖北、辽宁、广西、山东、台湾、河北、云南、江苏、贵州、福建、陕西、四川、黑龙江、山西、河南。河南主要分布在郑州、洛阳、商丘、南阳。

种群现状:广泛分布。

保护:列入《世界自然保护联盟濒危物种红色名录》2013 年 ver3.1——近危(NT)。列入 2000 年 8 月 1 日中国国家林业局发布的《国家保护的有益的或者有重要经济、科学研究价值的陆生野生动物名录》,成为“三有动物”,相关规定可以养殖,但需持有特种养殖许可证。列入《中国生物多样性红色名录——脊椎动物卷》易危(VU)。

24. 黑背链蛇 *Lycodon ruhstrati*

形态特征:中等蛇类,全长 620—880mm, 体细长,最长可达 1m,头宽而扁,吻较钝,头颈区分明显,瞳孔圆形;上唇鳞 8(2—3—3)枚或 9(3—3—3)枚;颊鳞 1 枚,不入眶,个别入眶;眶前鳞 1 枚,不与额鳞相接,眶后鳞 2 枚;颞鳞 2(1) +2(3)枚;背鳞 17—17—15 行,光滑或中央数行微棱;腹鳞 193—230 枚,肛鳞 1 枚,尾下鳞 75—102 对;背面黑色或黑褐色或黑灰色,头背面褐色,上唇白色;自颈后至尾有许多波状横斑,此种横斑在前部为白色,往后为灰绿色和浅褐色围以白边,至尾部则成为完整环斑;横斑数为(20—54) + (11—22)个,前部横斑窄,间隔宽,向后横斑宽;腹面白色或黄白色或灰白色,中段以后散有黑点斑,向后此斑点密集,至尾下为灰黑色。

栖息环境:生活于海拔 400—1000m 的山区和丘陵地带。

生活习性:常于林中灌丛、草丛、田间、溪边、路旁活动。食蜥蜴、壁虎、昆虫等。

繁殖:卵生。

分布:中国分布于陕西、甘肃、四川、贵州、安徽、江苏、浙江、江西、福建、台湾、广东、广西、海南。河南主要分布在郑州、安阳、信阳。

种群现状:我国已知分布于长江以南地区,分布虽广但呈点状且数量稀少。

保护:列入 2000 年 8 月 1 日中国国家林业局发布的《国家保护的有益的或者有重要经济、科学研究价值的陆生野生动物名录》,成为“三有动物”,相关规定可以养殖,但需持有特种养殖许可证。

25. 红纹滞卵蛇 *Oocatochus rufodorsatus*

形态特征:头部背侧呈棕黄色或淡红色,头部背侧有 3 个“∧”状棕黄色或橙黄色斑纹。体背前段有 4 条由深褐色红棕色点连接而成的深褐色纵线,但尾部无红棕色点。前颈为鹅黄色,其后为浅橘色或橘黄色,密集的小方格组成的黄色和黑色格斑十分醒目。

栖息环境:常出现在海拔 1000m 以下的丘陵、平原地带。为半水栖蛇类,多栖息于湖畔、河滨、溪流、池塘及其附近田野、屋边菜地、土堆或水沟内。

生活习性:食鱼类(泥鳅、黄鳝等),蛙类及其蝌蚪,螺类及水生昆虫。

繁殖:卵胎生,7—9 月产仔,每次产 4—17 条。

分布:国外分布于俄罗斯西伯利亚东部、泰国、朝鲜,中国分布于北京、天津、河北、山西、内蒙古、辽宁、河南、吉林、黑龙江、上海、江苏、安徽、福建、浙江、台湾、江西、山东、湖南、湖北及广西。河南主要分布在新乡、安阳和郑州。

种群现状:红纹滞卵蛇是中国湿地环境中常见蛇类。

保护:无危。列入 2000 年 8 月 1 日中国国家林业局发布的《国家保护的有益的或者有重要经济、科学研究价值的陆生野生动物名录》,成为“三有动物”,相关规定可以养殖,但需持有特种养殖许可证。

26. 黄脊游蛇 *Coluber spinalis*

形态特征:身体细长,长约 80cm。深红的背面,背面的中心是 1 条纵线且边缘带黑色和亮黄色,端口上有鳞片,后端接入尾部,侧面因边缘黑色鳞片,变成几个深色的纵线或点,正面浅黄色;背面为褐绿色,背面中间有 1 条稍宽的黄白色条纹,身体侧面也有直的细纹;靠近眼睛的头部有类似于背部中线的黄白色水平线。

栖息环境:栖息在低海拔地区,多见于水域附近或山坡树林中。

生活习性:无毒蛇。蛇体细长,爬行较迅速。易驯,通常不咬人。为昼行性种类,有时夜间亦活动。饲养中投喂幼蛙,大多食蜥蜴和鼠类为。

繁殖:卵生。

分布:中国分布在东北,以及河北、山西、陕西、甘肃、内蒙古、新疆、山东、河南等地区。河南主要分布在商丘和洛阳。

种群现状:黄脊东方蛇是黄河以北的蛇类优势种之一,向南可至长江下游地区。

保护:列入2000年8月1日中国国家林业局发布的《国家保护的有益的或者有重要经济、科学研究价值的陆生野生动物名录》。

27. 乌梢蛇 *Zoacys dhumnades*

形态特征:体长可达2.5m以上;身体背部绿色、棕色或深褐色,有一段黄色的纵线;身体两侧各有2条黑色纵线,至少在前段明显(成年个体),在身体后部消失(有的个体身体前半部为墨绿色,有的身体前半部为黄色,身体后半部为黑色),次级成体明显。

栖息环境:栖息于中部、东部、东南部和西南的海拔1600m以下中低山地带的平原、低山地区、丘陵地带。垂直分布范围在海拔50—1570m。

生活习性:通常生活在农田周围或沿着山脊向下的田埂,稻田里面也会发现,有时在路边靠近阳光下的草丛或竹林中生活。

繁殖:每年在春末夏初室外温度上升到20℃左右时,繁殖期开始。交配时,雄蛇与雌蛇缠绕在一起,抬头,交配时间10—60分钟。一般雌蛇交配后不再接受交配,雄蛇可以与多只雌蛇交配。雌蛇在交配后约41天开始产卵,产卵期约60天,每次产卵约15枚。卵椭圆形,两端是钝的,呈乳白色。野生状态下乌梢蛇卵的孵化期为50—70天。人工孵育时温度控制在28℃—32℃,相对湿度为75%—80%,孵育时间约为50天。

分布:中国分布于河北、陕西、山东、甘肃、河南、四川、湖北、贵州、安徽、江苏、浙江、吉林、江西、湖南、台湾、广东、福建、广西。河南主要分布在商丘和洛阳。国外未见报道。

种群现状:在中国浙江省,一项关于乌梢蛇的研究估计它的种群数量约为830700只。该物种似乎越来越稀少,但暂无任何数据表明其数量减少速度。

保护:列入《世界自然保护联盟濒危物种红色名录》2021 年 ver 3.1——无危(LC)。列入 2000 年 8 月 1 日中国国家林业局发布的《国家保护的有益的或者有重要经济、科学研究价值的陆生野生动物名录》。

28. 黑头剑蛇 *Sibynophis chinensis*

形态特征:俗称黑头蛇,长度为 578mm;头部背侧呈深黑色,后部有 2 个黑点;上唇皮肤白色,其下缘斑纹带有黑色斑点,头部及腹部黄白色,点缀深褐色细斑点。背部为深褐色或深棕色,头部至尾部的背中央有 1 条棕褐色线条,但后部身体线条逐渐不明显,腹部呈灰绿色或灰白色,腹部鳞片两侧有许多细长的黑点排列成行。背部鳞片光滑,前后一致,共 17 排,腹鳞 168—183 枚,肛鳞 2 枚;92—116 对尾下鳞片。

栖息环境:栖息于海拔 400—2000m 的平原、山区、丘陵。常活动于路边、河边或茶山草丛中,也见于林下或山林中的石板路上。

生活习性:白昼活动。以蜥蜴为主食,偶尔也食蛇、蛙等。

繁殖:卵生。

分布:国外分布于老挝、越南。中国分布于浙江、安徽、福建、广东、湖南、海南、四川、贵州、陕西、甘肃、云南等地。河南主要分布在开封、郑州、洛阳、信阳、南阳。

种群现状:数量不明。

保护:列入《世界自然保护联盟濒危物种红色名录》2011 年 ver3.1——无危(LC)。列入 2000 年 8 月 1 日中国国家林业局发布的《国家保护的有益的或者有重要经济、科学研究价值的陆生野生动物名录》。

29. 大眼斜鳞蛇 *Pseudoxenodon macrops*

形态特征:头长呈椭圆形,头、颈部清晰区分。眼睛大,吻钝,一般长 500—1000mm;身体背部较大,有橙色、浅蓝色、棕色、深棕色图案;有的个体,从头到尾深黑灰色,没有其他的标记。背部有 40—60 条网纹。头背有条纹,棕黑色、黑黄色或无斑点,上唇鳞片后缘黑色;颈后有黑色箭头状斑点(有的箭头斑点不清晰),其外缘一般无细白线,只极少数有粗白线。

栖息环境：栖息于山溪边、高原山区、菜园地边、石堆上。

生活习性：无毒，因形似眼镜蛇，常被误认为有毒。以蛙类为食。

繁殖：卵生。

分布：中国分布于台湾、河南、湖北、湖南、福建、广西、贵州、四川、云南、西藏、甘肃、陕西。河南主要分布在郑州、南阳和商丘。

种群现状：我国有 3 个亚种。

保护：列入《世界自然保护联盟濒危物种红色名录》2013 年 ver3.1——无危（LC）。列入 2000 年 8 月 1 日中国国家林业局发布的《国家保护的有益的或者有重要经济、科学研究价值的陆生野生动物名录》。

30. 纹尾斜鳞蛇 *Pseudoxenodon stejnegeri*

形态特征：雌性个体全长约 750mm，头长约 31mm，尾长约 141mm，吻长约 90mm 且吻部较尖，头近似椭圆形且与颈区分明显，从背面可以看到鼻间鳞沟长大于吻鳞长的 1/2，上唇黄色，头部呈青灰黄色，上唇的鳞有些许黑色放射纹，入眼眶的鳞沟特别明显且眼后中间 1 枚眶后鳞、2 枚上唇鳞及前颞鳞上部均为黑色，形成从眼后至口角向后逐渐变淡的粗灰黑色斑纹，颈部皮肤有明显纵褶，上缘有 1 条黄白色窄纹直至其口角，颈背有 1 个黄绿色箭头状斑且颈部皮肤有明显纵褶，箭头状斑的中部为带白灰锈红色，头颈部棕色明显，体背以橄榄棕色为主，体背的中央有约 2 个近似菱形的灰黄褐色斑，长度约占 2 枚鳞片，宽度约占 3—5 枚鳞片。斑纹在体后部汇合形成浅黑色边缘的灰白色纵向条纹，淡黑色边缘逐渐增宽，灰白色边缘逐渐变窄，在体后部形成清晰的条纹。前腹段分散有 13 个大黑点，腹鳞片两侧各有 1 个由小黑点组成的纵向条纹。眼前段不明显，后段连续清晰。

栖息环境：常栖息于山区森林中。

生活习性：无毒。捕食蛙类。

繁殖：卵生。

分布：中国分布于安徽、广西、贵州、河南、福建、江西、浙江、四川。河南主要分布在南阳、商丘。

种群现状：具有 2 个亚种。

保护：列入《世界自然保护联盟濒危物种红色名录》2013 年 ver3.1——近危(NT)。列入 2000 年 8 月 1 日中国国家林业局发布的《国家保护的有益的或者有重要经济、科学研究价值的陆生野生动物名录》。列入《中国生物多样性红色名录—脊椎动物卷》易危(VU)。

31. 草腹链蛇 *Amphiesma stolata*

形态特征：俗称黄头蛇、地雄蛇、花波蛇、草尾幼蛇。小型蛇，长约 90cm；蛇身有米色和棕色花纹，前半部蛇身有明显的黑色横纹。全身由链状图案交织而成，横纹的两端各有 1 处白色斑点。背侧有 2 条黄线贯穿到尾，幼蛇的头部和颈部是红色的，随着年龄的增长逐渐变成黄色，最后像身体的其他部分一样变成灰色。

栖息环境：常栖息于海拔 215—188m 的沿海低地、丘陵及平原、低山地区。在河边、路旁、耕地、山坡、谷草堆、住屋附近、院内及树上都有其身影。通常在稻田或者其他静水水域游泳，或在田埂、草丛上伺机捕食。

生活习性：无毒蛇。日行性，性情温和，体冷。特别喜食蛙类和鱼类，偶尔也吃昆虫。易出现在极干净的沟渠，近年来由于农药的使用，其数量大幅减少。

繁殖：卵生。

分布：国外分布于巴基斯坦、印度、不丹、斯里兰卡、缅甸、泰国、越南、尼泊尔、老挝、柬埔寨，中国分布于广西、云南、广东、海南、贵州、香港、澳门、台湾、湖北、湖南、福建、江西、安徽、浙江、河南、西藏。河南主要分布在商丘、洛阳和南阳。

保护：列入《世界自然保护联盟濒危物种红色名录》2019 年 ver3.1——无危(LC)。列入 2000 年 8 月 1 日中国国家林业局发布的《国家保护的有益的或者有重要经济、科学研究价值的陆生野生动物名录》。

32. 锈链腹链蛇 *Amphiesma craspedogaster*

形态特征：背面以黑褐色为主，背部两侧则分布着 2 行醒目的铁锈色纵纹。头部呈长圆形,与颈部界限分明,瞳孔为标准的圆形。体型呈现为细长的柱形,尾部尤其细长,全长约 600—716mm。关于鳞片分布,上唇鳞共有 8 枚,其组合方式多样(包括 3 - 3 - 2、2 - 3 - 3 或 3 - 2 - 3 等);颊鳞为单枚;眶前鳞数量为 1—2 枚,眶后鳞则为 2—3 枚;颞鳞组合为 1(2, 3) + 1(2)枚。背部鳞片排列呈 19 - 19 - 17 行,除最外侧一行外,其余均带有明显的棱。腹部鳞片数量在 136—159 枚,肛鳞为 2 枚,尾下鳞则以 74—100 对的形式存在。从颜色上看,除了背面的黑褐色或褐色外,头部背部呈暗棕色,且在枕部两侧各有 1 个椭圆形的肉色枕斑。体背上隐约可见 2 条红锈色纵纹,这些纵纹上分布着浅色的小斑点。而腹面则呈现为淡黄色,每枚腹鳞及尾下鳞的两侧均带有 1 个黑色的窄条斑,这些斑纹前后断续相连,形成了链状的纵纹。

栖息环境:栖息于海拔 620—1800m 的山区及丘陵地带,常见于水田边缘、道路旁侧、水域近旁以及草丛之中。

生活习性:锈链腹链蛇为日行性动物,主要在白天活动。其食性广泛,主要以蛙类、蟾蜍、蝌蚪为食,同时也会捕食小鱼。

繁殖:卵生,每次产卵数量在 1—7 枚之间。

分布:中国广泛分布于河南、山西、陕西、甘肃、四川、贵州、湖北、安徽、江苏、浙江、江西、湖南、福建、广东等地。河南主要分布在洛阳、郑州和南阳。

种群现状:我国特有的一种无毒中小型游蛇,市面上见到的锈链腹链蛇大多都是野生个体。

保护:列入中国国家林业局于 2000 年 8 月 1 日发布的《国家保护的有益的或者有重要经济、科学研究价值的陆生野生动物名录》。

33. 颈棱蛇 *Macropisthodon rudis*

形态特征:全长约 1m,上唇鳞片数量为 7—8 枚,不入眶,眶前鳞片有 3 枚,而眶后鳞片则有 3—4 枚。腹鳞片数介于 123—158 枚之间,肛鳞有 2 枚,尾下鳞片则有 37—61 对。体形粗壮,尾部相对较短,背面呈棕褐色,有 2 行显著的深棕色斑块。头部形态略似三角形,外观与蝮蛇或蝰蛇极为相似。从形态看,颈棱蛇上颌齿数量为11—18枚,排列上有1个短小的无齿区,随后是2枚显著向后弯曲的大齿,形态近似后勾牙类。形态上与蝮蛇高度相似,也常被称为"伪蝮蛇"。

栖息环境:多栖息于山坡的草丛中,常见于溪畔、干涸的山沟内,以及公路旁、茂密的草灌丛或乱石堆等地。

生活习性:一种无毒蛇类,常出没于灌丛、草丛、茶林及树林等自然环境中。多栖息于天然阔叶林的底层,性格温和,通常不具有主动攻击性。在面临威胁或惊扰时,颈棱蛇倾向于采用一种特殊的伪装策略,即通过收缩头部和身体,以扁平化的形态进行自我保护。在食物选择上,主要以蚯蚓、蛙类、蜥蜴等为食。

繁殖:卵胎生。

分布:在国外,颈棱蛇广泛分布于印度、印度尼西亚、泰国、马来西亚以及新加坡等地。在中国,其分布于安徽、浙江、福建、台湾、河南、广东、广西、湖南、四川、贵州、云南等多个省份。河南主要分布在南阳、商丘和郑州。

种群现状:全球范围内,颈棱蛇属已确认存在4种,主要分布于印度、印度尼西亚、泰国等地区。而在我国,目前仅发现颈棱蛇的2个亚种。

保护:列入2000年8月1日中国国家林业局发布的《国家保护的有益的或者有重要经济、科学研究价值的陆生野生动物名录》。

34. 中国小头蛇 *Oligodon chinensis*

形态特征:体长约为0.5m,头部相对较小,吻部略显尖锐。瞳孔呈圆形,背部鳞片光滑无棱,腹部鳞片带有侧棱。头部背面及侧面,第5至第6枚上唇鳞贯穿至前额鳞与额鳞的前缘处,形成了一道醒目的黑褐色"八"字状斑纹;从额鳞的后角开始向颈部两侧延伸,形成1个类似"人"字的黑褐色图案;上后颞鳞上有1个显著的黑褐色圆斑,此斑后下方有1条斜向颈腹部的条纹,有些个体中可能并不明显或完全缺失;颏下部位呈乳白色;体背部深褐色,镶嵌着11—15条镶有黑边的横纹,横纹一直延伸到最外层的背部鳞片,尾部也可见到3—4条类似的条纹。在横纹之间,还隐藏着3条黑色细线。腹部的鳞片则呈现浅褐色,每枚鳞片上可能有1个或2个黑斑,这些黑斑的位置各异,部分腹鳞可能并无斑点。腹鳞两侧带有白色的侧棱,这些侧棱在前后方向上连接成一条白色纵线。而尾下的鳞片则为乳白色,通常无斑点,但偶尔前段部分可能带有斑点。

栖息环境:栖息在山区与平原的草坡、灌丛地带,有时甚至会接近人类居住地。

生活习性:2000年6月30日和7月1日在南岭自然保护区大顶山海拔700—1870m的林区采到。嗜食爬行类的卵,如蜥蜴和壁虎的卵。

繁殖:卵生。7月剖检,左、右输卵管各有卵4枚(伍律等,1985)。

分布:中国广泛分布于江苏、安徽、浙江、江西、福建、河南、湖南、广东、海南、广西、贵州、云南等地。河南主要集中分布在商丘、郑州和南阳等地。

保护:列入2000年8月1日中国国家林业局发布的《国家保护的有益的或者有重要经济、科学研究价值的陆生野生动物名录》。

35. 虎斑颈槽蛇 *Rhabdophis tigrinus*

形态特征:体长约为0.8m,体重通常在200—400g。颈背部显著特征为1条清晰可见的颈槽,枕部两侧有1对醒目的黑色斑块。背部呈现出翠绿色或草绿色,并饰以方形黑斑,在颈部及其后的一段距离内,这些黑斑之间以鲜红色为间隔。腹面呈现出淡黄绿色。下唇与颈侧均为白色。体前段两侧分布着粗大的黑色与橘红色斑块。枕部两侧还有1对呈“八”字形的粗大黑色斑纹。

栖息环境:栖息于海拔30—2200m的山地、农田、林地边缘等。

生活习性:剧毒蛇类,但其属于后槽牙毒蛇,排毒能力相对较弱,其毒液中所含的血循环毒素可诱发严重的弥散性血管内凝血(DIC)。在性格上表现出温顺的特性。多活动于水草丰富的区域,或农田、水沟、池塘等蛙类、蟾蜍类动物聚集的地方;也可见于远离水域但湿润多草的山坡地带。在食物选择上,主要以蛙类、蟾蜍、蝌蚪和小鱼为食,同时也不排斥昆虫、鸟类和鼠类等作为食物。

繁殖:卵生,产卵期通常在6月至7月中旬。产卵地点倾向于通风、阴凉且相对潮湿的隐蔽场所,如散落的枯叶下或草丛中,无特定的护卵行为。产卵数量具有较大的差异性,通常为10—20枚,最高纪录达到了46枚。在室内的观察中,虎斑颈槽蛇展现了一次性产卵的特性,未发现分期分批产卵的现象。其卵的形态为椭圆形,颜色通常为白色或奶黄色。卵的大小与产卵数量可能存在一定的相关性,长径范围大致在20—40mm,短径则在10—20mm。孵化期约为30—60天,新生幼蛇的全长通常在150—200mm。

分布:中国分布范围广泛,涉及天津、河北、山西、内蒙古等多个省份及自治区,直至东北的辽宁、吉林、黑龙江等地。同时,也分布在华东的江苏、浙江、安徽,以及福建、台湾等东南沿海地区。在中部地区,江西、山东、河南、湖南、湖北等地也可见其踪迹。此外,广西、四川、贵州、云南等西南地区以及重庆、西藏等高原地区也有分布。在西北地区,陕西、甘肃、青海、宁夏等地也有发现。在北京,其分布于各区县。河南商丘和南阳是其主要的分布地区。

种群现状:广泛分布于我国大部分地区(农村地区也有大量分布),西藏、黑龙江等少有蛇生存的地方都能看到它们的身影。

保护:列入《世界自然保护联盟濒危物种红色名录》2013年ver 3.1——近危(NT),2016年变更为无危(LC)。列入中国国家林业局在2000年8月1日发布的《国家保护的有益或者有重要经济、科学研究价值的陆生野生动物名录》。

36. 赤链华游蛇 *Sinonatrix annularis*

形态特征:属于中小型蛇类,体长范围493—681mm,最长个体可达1060mm。头部呈卵圆形,吻部略显钝圆,头颈区分明显。蛇体粗壮浑圆,上唇鳞数为9(4-1-4)枚或8(3-1-4)枚,颊鳞仅有1枚。眶前鳞为1枚,眶后鳞为3枚,颞鳞组合为2(3)枚+3(2)枚。背鳞共有19-19-17行,除最外侧1行外,其余均具棱状突起。腹鳞135—169枚,肛鳞2枚,尾下鳞共计39—78

对。背面颜色多变,涵盖灰褐色、暗褐色、藕灰色、黑褐色或暗绿色,颈部至尾部间有黑色横斑,多数横斑交错排列至腹中线,仅少数通环蛇体。腹面则呈现鲜艳的橙红色或粉红色,上唇为黄白色,鳞缝处为黑色。

栖息环境:主要栖息于山区、平原的田野、池沼、水田及溪沟周边区域,同时也在污泥中被发现。

生活习性:以水中活动较为常见,受到惊吓时会迅速潜入水底以躲避危险。在食物选择上,以鳝鱼、泥鳅为主食,同时也会捕食蛙类、蝌蚪等。

繁殖:卵胎生。9—10 月产仔,每次产 4—13 条。

分布:中国广泛分布于中南部多个省份,具体包括上海、江苏、浙江、安徽、福建、台湾、江西、湖北、湖南、广东、海南、广西和四川等地,属于中国特有种。河南主要集中在郑州和南阳。

种群现状:广泛分布于我国中南部地区。

保护:列入《世界自然保护联盟濒危物种红色名录》2013 年 ver3.1——近危(NT)。列入 2000 年 8 月 1 日中国国家林业局发布的《国家保护的有益的或者有重要经济、科学研究价值的陆生野生动物名录》。列入《中国生物多样性红色名录—脊椎动物卷》易危(VU)。

37. 乌华游蛇 *Sinonatrix percarinata*

形态特征:体型为中等偏小,头部与颈部区分清晰。鼻孔位于头背部,眼睛相对较小。躯体尾部背面呈暗橄榄绿色,体侧为橘红色,通身分布有(28—40)+(10—20)个明显的黑褐色环纹,这些环纹在背面上因底色较深而略显模糊,在体侧则清晰可数,通常呈现"Y"形。随着个体的年龄增长,体侧的橘红色逐渐淡化,黑褐色环纹也愈发模糊,腹面的环纹几乎难以辨识。年长个体的背面和体侧转变为瓦灰色,腹面变为白色,环纹完全消失。尾下鳞边缘为黑色,形成尾腹面的双行网格,以及左右尾下鳞沟交错而成的中央黑色折线纹。头背呈橄榄灰色,上唇鳞色略浅,鳞沟色较深,头腹面则为灰白色。

栖息环境:栖息于海拔 100—1646m 的平原、丘陵或山区。

生活习性:半水栖生活,常出没于稻田、水凼、流溪、大河等各种水域及其附近。捕食溪鱼及蛙类。

繁殖:卵生。

分布:国外分布于缅甸、泰国和越南。在中国,其分布范围广泛,包括上海、江苏、浙江、安徽、福建、江西、河南、湖南、湖北、广东、香港、海南、广西、四川、贵州、云南、陕西、甘肃和台湾等地。河南主要集中分布在郑州、信阳和南阳等地。

保护:列入 2000 年 8 月 1 日中国国家林业局发布的《国家保护的有益的或者有重要经济、科学研究价值的陆生野生动物名录》。

38. 平鳞钝头蛇 *Pareas boulengeri*

形态特征:雄性全长可达 450mm 左右,雌性可达 530mm 左右;头与颈易区分,体略侧扁;前额鳞片深入眼眶,无眶前鳞。颊部鳞片显著地延伸至眼眶区域,背部的鳞片呈现出平滑无棱的特点。上唇鳞片数量为 7—8 枚,没有眶前鳞。眶后鳞为 1 枚,或可能与眶下鳞相连,眶上鳞呈狭长形态。颊鳞 1 枚,入眶;颞鳞 2 +3 枚或 2 +2 枚;前额鳞入眶;背鳞光滑,通身 15 行;腹鳞 173—184 枚;肛鳞 1 枚;尾下鳞 60—75 对;体背面黄褐色,散有大小不一的黑斑,自眶上鳞向后各有 1 条黑纹,至颈部左右合成一段较粗的黑纹;腹面灰白色。

栖息环境:栖息于山区。

生活习性:食蛞蝓、蜗牛。

繁殖:5—8 月剖检雌蛇成体,见输卵管中有 6—7 枚卵黄色卵。

分布:中国多分布于江苏、浙江、陕西、甘肃(南部)、四川、云南、贵州、安徽(黄山、歙县、太平、休宁)、广东、广西等地区。河南主要分布在南阳、新乡等地。

保护:列入中国国家林业局于 2000 年 8 月 1 日发布的《国家保护的有益的或者有重要经济、科学研究价值的陆生野生动物名录》。

39. 中华丽纹蛇 *Calliophis Sinomicrurus*

形态特征:大者全长 561mm;有前沟牙;体背呈红棕色,伴有黑色的横斑,头部为黑色，有 2 条白色的横斑；鼻鳞至前额到对侧鼻鳞间有 1 条黄白色直线横斑；从顶鳞到两侧前后颞鳞及最后 2 枚上唇鳞白色，构成头部第 2 条直行白色横斑；身体背鳞通身 13 行。

栖息环境：栖息于海拔 215—2483m 的山区森林或平地丘陵中。

生活习性：夜间活动，很少咬人，吞食其他小蛇。

繁殖：卵生。

分布：国外广泛分布于印度、尼泊尔、缅甸、锡金、老挝和越南，中国主要分布在江苏、浙江、安徽、福建、江西、湖南、海南、广东、广西、四川、重庆、贵州、云南、西藏和甘肃等地。河南主要分布在连康山和大别山地区。模式产地位于印度的阿萨姆邦。

保护：列入《世界自然保护联盟濒危物种红色名录》2013 年 ver3.1——近危（NT）。列入 2000 年 8 月 1 日中国国家林业局发布的《国家保护的有益的或者有重要经济、科学研究价值的陆生野生动物名录》。列入《中国生物多样性红色名录—脊椎动物卷》易危（VU）。

40. 短尾蝮 *Gloydius brevicaudus*

形态特征：体型较短且粗壮，全长大约为 478mm。头部略呈现三角形的特征，与颈部区分显著。吻部棱线清晰可见，鼻间鳞的内缘较为延长，外缘呈现出尖细且轻微后弯的形态，宛如逗点。鼻鳞宽大，被分为前后 2 片。圆形的鼻孔坐落于较大的前鼻鳞的后半部分，开口朝向后方外侧。鼻鳞与窝前鳞直接相连，中间并未夹杂其他小鳞。上颊鳞为单独 1 枚，形状近似方形。瞳孔呈椭圆形，眶前鳞有 2 枚，眶后鳞有 2—3 枚，其中下方的 1 枚呈现出新月形状，弯曲至眼睛后下方。颞鳞（2 + 3） 枚；上唇鳞共有 7 枚，按照（2 - 1 - 4）的排列方式分布，第 2 枚最小并不进入颊窝，第 3 枚最大并延伸至眼眶，第 4 枚位于眼睛正下方，和眶下鳞相连接。下唇鳞共计 11 枚，左右两侧的第 1 枚在颏鳞之后相互连接，前 3 枚则与前颏片相接。

栖息环境：主要栖息在海拔 1100m 以下的低海拔地区，包括平原、丘陵和低山。

生活习性:常见于多样化的生态环境中,包括灌草丛、乱石堆、稻田、沟渠、耕地以及路边等。凡是在能供其隐蔽及摄食的场所,都可发现它们。昼夜活动,夏季和秋初分散在耕作区、沟渠、路边以及村落周边进行活动。所居住的洞穴往往巧妙地利用天然的土堆、树洞,或是其他动物如鼠类的废弃洞穴。洞穴的入口多朝向南方或东南方向,直径在 1.5—4.5cm,洞道的长度则因环境而异,可从数十厘米延伸至数米。

繁殖:卵胎生。5—7 月交配,每窝产仔 4—13 条,初生仔蛇体重 3.3—3.8g,全长 140—198mm。仔蛇在脱离卵膜后约 10 分钟即开始蜕皮,蜕下的蛇皮通常较为完整。

分布:中国分布广泛,包括北京、天津、河北、辽宁、上海、江苏、浙江、安徽、福建、江西、湖北、湖南、四川、贵州、陕西、甘肃以及广东南澳岛等地。河南主要分布在平顶山、驻马店、周口等地,且其毒性在河南所有毒蛇中最为强烈。

种群现状:分布广、数量多、毒性较强,在长江中下游人口稠密地区危害颇大。但是在抑制鼠类方面,短尾蝮发挥着一定的作用。长期以来其被认为具有某些治疗作用而入药,用以生产蛇酒、蛇干、蛇粉等,其种群数量急剧降低。

保护:列入《世界自然保护联盟濒危物种红色名录》2013 年 ver3.1——近危(NT)。列入 2000 年 8 月 1 日中国国家林业局发布的《国家保护的有益的或者有重要经济、科学研究价值的陆生野生动物名录》。列入《中国生物多样性红色名录—脊椎动物卷》易危(VU)。

41. 山烙铁头蛇 *Ovophis monticola*

形态特征:体长范围大致在 50—70cm,头部呈三角形,长有长管牙。背面呈现淡褐色,背部及两侧长着带有紫褐色的不规则云彩状斑纹。腹面为紫红色,腹鳞两侧有呈紫褐色的半月形斑纹。从眼后至口角后方,存在 1 条浓黑褐色条纹,颈部有呈现“V”形的黄色或带白色的斑纹。

栖息环境:广泛分布于海拔 315—2600m 的山区,展现出了对各种环境的适应性,包括森林、灌丛和草地等。在尼泊尔地区,其更倾向于生活在高山和潮湿的环境中。

生活习性:夜间活动。主要食物来源为啮齿类及食虫类动物。其繁殖方式为卵生,通常于7—8月间筑巢产卵,每次产卵数量为5—11枚。

繁殖:在3岁时达到性成熟状态。雌蛇的繁殖期主要集中在每年的6月下旬至7月,期间会产下5—18枚卵。这些卵的孵化期大约需要3个月。

分布:广泛分布于喜马拉雅山东段及其周边地区,包括尼泊尔、不丹、锡金、印度的阿萨姆邦等地。其分布向东延伸,经缅甸、泰国至中南半岛各国,向南则至马来西亚及中国。河南主要分布在驻马店,较为罕见。

种群现状:在其分布范围内的部分地区常见,各种栖息地的耐受性大,种群数量没有受到重大或广泛的威胁。在缅甸是一种罕见的物种。

保护:列入《世界自然保护联盟濒危物种红色名录》2010年ver3.1——近危(NT)。列入2000年8月1日中国国家林业局发布的《国家保护的有益的或者有重要经济、科学研究价值的陆生野生动物名录》。列入《中国生物多样性红色名录—脊椎动物卷》易危(VU)。

42. 菜花原矛头蝮 *Protobothrops jerdonii*

形态特征:雄性最大个体全长约(954+213)mm之间,而雌性全长约为(818+170)mm。头部狭长且有三角形的特征,吻棱较明显。上颌骨具有管牙,并属于有颊窝的毒蛇类别。背部色泽以黑黄相间为主,每片背鳞均由不同比例的黑、黄两色构成。黄色在部分个体中呈现草黄色或菜花黄色,因此又被称为“菜花蛇”。整体来看,有的个体黑色较少,整体趋近于草黄色;而有的个体黑色较浓,整体偏黑并且杂以菜花黄色。大多数个体的正背部沿脊线分布有一行镶有黑边的深棕色斑块或者深红色斑块,每块斑块覆盖数枚至十余枚背鳞。腹部颜色为黑褐色或黑黄相间。头部背面为黑色,能见黄色圈纹,吻棱经过眼睛斜向口角以下的头侧呈现黄色。眼后有1条粗黑线纹,而头部腹部为黄色,并杂以黑斑。

栖息环境：主要栖息在海拔1350—3160m的山区或高原地带。它们常见于荒草坪、农耕地、路边草丛、乱石堆下以及灌木丛中，有时也会在溪沟附近的草丛或树枝上发现其踪迹。

生活习性：活动习性兼具昼夜性，但白天多盘踞不动，夜间活动频繁。以蛇、鸟、鼠及食虫目动物为食，并有捕食蛇类的记载。

繁殖：繁殖期7—9月。其繁殖方式为卵胎生，每胎怀卵数量为5—7枚，怀卵的数量与母蛇的体型大小紧密相关。每条幼蛇的产出过程通常需要7—8分钟。

分布：国外分布于尼泊尔、印度（特别是阿萨姆地区）、缅甸北部以及越南北部；中国广泛分布于重庆、甘肃、广西、贵州、河南、湖北、湖南、山西、陕西、四川、西藏、云南等地。河南的平顶山、洛阳、新乡、商丘、驻马店和信阳等地均有分布，在河南为较为常见的蛇类。

种群现状：在其分布范围内的部分地区常见，各种栖息地的耐受性大，种群数量没有重大的广泛威胁。在缅甸是一种罕见的物种。

保护：列入《世界自然保护联盟濒危物种红色名录》2010年ver3.1——无危（LC）。列入2000年8月1日中国国家林业局发布的《国家保护的有益的或者有重要经济、科学研究价值的陆生野生动物名录》。列入《中国生物多样性红色名录—脊椎动物卷》易危（VU）。

43. 福建绿蝮 *Viridovipera stejnegeri*

形态特征：雄性个体具有1条红白相间的鲜明纵线纹，雌性则仅表现出起始于眼后，一直延伸至肛门前部单位白色的纵线纹。

栖息环境：栖息在茂密的森林地带和低矮的丘陵环境中。

生活习性：毒液内含有神经毒素和凝血酶，这些成分具有潜在的致命性，对人类和多种动物构成严重威胁。

繁殖：2—3龄性成熟后，便可以进行繁殖。采用卵胎生的方式，每年5—8月交配，雌雄经交配后受精卵袋留在输卵管内发育，这种生殖方式胚胎能受母体保护。

分布：中国广泛分布于四川、福建、广东、湖南、浙江、贵州、江西、台湾、海南、吉林、湖北、甘肃、云南、江苏等多个省份及广西壮族自治区。河南主要集中分布在伏牛山和驻马店等地。

保护：列入中国国家林业局于2000年8月1日发布的《国家保护的有益的或者有重要经济、科学研究价值的陆生野生动物名录》。

两栖爬行动物作为生态与经济双重价值的载体，与人类活动紧密相连。其中，蛙、蛇、鳖等动物备受人类青睐，成为餐桌上的佳肴；玳瑁、蛇皮等则作为轻工业的重要材料；更有蟾酥、蛇胆、蛇蜕等传统中药材，这些都展现了它们在医学领域的独特价值。中国作为生物多样性丰富的国家，已知的两栖动物达到302种（亚种），爬行动物更是高达412种，这一数字约占全球两栖爬行动物物种的6%，其中包含了一些中国特有的珍稀种群。然而，由于生态环境破坏、人类活动干扰等多种因素，这些物种的生存环境正面临严重威胁，大量物种处于濒危状态。

农业生产中对农药和除草剂的过度依赖已严重破坏了两栖爬行动物的生态环境，这些地区还普遍存在对蛙类和蛇类等两栖爬行动物的无序捕杀现象，以及这些动物在集市上频繁出现，都使得保护两栖爬行动物迫在眉睫，所以不仅要做好科普宣传和科研工作，严格控制对农药化肥的使用，更要加强生境的保护，这是恢复并保护生物多样性最重要的手段，能够恢复已经遭受到破坏的生态系统中的生物群落。目前最主要的环境退化是环境污染，而工业和人类生活所释放的杀虫剂、化学品、污水和废气等是其一大重要因素。水体污染和酸度上升导致的水质pH值降低，直接增加了两栖动物卵和幼体的死亡率。特别是淮河干流，其污染程度远超其支流和湖泊，这迫切要求我们采取综合治理措施，以有效保护两栖爬行动物资源。

参考文献

[1]黄斌,黄勇.河南省龟类分布新记录:潘氏闭壳龟[J].信阳师范学院学报(自然科学版),2011,24(01):71-72.

[2]赵海鹏,王合林,路纪琪.河南省蜥蜴新纪录——米仓山龙蜥[J].动物学杂志,2012,47(03):129-131. DOI:10.13859/j.cjz.2012.03.019.

[3]张珑,何淑艳,何少峰.河南省石龙子一新记录种——黄纹石龙子[J].河南科学,2012,30(01):63-64. DOI:10.13537/j.issn.1004-3918.2012.01.036.

[4]赵海鹏,赵志鹏,王晓龙,等.河南省发现宁波滑蜥[J].动物学杂志,2014,49(01).

[5]龚大洁,张永宏,孙立新,等.贵州省爬行类新纪录——黄纹石龙子[J].动物学杂志,2012,47(05):127-129.

[6]张珑,何淑艳,何少峰. 河南省石龙子一新记录种——黄纹石龙子[J].河南科学,2012,30(01):63-64.

[7]韩九皋,马惠钦,王洪江,等.河北省爬行动物新记录——北草蜥[J].动物学杂志,2007,(03):113+119.

[8]姜雅风.黄纹石龙子生活习性的观察[J].四川动物,2005,(03):370-372.

[9]张永普,计翔.蓝尾石龙子的头部两性异形和食性[J].动物学报,2004,(05):745-752.

[10]李其斌,鸟羽通久.白条锦蛇[J].蛇志,2004,(01):81.

[11]黄红英.广东省蜥蜴类一新记录——北草蜥[J].四川动物,2002,(01):37.

[12]高正发,秦爱民.四川省爬行动物新纪录——米仓山攀蜥[J].四川动物,2001,(01):27.

[13]陆宇燕,张萍,王晓安,等.山东省爬行动物新记录——北草蜥[J].

四川动物,2000,(03):155.

[14]李胜全,李成,王跃招.甘肃省鬣蜥科一新纪录——米仓山攀蜥[J].四川动物,2000,(03):156-157.

[15]郭萃文,樊龙锁.历山地区白条锦蛇繁殖习性的观察[J].四川动物,1997,(01):39-40.

[16]周玉峰.赤峰锦蛇的生态观察[J].生态学杂志,1995,(06):66-68.

[17]冯照军.珞珈山宁波滑蜥的初步观察[J].动物学杂志,1991,(04):6-8.

[18]胡忠信.双斑锦蛇的特殊食性[J].动物学杂志,1983,(04):46.

第五章 鸟纲

鸟是脊椎动物亚门的一纲，是所有鸟类动物的统称。身体呈流线型，皮肤薄而有韧性；体表覆羽毛，一般前肢变成翼，有的种类翼退化；胸肌发达；直肠短；心脏有两心房和两心室，体温恒定。

黄河流域记录有鸟类物种662种，分别属于23目83科，其中雀形目物种数最多（384种，约占本目全国鸟种总数的46.83%），其次为鸻形目（67种，约占本目全国鸟种总数的50.00%）和雁形目（39种，约占本目全国鸟种总数的72.22%）。河南省黄河流域的鸟类动物共计有292种及亚种，隶属19目57科，约占中国鸟类物种总数的45.81%；约占黄河流域鸟类目的82.61%、科的68.67%。种类数约占黄河流域鸟类总数的44.11%，河南省黄河流域受威胁鸟类共计121种，其中有37种分别在《世界自然保护联盟濒危物种红色名录》和52种在《中国脊椎动物红色名录》中被列为受威胁物种（即评估级别为极危、濒危或易危），22种被列为国家一级重点保护野生动物，73种被列为国家二级重点保护野生动物（段菲等，2020）。

河南省黄河流域中属于国家一级保护鸟类的种类有13种（黑鹳 *Ciconia nigra*、白头鹤 *Grus monacha*、东方白鹳 *Ciconia boyciana*、青头潜鸭 *Aythya baeri*、白鹤 *Grus leucogeranus*、丹顶鹤 *Grus japonensis*、白头鹤 *Grus monacha*、金雕 *Aquila chrysaetos daphanea*、白尾海雕 *Haliaeetus albicilla*、大天鹅 *Cygnus cygnus*、大鸨普通亚种 *Otis tarda dybowskii*、长耳鸮 *Asio otus*、秃鹫 *Aegypius monachus*），约占保护区鸟类总种数的4.45%；属于二级保护鸟类的种类有41种（红腹锦鸡 *Chrysolophus pictus*、角䴙䴘 *Podiceps auritus*、黄爪隼 *Falco naumanni*、红隼 *Falco tinnunculus*、红脚隼 *Falco amurensis*、灰背隼 *Falco columbarius*、燕隼 *Falco subbuteo*、猎隼 *Falco cherrug*、游隼 *Falco peregrinus*、黑翅鸢 *Elanus caeruleus*、乌雕 *Clanga clanga*、松雀鹰 *Accipiter virgatus*、苍鹰 *Accipiter gentilis*、雀鹰 *Accipiter nisus*、大鵟 *Buteo hemilasius*、普通鵟 *Buteo buteo*、领角鸮 *Otus lettia*、红角鸮 *Otus sunia*、雕鸮 *Bubo bubo*、纵纹腹小鸮 *Athene noctua*、短耳鸮 *Asio flammeus*、白头鹞 *Circus aeruginosus*、鹊鹞 *Circus melanoleucos*、黑鸢 *Milvus migrans*、小天鹅 *Cygnus columbianus*、白琵鹭 *Platalea leucorodia*、灰鹤 *Grus grus lilfordi*、蓑羽鹤 *Grus vir-*

go、鸢 *Aquila*、白尾鹞 *Circus cyaneus cyaneus*、白腹鹞 *Circus spilonotus*、黑耳鸢 *Milvus migrans lineatus*、白额雁 *Anser erythropus*、卷羽鹈鹕 *Pelecanus crispus*、鸳鸯 *Aix galericula*、小鸦鹃 *Centropus bengalensis*、黄嘴白鹭 *Egretta eulophotes*、斑嘴鹈鹕 *Pelecanus philippensis*、栗鸢 *Haliastur indus*、玉带海雕 *Haliaeetus leucoryphus*、白肩雕 *Aquila heliaca*)，约占保护区鸟类总数的15.07%；"三有动物"种类有185种，约占保护区鸟类总数的69.55%。《世界自然保护联盟濒危物种红色名录》2013年，包含的濒危物种有8种；《濒危野生动植物种国际贸易公约》中包含的濒危物种有2种。

我国是全球鸟类多样性最丰富的国家之一，其中《中国鸟类分类与分布名录(第三版)》共收录我国鸟类1445种，隶属于26目109科497属，包括我国特有鸟类93种(郑光美，2017)。

一、物种分类系统

河南省黄河流域分布的鸟类有292种，隶属19目57科。其分类系统如下。

鸡形目 Galliformes

雉科 Phasianidae

石鸡 *Alectoris chukar*

鹌鹑 *Coturnix japonica*

环颈雉 *Phasianus colchicus*

红腹锦鸡 *Chrysolophus pictus*

雁形目 Anseriformes

鸭科 Anatidae

大天鹅 *Cygnus Cygnus*

小天鹅 *Cygnus Columbianus*

鸿雁 *Anser cygnoides*

豆雁 *Anser fabalis*

白额雁 *Anser albifrons*

小白额雁 *Anser erythropus*

灰雁 *Anser anser*

赤麻鸭 *Tadorna ferruginea*

翘鼻麻鸭 *Tadorna tadorna*

鸳鸯 *Aix galericulata*

赤颈鸭 *Anas penelope*

罗纹鸭 *Anas falcata*

赤膀鸭 *Anas strepera*

花脸鸭 *Anas formosa*

绿翅鸭 *Anas crecca*

绿头鸭 *Anas platyrhynchos*

斑嘴鸭 *Anas poecilorhyncha*

针尾鸭 *Anas acuta*

白眉鸭 *Anas querquedula*

琵嘴鸭 *Anas clypeata*

赤嘴潜鸭 *Netta rufina*

红头潜鸭 *Aythya ferina*

青头潜鸭 *Aythya baeri*

白眼潜鸭 *Aythya nyroca*

凤头潜鸭 *Aythya fuligula*

斑背潜鸭 *Aythya marila*

长尾鸭 *Clangula hyemalis*

斑脸海番鸭 *Melanitta fusca*

鹊鸭 *Bucephala clangula*

斑头秋沙鸭 *Mergellus albellus*

普通秋沙鸭 *Mergus merganser*

䴙䴘目 Podicipediformes

䴙䴘科 Podicipedidae

小䴙䴘 *Tachybaptus ruficollis*

角䴙䴘 *Podiceps auritus*

黑颈䴙䴘 *Podiceps nigricollis*

凤头䴙䴘 *Podiceps cristatus*

鸽形目 Columbiformes

鸠鸽科 Columbidae

岩鸽 *Columba rupestris*

山斑鸠 *Streptopelia orientalis*

灰斑鸠 *Streptopelia decaocto*

珠颈斑鸠 *Streptopelia chinensis*

火斑鸠 *Streptopelia tranquebarica*

原鸽 *Columba livia*

雨燕目 Apodiformes

雨燕科 Apodidae

普通雨燕 *Apus apus*

白腰雨燕 *Apus pacificus*

鹃形目 Cuculiformes

杜鹃科 Cuculidae

四声杜鹃 *Cuculus micropterus*

大杜鹃 *Cuculus canorus*

中杜鹃 *Cuculus saturatus*

噪鹃 *Eudynamys scolopaceus*

鹤形目 Gruiformes

鸨科 Otidiae

大鸨 *Otis tarda*

秧鸡科 Rallidae

普通秧鸡 *Rallus aquaticus*

白胸苦恶鸟 *Amaurornis phoenicurus*

董鸡 *Gallicrex cinerea*

黑水鸡 *Gallinula chloropus*

白骨顶 *Fulica atra*

鹤科 Gruidae

蓑羽鹤 *Anthropoides virgo*

白鹤 *Grus leucogeranus*

灰鹤 *Grus grus*

白头鹤 *Grus monacha*

鸻形目 Charadriiformes

鹮嘴鹬科 Ibidorhynchidae

鹮嘴鹬 *Ibidorhyncha struthersii*

反嘴鹬科 Recurvirostridae

黑翅长脚鹬 *Himantopus himantopus*

反嘴鹬 *Recurvirostra avosetta*

鸻科 Charadriidae

凤头麦鸡 *Vanellus vanellus*

灰头麦鸡 *Vanellus cinereus*

金鸻 *Pluvialis fulva*

灰鸻 *Pluvialis squatarola*

长嘴剑鸻 *Charadrius placidus*

金眶鸻 *Charadrius dubius*

环颈鸻 *Charadrius alexandrinus*

蒙古沙鸻 *Charadrius mongolus*

铁嘴沙鸻 *Charadrius leschenaultii*

东方鸻 *Charadrius veredus*

彩鹬科 Rostratulidae

彩鹬 *Rostratula benghalensis*

水雉科 Jacanidae

水雉 *Hydrophasianus chirurgus*

鹬科 Scolopacidae

丘鹬 *Scolopax rusticola*

孤沙锥 *Gallinago solitaria*

针尾沙锥 *Gallinago stenura*

大沙锥 *Gallinago megala*

白腰草鹬 *Tringa ochropus*

扇尾沙锥 *Gallinago gallinago*

半蹼鹬 *Limnodromus semipalmatus*

黑尾塍鹬 *Limosa limosa*

斑尾塍鹬 *Limosa lapponica*

中杓鹬 *Numenius phaeopus*

白腰杓鹬 *Numenius arquata*

大杓鹬 *Numenius madagascariensis*

鹤鹬 *Tringa erythropus*

红脚鹬 *Tringa totanus*

泽鹬 *Tringa stagnatilis*

青脚鹬 *Tringa nebularia*

白腰草鹬 *Tringa ochropus*

林鹬 *Tringa glareola*

翘嘴鹬 *Xenus cinereus*

矶鹬 *Tringa hypoleucos*

翻石鹬 *Arenaria interpres*

三趾滨鹬 *Calidris alba*

青脚滨鹬 *Calidris temminckii*

红颈滨鹬 *Calidris ruficollis*

尖尾滨鹬 *Calidris acuminata*

长趾滨鹬 *Calidris subminuta*

弯嘴滨鹬 *Calidris ferruginea*

黑腹滨鹬 *Calidris alpina*

阔嘴鹬 *Limicola falcinellus*

流苏鹬 *Philomachus pugnax*

燕鸻科 Glareolidae

普通燕鸻 *Glareola maldivarum*

鸥科 Laridae

普通海鸥 *Larus canus*

银鸥 *Larus argentatus*

西伯利亚银鸥 *Larus vegae*

灰背鸥 *Larus schistisagus*

渔鸥 *Larus ichthyaetus*

棕头鸥 *Larus brunnicephalus*

红嘴鸥 *Larus ridibundus*

燕鸥科 Sternidae

鸥嘴噪鸥 *Gelochelidon nilotica*

红嘴巨燕鸥 *Hydroprogne caspia*

灰翅浮鸥 *Chlidonias hybrida*

白翅浮鸥 *Chlidonias leucopterus*

普通燕鸥 *Sterna hirundo*

白额燕鸥 *Sterna albifrons*

鹳形目 Ciconiiformes

鹳科 Ciconiidae

黑鹳 *Ciconia nigra*

东方白鹳 *Ciconia boyciana*

鹈形目 Pelecanifonnes

鸬鹚科 Phalacrocoracidae

普通鸬鹚 *Phalacrocorax carbo*

鹮科 Threskiornithidae

白琵鹭 *Platalea leucorodia*

鹭科 Ardeidae

苍鹭 *Ardea cinerea*

池鹭 *Ardeola bacchus*

牛背鹭 *Bubulcus ibis*

白鹭 *Egretta garzetta*

大白鹭 *Ardea alba*

中白鹭 *Egretta intermedia*

黄斑苇鳽 *Ixobrychus sinensis*

紫背苇鳽 *Ixobrychus eurhythmus*

大麻鳽 *Botaurus stellaris*

栗苇鳽 *Ixobrychus cinnamomeus*

绿鹭 *Butorides striata*

草鹭 *Ardea purpurea*

夜鹭 *Nycticorax nycticorax*

鹈鹕科 Pelecanidae

卷羽鹈鹕 *Pelecanus crispus*

鹰形目 Accipitriformes

鹰科 Accipitridae

黑鸢 *Milvus migrans*

黑翅鸢 *Elanus caeruleus*

玉带海雕 *Haliaeetus leucoryphus*

白尾海雕 *Haliaeetus albicilla*

秃鹫 *Aegypius monachus*

白头鹞 *Circus aeruginosus*

白尾鹞 *Circus cyaneus*

鹊鹞 *Circus melanoleucos*

松雀鹰 *Accipiter virgatus*

雀鹰 *Accipiter nisus*

苍鹰 *Accipiter gentilis*

普通鵟 *Buteo buteo*

大鵟 *Buteo hemilasius*

乌雕 *Aquila clanga*

白肩雕 *Aquila heliaca*

金雕 *Aquila chrysaetos*

鸮形目 Strigiformes

鸱鸮科 Strigidae

领角鸮 *Otus bakkamoena*

红角鸮 *Otus sunia*

雕鸮 *Bubo bubo*

纵纹腹小鸮 *Athene noctua*

长耳鸮 *Asio otus*

短耳鸮 *Asio flammeus*

犀鸟目 Bucerotiformes

戴胜科 Upupidae

戴胜 *Upupa epops*

佛法僧目 Coraciiformes

翠鸟科 Alcedinidae

普通翠鸟 *Alcedo atthis*

蓝翡翠 *Halcyon pileata*

冠鱼狗 *Megaceryle lugubris*

斑鱼狗 *Ceryle rudis*

䴕形目 Piciformes

啄木鸟科 Picidae

斑姬啄木鸟 *Picumnus innominatus*

灰头绿啄木鸟 *Picus canus*

大斑啄木鸟 *Dendrocopos major*

棕腹啄木鸟 *Dendrocopos hyperythrus*

星头啄木鸟 *Yungipicus canicapillus*

白背啄木鸟 *Picoides leucotos*

黑啄木鸟 *Dryocopus martius*

蚁䴕 *Jynx torquilla*

隼形目 Falconiformes

隼科 Falconidae

黄爪隼 *Falco naumanni*

红隼 *Falco tinununculus*

红脚隼 *Falco amurensis*

灰背隼 *Falco columbarius*

燕隼 *Falco subbuteo*

游隼 *Falco peregrinus*

雀形目 Passeriformes

黄鹂科 Oriolidaea

黑枕黄鹂 *Oriolus chinensis*

山椒鸟科 Campephagidae

暗灰鹃鵙 *Lalage melaschistos*

卷尾科 Dicruridae

黑卷尾 *Dicrurus macrocercus*

灰卷尾 *Dicrurus leucophaeus*

发冠卷尾 *Dicrurus hottentottus*

伯劳科 Laniidae

虎纹伯劳 *Lanius tigrinus*

红尾伯劳 *Lanius cristatus*

棕背伯劳 *Lanius schach*

灰背伯劳 *Lanius tephronotus*

灰伯劳 *Lanius excubitor*

楔尾伯劳 *Lanius sphenocercus*

鸦科 Corvidae

红嘴蓝鹊 *Urocissa erythrorhyncha*

灰喜鹊 *Cyanopica cyana*

喜鹊 *Pica pica*

白颈鸦 *Corvus torquatus*

红嘴山鸦 *Pyrrhocorax pyrrhocorax*

达乌里寒鸦 *Corvus dauuricus*

秃鼻乌鸦 *Corvus frugilegus*

大嘴乌鸦 *Corvus macrorhynchos*

山雀科 Paridae

煤山雀 *Parus ater*

黄腹山雀 *Parus venustulus*

大山雀 *Parus major*

绿背山雀 *Parus monticolus*

沼泽山雀 *Parus palustris*

攀雀科 Remizidae

中华攀雀 *Remiz consobrinus*

百灵科 Alaudidae

短趾百灵 *Calandrella cheleensis*

凤头百灵 *Galerida cristata*

云雀 *Alauda arvensis*

小云雀 *Alauda gulgula*

莺科 Acrocephalidae

黑眉苇莺 *Acrocephalus bistrigiceps*

东方大苇莺 *Acrocephalus orientalis*

扇尾莺科 Cisticolidae

棕扇尾莺 *Cisticola juncidis*

燕科 Hirundinidae

崖沙燕 *Riparia riparia*

家燕 *Hirundo rustica*

金腰燕 *Hirundo daurica*

鹎科 Pycnonotidae

黄臀鹎 *Pycnonotus xanthorrhous*

领雀嘴鹎 *Spizixos semitorques*

白头鹎 *Pycnonotus sinensis*

绿翅短脚鹎 *Hypsipetes mcclellandii*

柳莺科 Phylloscopidae

巨嘴柳莺 *Phylloscopus schwarzi*

褐柳莺 *Phylloscopus fuscatus*

黄眉柳莺 *Phylloscopus inornatus*

黄腰柳莺 *Phylloscopus proregulus*

冠纹柳莺 *Phylloscopus reguloides*

树莺科 Cettiidae

强脚树莺 *Horornis fortipes*

棕脸鹟莺 *Abroscopus albogularis*

长尾山雀科 Aegithalidae

银喉长尾山雀 *Aegithalos caudatus*

红头长尾山雀 *Aegithalos concinnus*

画眉科 Timaliidae

棕头鸦雀 *Paradoxornis webbianus*

震旦鸦雀 *Paradoxornis heudei*

绣眼鸟科 Zosteropidae

暗绿绣眼鸟 *Zosterops japonica*

红胁绣眼鸟 *Zosterops erythropleurus*

噪鹛科 Leiothrichidae

黑脸噪鹛 *Garrulax perspicillatus*

山噪鹛 *Garrulax davidi*

鹪鹩科 Troglodytidae

鹪鹩 *Troglodytes troglodytes*

椋鸟科 Sturnidae

灰椋鸟 *Sturnus cineraceus*

北椋鸟 *Sturnia stuninus*

丝光椋鸟 *Sturnus sericeus*

八哥 *Acridotheres cristatellus*

鸫科 Turdidae

灰背鸫 *Turdus hortulorum*

乌灰鸫 *Turdus cardis*

宝兴歌鸫 *Turdus mupinensis*

红尾斑鸫 *Turdus naumanni*

斑鸫 *Turdus eunomus*

乌鸫 *Turdus merula*

褐头鸫 *Turdus feae*

鹟科 Muscicapidae

红喉歌鸲 *Luscinia calliope*

蓝喉歌鸲 *Luscinia svecica*

红胁蓝尾鸲 *Tarsiger cyanurus*

北红尾鸲 *Phoenicurus auroreus*

红腹红尾鸲 *Phoenicurus erythrogaster*

红尾水鸲 *Rhyacornis fuliginosus*

黑喉石䳭 *Saxicola maurus*

白眉姬鹟 *Ficedula zanthopygia*

红喉姬鹟 *Ficedula parva*

乌鹟 *Muscicapa sibirica*

灰纹鹟 *Muscicapa griseisticta*

北灰鹟 *Muscicapa dauurica*

戴菊科 Regulidae

戴菊 *Regulus regulus*

太平鸟科 Bombycillidae

太平鸟 *Bombycilla garrulus*

小太平鸟 *Bombycilla japonica*

梅花雀科 Estrildidae

白腰文鸟 *Lonchura striata*

雀科 Passeridae

山麻雀 *Passer rutilans*

麻雀 *Passer montanus*

鹡鸰科 Motacillidae

山鹡鸰 *Dendronanthus indicus*

白鹡鸰 *Motacilla alba*

灰鹡鸰 *Motacilla cinerea*

田鹨 *Anthus richardi*

树鹨 *Anthus hodgsoni*

黄头鹡鸰 *Motacilla citreola*

黄鹡鸰 *Motacilla flava*

红喉鹨 *Anthus cervinus*

粉红胸鹨 *Anthus roseatus*

水鹨 *Anthus spinoletta*

黄腹鹨 *Anthus rubescens*

燕雀科 Fringillidae

燕雀 *Fringilla montifringilla*

普通朱雀 *Carpodacus erythrinus*

北朱雀 *Carpodacus roseus*

黄雀 *Carduelis spinus*

金翅雀 *Carduelis sinica*

黑尾蜡嘴雀 *Eophona migratoria*

黑头蜡嘴雀 *Eophona personata*

锡嘴雀 *Coccothraustes coccothraustes*

鹀科 Emberizidae

黄眉鹀 *Emberiza chrysophrys*

三道眉草鹀 *Emberiza cioides*

白眉鹀 *Emberiza tristrami*

小鹀 *Emberiza pusilla*

白头鹀 *Emberiza leucocephalos*

田鹀 *Emberiza rustica*

黄喉鹀 *Emberiza elegans*

黄胸鹀 *Emberiza aureola*

灰头鹀 *Emberiza spodocephala*

苇鹀 *Emberiza pallasi*

二、群落结构特征

河南省黄河流域分布的鸟类动物有292种,隶属19目57科,其中有77种为保护区的记录种。单属种科有鹤科 Gruidae、卷尾科 Dicruridae 和长尾山雀科 Aegithalidae;其余为常见科(表5-1)。

表5-1 鸟类群落结构特征

目 Order	科 Family	比例(%) Per./%	种 Species	比例/% Per./%
鸡形目 Galliformes	1	1.75%	4	1.37
雁形目 Anseriformes	1	1.75%	31	10.62
䴙䴘目 Podicipediformes	1	1.75%	4	1.37
鸽形目 Columbiformes	1	1.75%	6	2.05
夜鹰目 Caprimulgiformes	1	1.75%	2	0.68
鹃形目 cuculiformes	1	1.75%	4	1.37
鸨形目 Otidiformes	1	1.75%	1	0.34
鹤形目 Gruiformes	2	3.51%	9	3.08
鸻形目 Charadriiformes	8	14.04%	59	20.21
鹳形目 Ciconiiformes	1	1.75%	2	0.68
鲣鸟目 Suliformes	1	1.75%	1	0.34
鹈形目 Pelecanifonnes	3	5.26%	15	5.14
鹰形目 Accipitriformes	1	1.75%	16	5.479
鸮形目 Strigiformes	1	1.75%	6	2.05

续表

目 Order	**科** Family	**比例(%)** Per./%	**种** Species	**比例/%** Per./%
犀鸟目 Bucerotiformes	1	1.75%	1	0.34
佛法僧目 Coraciiformes	1	1.75%	4	1.37
䴕形目 Piciformes	1	1.75%	8	2.74
隼形目 Falconiformes	1	1.75%	6	2.05
雀形目 Passeriformes	29	50.88%	113	38.70
合计	57	100	292	100

三、物种区系分类特征

该保护区分布的鸟类有292种及亚种,各物种在保护区的分布及区系特征见表5-2。

表5-2　鸟类区系特征与分布

目 Order **科 Family**	**种 Species**	**区系分布**	**保护级别**	**留居型**	**种群状态**
鸡形目 Galliformes 雉科 Phasianidae	石鸡 *Alectoris chukar*	A		R	(IUCN—LC)
	鹌鹑 *Coturnix japonica*	C		R	LC
	环颈雉 *Phasianus colchicus*	A		R	LC
	红腹锦鸡 *Chrysolophus pictus*		Ⅱ	R	NT
雁形目 anseriformes 鸭科 Anatidae	大天鹅 *Cygnus Cygnus*		Ⅱ	R	LC
	小天鹅 *Cygnus Columbianus*		Ⅱ	T	NT
	鸿雁 *Anser cygnoides*			W	VU
	豆雁 *Anser fabalis*			W	LC
	白额雁 *Anser albifrons*		Ⅱ	W	LC
	小白额雁 *Anser erythropus*			W	VU

续表 1

目 Order 科 Family	种 Species	区系分布	保护级别	留居型	种群状态
雁形目 anseriformes 鸭科 Anatidae	灰雁 *Anser anser*			W	LC
	赤麻鸭 *Tadorna ferruginea*			W	LC
	翘鼻麻鸭 *Tadorna tadorna*			W	LC
	鸳鸯 *Aix galericulata*			W	NT
	赤颈鸭 *Anas penelope*			W	LC
	罗纹鸭 *Anas falcata*			W	NT
	赤膀鸭 *Anas strepera*			W	LC
	花脸鸭 *Anas Formosa*			W	NT
	绿翅鸭 *Anas crecca*			W	LC
	绿头鸭 *Anas platyrhynchos*			W	LC
	斑嘴鸭 *Anas poecilorhyncha*			W	LC
	针尾鸭 *Anas acuta*			W	LC
	白眉鸭 *Anas querquedula*			T	LC
	琵嘴鸭 *Anas clypeata*			W	LC
	赤嘴潜鸭 *Netta rufina*			W	LC
	红头潜鸭 *Aythya ferina*			W	LC
	青头潜鸭 *Aythya baeri*			W	CR
	白眼潜鸭 *Aythya nyroca*			W	NT
	凤头潜鸭 *Aythya fuligula*			W	LC
	斑背潜鸭 *Aythya marila*			W	LC
	长尾鸭 *Clangula hyemalis*			W	EN
	斑脸海番鸭 *Melanitta fusca*			W	NT
	鹊鸭 *Bucephala clangula*			W	LC
	斑头秋沙鸭 *Mergullus albellus*			W	LC
	普通秋沙鸭 *Mergus albellus*			W	LC

续表 2

目 Order 科 Family	种 Species	区系分布	保护级别	留居型	种群状态
䴙䴘目 Podicipediformes 䴙䴘科 Podicipedidae	小䴙䴘 *Tachybaptus ruficollis*	C		W	LC
	角䴙䴘 *Podiceps auritus*		Ⅱ	W	NT
	黑颈䴙䴘 *Podiceps nigricollis*			W	LC
	凤头䴙䴘 *Podiceps cristatus*			W	LC
鸽形目 Columbiformes 鸠鸽科 Columbidae	岩鸽 *Columba rupestris*	A		R	LC
	山斑鸠 *Streptopelia orientalis*	C		R	LC
	灰斑鸠 *Streptopelia decaocto*	C		R	LC
	火斑 *Streptopelia tranquebarica*	C		W	LC
	珠颈斑鸠 *Streptopelia chinensi*			R	LC
	原鸽 *Columba livia*			R	LC
夜鹰目 Caprimulgiformes 雨燕科 Apodidae	普通雨燕 *Apus apus*	A		R	LC
	白腰雨燕 *Apus pacificus*	A		S	LC
鹃形目 cuculiformes 杜鹃科 Cuculidae	四声杜鹃 *Cuculus micropterus*	C		S	LC
	大杜鹃 *Cuculus canorus*	C		S	LC
	中杜鹃 *Cuculus saturatus*	C		S	LC
	噪鹃 *Eudynamys scolopaceus*		I	R	LC
鸨形目 Otidiformes 鸨科 Otididae	大鸨 *Otis tarda*		I	R	VU
鹤形目 Gruiformes 秧鸡科 Rallidae	普通秧鸡 *Rallus aquaticus*	A		R	LC
	白胸苦恶鸟 *Amaurornis phoenicurus*	B		S	LC
	董鸡 *Gallicrex cinerea*	B		S	LC
	黑水鸡 *Gallinula chloropus*	C		R	LC
	白骨顶 *Fulica atra*			R	LC

续表 3

目 Order 科 Family	种 Species	区系分布	保护级别	留居型	种群状态
鹤形目 Gruiformes 鹤科 Gruidae	蓑羽鹤 *Anthropoides virgo*	A	Ⅱ	T	LC
	白鹤 *Grus leucogeranus*	A	Ⅰ	T	CR
	灰鹤 *Grus grus*	A	Ⅱ	W	NT
	白头鹤 *Grus monacha*	A	Ⅰ	T	EN
鸻形目 Charadriiformes 鹮嘴鹬科 Ibidorhynchidae	鹮嘴鹬 *Ibidorhyncha struthersii*			R	NT
鸻形目 Charadriiformes 反嘴鹬科 Recurvirostridae	黑翅长脚鹬 *Himantopus himantopus*			T	LC
	反嘴鹬 *Recurvirostra avosetta*			T	LC
鸻形目 Charadriiformes 鸻科 Charadriidae	凤头麦鸡 *Vanellus vanellus*			W	LC
	灰头麦鸡 *Vanellus cinereus*			S	LC
	金鸻 *pluvialis fuiva*			T	LC
	灰鸻 *Pluvialis squatarola*			T	LC
	长嘴剑鸻 *Charddrius placidus*			T	NT
	金眶鸻 *Charadrius dubius*			S	LC
	环颈鸻 *Charadrius alexandrinus*			S	LC
	蒙古沙鸻 *Charadrius mongolusi*			T	LC
	铁嘴沙鸻 *Charadrius leschenaultii*			T	LC
	东方鸻 *Charadrius veredus*			T	LC
鸻形目 Charadriiformes 彩鹬科 Rostratulidae	彩鹬 *Rostratula benghalensis*	C		S	LC
鸻形目 Charadriiformes 水雉科 Jacanidae	水雉 *Hydrophasianus chirurgus*			T	NT
鸻形目 Charadriiformes 鹬科 Scolopacidae	丘鹬 *Scolopax rusticola*			T	LC
	孤沙雉 *Gallinago solitaria*			W	LC

续表 4

目 Order 科 Family	种 Species	区系分布	保护级别	留居型	种群状态
鸻形目 Charadriiformes 鹬科 Scolopacidae	针尾沙锥 *Gallinago stenura*			T	LC
	大沙锥 *Gallinago megala*			T	LC
	白腰草鹬 *Tringa ochropus*	A		T	LC
	扇尾沙锥 *Gallinago gallinago*			T	LC
	半蹼鹬 *Limnodromus semipalmatus*			T	
	黑尾塍鹬 *Limosa limosa*			T	LC
	斑尾塍鹬 *Limosa lapponica*			T	NT
	中杓鹬 *Numenius phaeopus*			T	LC
	白腰杓鹬 *Numenius arquata*			T	NT
	大杓鹬 *Numenius madagascariensis*			T	VU
	鹤鹬 *Tringa erythropus*			T	LC
	红脚鹬 *Tringa totanus*			T	LC
	泽鹬 *Tringa stagnatilis*			T	LC
	青脚鹬 *Tringa nebularia*			T	LC
	白腰草鹬 *Tringa ochropus*			W	LC
	林鹬 *Tringa glareola*			T	LC
	翘嘴鹬 *Xenus cinereus*			T	LC
	矶鹬 *Tringa hypoleucos*			W	LC
	翻石鹬 *Arenaria interpres*			T	LC
	三趾滨鹬 *Calidris alba*			T	LC
	红颈滨鹬 *Calidris ruficollis*			T	LC
	青脚滨鹬 *Calidris temminckii*			T	LC
	长趾滨鹬 *Calidris subminuta*			T	LC
	尖尾滨鹬 *Calidris acumnata*			T	LC

续表 5

目 Order 科 Family	种 Species	区系分布	保护级别	留居型	种群状态
鸻形目 Charadriiformes 鹬科 Scolopacidae	弯嘴滨鹬 *Calidris ferruginea*			T	LC
	黑腹滨鹬 *Calidris alpina*			T	LC
	阔嘴鹬 *Limicola falcinellus*			T	LC
	流苏鹬 *Philomachus pugnax*			T	LC
鸻形目 Charadriiformes 燕鸻科 Glareolidae	普通燕鸻 *Glareola maldivarum*			T	LC
鸻形目 Charadriiformes 鸥科 Laridae	普通海鸥 *Larus canus*			T	LC
	银鸥 *Larus argentatus*			T	LC
	西伯利亚银鸥 *Larus vegae*			T	LC
	灰背鸥 *Larus schistisagus*			S	LC
	渔鸥 *Larus ichthyaetus*			T	LC
	棕头鸥 *Larus brunnicephalus*			T	LC
	红嘴鸥 *Larus ridibundus*			T	LC
	鸥嘴噪鸥 *Gelochelidon nilotica*			T	LC
	红嘴巨燕鸥 *Hydroprogne caspia*			T	LC
	灰翅浮鸥 *Chlidonias hybrida*			S	LC
	白翅浮鸥 *Chlidonias leucopterus*			T	LC
	普通燕鸥 *Sterna hirundo*			S	LC
	白额燕鸥 *Sterna albifrons*			S	LC
鹳形目 Ciconiiformes 鹳科 Ciconiidae	黑鹳 *Ciconia nigra*		I	T	VU
	东方白鹳 *Ciconia boyciana*			T	EN
鲣鸟目 Suliformes 鸬鹚科 Phalacrocoracidae	普通鸬鹚 *Phalacrocorax carbo*			T	LC

续表 6

目 Order 科 Family	种 Species	区系分布	保护级别	留居型	种群状态
鹈形目 Pelecanifonnes 鹮科 Threskiornithidae	白琵鹭 *Platalea leucorodia*		Ⅱ	T	NT
鹈形目 Pelecanifonnes 鹭科 Ardeidae	苍鹭 *Ardea cinerea*			T	LC
	池鹭 *Ardeola bacchus*			S	LC
	牛背鹭 *Bubulcus ibis*			T	LC
	白鹭 *Egretta garzetta*	C		S	LC
	大白鹭 *Ardea alba*			S	LC
	中白鹭 *Egretta intermedi*			T	LC
	黄斑苇鳽 *Ixobrychus sinensis*	B		S	LC
	紫背苇鳽 *Ixobrychus eurhythmus*	B		T	LC
	大麻鳽 *Botaurus stellaris*	A		T	LC
	栗苇鳽 *Ixobrychus cinnamomeus*			T	LC
	绿鹭 *Butorides striata*			S	LC
	草鹭 *Ardea purpurea*			S	LC
	夜鹭 *Nycticorax nycticorax*			S	LC
鹈形目 Pelecanifonnes 鹈鹕科 Pelecanidae	卷羽鹈鹕 *Pelecanus crispus*		Ⅱ	W	EN
鹰形目 Accipitriformes 鹰科 Accipitridae	黑鸢 *Milvus migrans*	C	Ⅱ	T	LC
	黑翅鸢 *Milvus migrans*	C	Ⅱ	R	NT
	玉带海雕 *Haliaeetus leucoryphus*	A	Ⅰ	T	EN
	白尾海雕 *Haliaeetus albicilla*	A	Ⅰ	W	VU
	秃鹫 *Aegypius monachus*	A	Ⅱ	R	NT
	白头鹞 *Circus aeruginosus*	A	Ⅱ	T	NT
	白尾鹞 *Circus cyaneus*	A	Ⅱ	R	NT

续表 7

目 Order 科 Family	种 Species	区系分布	保护级别	留居型	种群状态
鹰形目 Accipitriformes 鹰科 Accipitridae	鹊鹞 *Circus melanoleucos*	A	Ⅱ	T	NT
	松雀鹰 *Accipiter virgatus*	C	Ⅱ	T	LC
	雀鹰 *Accipiter nisus*	A	Ⅱ	W	LC
	苍鹰 *Accipiter gentilis*	A	Ⅱ	T	NT
	普通鵟 *Buteo buteo*	A	Ⅱ	T	LC
	大鵟 *Buteo hemilasius*	A	Ⅱ	W	VU
	乌雕 *Aquila clanga*	A	Ⅰ	T	EN
	白肩雕 *Aquila heliaca*	A	Ⅰ	T	EN
	金雕 *Aquila chrysaetos*		Ⅰ	R	LC
鸮形目 Strigiformes 鸱鸮科 Strigidae	领角鸮 *Otus bakkamoena*	C	Ⅱ	R	LC
	红角鸮 *Otus sunia*	C	Ⅱ	S	LC
	雕鸮 *Bubo bubo*	A	Ⅱ	R	NT
	纵纹腹小鸮 *Athene noctua*	A	Ⅱ	R	LC
	长耳鸮 *Asio otus*	A	Ⅱ	W	LC
	短耳鸮 *Asio flammeus*	C	Ⅱ	W	NT
犀鸟目 Bucerotiformes 戴胜科 Upupidae	戴胜 *Upupa epops*	R		R	LC
佛法僧目 Coraciiformes 翠鸟科 Alcedinidae	普通翠鸟 *Alcedo atthis*	C		R	LC
	蓝翡翠 *Halcyon pileata*	B		S	LC
	冠鱼狗 *Megaceryle lugubris*	C		S	LC
	斑鱼狗 *Cery lerudis*			R	LC
啄木鸟目 Piciformes 啄木鸟科 Picidae	斑姬啄木鸟 *Picumnus innominatus*			R	LC
	灰头绿啄木鸟 *Picus canus*	C		R	LC
	大斑啄木鸟 *Dendrocopos major*	A		R	LC

续表 8

目 Order 科 Family	种 Species	区系分布	保护级别	留居型	种群状态
啄木鸟目 Piciformes 啄木鸟科 Picidae	棕腹啄木鸟 *Dendrocopos hyperythrus*		I	R	LC
	星头啄木鸟 *Yungipicus canicapillus*	B		R	LC
	白背啄木鸟 *Picoides leucotos*			R	LC
	黑啄木鸟 *Dryocopus martius*			R	LC
	蚁䴕 *Jynx torquilla*		I	T	LC
隼形目 Falconiformes 隼科 Falconidae	黄爪隼 *Falco naumanni*	A	Ⅱ	S	VU
	红隼 *Falco tinununculus*	C	Ⅱ	R	LC
	红脚隼 *Falco amurensis*	A	Ⅱ	S	NT
	灰背隼 *Falco columbarius*	A	Ⅱ	T	NT
	燕隼 *Falco subbuteo*	A	Ⅱ	S	LC
	游隼 *Falco peregrinus*		Ⅱ	R	NT
雀形目 Passeriformes 黄鹂科 Oriolidaea	黑枕黄鹂 *Oriolus chinensis*	B		S	LC
雀形目 Passeriformes 山椒鸟科 Campephagidae	暗灰鹃鵙 *Lalage melaschistos*			R	LC
雀形目 Passeriformes 卷尾科 Dicruridae	黑卷尾 *Dicrurus macrocercus*	B		S	LC
	灰卷尾 *Dicrurus leucophaeus*	B		S	LC
	发冠卷尾 *Dicrurus hottentottus*	B		S	LC
雀形目 Passeriformes 伯劳科 Laniidae	虎纹伯劳 *Lanius tigrinus*	A		S	LC
	红尾伯劳 *Lanius cristatus*	A		R	LC
	棕背伯劳 *Lanius schach*	B		R	LC
	灰背伯劳 *Lanius tephronotus*	A		T	LC
	灰伯劳 *Lanius excubitor*	A		W	LC
	楔尾伯劳 *Lanius sphenocercus*	A		W	LC

续表 9

目 Order 科 Family	种 Species	区系分布	保护级别	留居型	种群状态
雀形目 Passeriformes 鸦科 Corvidae	红嘴蓝鹊 *Urocissa erythrorhyncha*	B		W	LC
	灰喜鹊 *Cyanopica cyana*	A		R	LC
	喜鹊 *Pica pica*	A		R	LC
	白颈鸦 *Corvus torquatus*	A		R	NT
	红嘴山鸦 *Pyrrhocorax pyrrhocorax*	A		S	LC
	达乌里寒鸦 *Corvus dauuricus*	A		R	LC
	秃鼻乌鸦 *Corvus frugilegus*	A		R	LC
	大嘴乌鸦 *Corvus macrorhynchos*	C		R	LC
雀形目 Passeriformes 山雀科 Paridae	煤山雀 *Parus ater*	A		R	LC
	黄腹山雀 *Parus venustulus*	B		R	LC
	大山雀 *Parus major*	C		R	LC
	绿背山雀 *Parus monticolus*	B		R	LC
	沼泽山雀 *Parus palustris*	C		R	LC
雀形目 Passeriformes 攀雀科 Remizidae	中华攀雀 *Remiz consobrinus*			W	LC
雀形目 Passeriformes 百灵科 Alaudidae	短趾百灵 *Calandrella cheleensis*	A		R	LC
	凤头百灵 *Galerida cristata*	A		S	LC
	云雀 *Alauda arvensis*	A		R	LC
	小云雀 *Alauda gulgula*			R	LC
雀形目 Passeriformes 苇莺科 Acrocephalidae	黑眉苇莺 *Acrocephalus bistrigiceps*	A		S	LC
	东方大苇莺 *Acrocephalus orientalis*	A		S	LC
雀形目 Passeriformes 扇尾莺科 Cisticolidae	棕扇尾莺 *Cisticola juncidis*	A		W	LC

续表 10

目 Order 科 Family	种 Species	区系分布	保护级别	留居型	种群状态
雀形目 Passeriformes 燕科 Hirundinidae	崖沙 *Riparia riparia*	A		S	LC
	家燕 *Hirundo rustica*	A		S	LC
	金腰燕 *Hirundo daurica*	C		S	LC
雀形目 Passeriformes 鹎科 Pycnonotidae	领雀嘴鹎 *Spizixos semitorques*	B		R	LC
	黄臀鹎 *Pycnonotus xanthorrhous*	B		W	LC
	白头鹎 *Pycnonotus sinensis*	B		R	LC
	绿翅短脚鹎 *Hypsipetes mcclellandii*	B		W	LC
雀形目 Passeriformes 柳莺科 Phylloscopidae	巨嘴柳莺 *Phylloscopus schwarzi*			S	LC
	褐柳莺 *Phylloscopus fuscatus*	A		T	LC
	黄眉柳莺 *Phylloscopus inornatus*	A		T	LC
	黄腰柳莺 *Phylloscopus proregulus*	A		T	LC
	冠纹柳莺 *Phylloscopus reguloides*	A		S	LC
雀形目 Passeriformes 树莺科 Cettiidae	强脚树莺 *Horornis fortipes*			R	LC
	棕脸鹟莺 *Abroscopus albogularis*			R	LC
雀形目 Passeriformes 长尾山雀科 Aegithalidae	银喉长尾山雀 *Aegithalos caudatus*	A		R	LC
	红头长尾山雀 *Aegithalos concinnus*	B		R	LC
雀形目 Passeriformes 莺鹛科 Sylviidae	棕头鸦雀 *Paradoxornis webbianus*	C		R	LC
	震旦鸦雀 *Paradoxornis heudei*	C		T	NT
雀形目 Passeriformes 绣眼鸟科 Zosteropidae	暗绿绣眼鸟 *Zosterops japonica*	B		R	LC
	红胁绣眼鸟 *Zosterops erythropleurus*		I	R	LC
雀形目 Passeriformes 噪鹛科 Leiothrichidae	黑脸噪鹛 *Garrulax perspicillatus*	B		R	LC
	山噪鹛 *Garrulax davidi*	A		R	LC
雀形目 Passeriformes 鹪鹩科 Troglodytidae	鹪鹩 *Troglodytes troglodytes*	A		R	LC

续表 11

目 Order 科 Family	种 Species	区系分布	保护级别	留居型	种群状态
雀形目 Passeriformes 椋鸟科 Sturnidae	灰椋鸟 *Sturnus cineraceus*	A		R	LC
	北椋鸟 *Sturnia stuninus*	A		T	LC
	丝光椋鸟 *Spodiopsar sericeus*			R	LC
	八哥 *Acridotheres cristatellus*			R	LC
雀形目 Passeriformes 鸫科 Turdidae	灰背鸫 *Turdus hortulorum*	A		T	LC
	乌灰鸫 *Turdus cardis*	A		T	LC
	宝兴歌鸫 *Turdus mupinensis*			W	LC
	红尾斑鸫 *Turdus naumanni*			T	LC
	斑鸫 *Turdus naumanni*	A		T	LC
	乌鸫 *Turdus mandarinus*			W	LC
	褐头鸫 *Turdus feae*			T	VU
雀形目 Passeriformes 鹟科 Muscicapidae	红喉歌鸲 *Luscinia calliope*	A		T	LC
	蓝喉歌鸲 *Luscinia svecica*	A		T	LC
	红胁蓝尾鸲 *Tarsiger cyanurus*	A		T	LC
	北红尾鸲 *Phoenicurus auroreus*	A		T	LC
	红腹红尾鸲 *Phoenicurus erythrogaster*	A		R	LC
	红尾水鸲 *Phyacornis fuliginosus*	C		R	LC
	黑喉石䳭 *Saxicola maurus*	C		T	LC
	白眉姬鹟 *Ficedula zanthopygia*			S	LC
	红喉姬鹟 *Ficedula parva*	A		T	LC
	乌鹟 *Muscicapa sibirica*		I	T	LC
	灰纹鹟 *Muscicapa griseisticta*			T	LC
	北灰鹟 *Muscicapa dauurica*			T	LC

续表 12

目 Order 科 Family	种 Species	区系分布	保护级别	留居型	种群状态
雀形目 Passeriformes 戴菊科 Regulidae	戴菊 *Regulus regulus*			W	LC
雀形目 Passeriformes 太平鸟科 Bombycillidae	太平鸟 *Bombycilla garrulus*		I	W	LC
	小太平鸟 *Bombycilla japonica*			W	LC
雀形目 Passeriformes 梅花雀科 Estrildidae	白腰文鸟 *Lonchura striata*	B		R	LC
雀形目 Passeriformes 雀科 Passeridae	山麻雀 *Passer rutilans*	C		S	LC
	麻雀 *Passer montanus*	C		R	LC
雀形目 Passeriformes 鹡鸰科 Motacillidae	山鹡鸰 *Dendronanthus indicus*	C		S	LC
	白鹡 *Motacilla alba*	C		S	LC
	灰鹡鸰 *Motacilla cinerea*	A		S	LC
	田鹨 *Anthus richarddi*	C		S	LC
	树鹨 *Anthus hodgsoni*	C		W	LC
	黄头鹡鸰 *Motacilla citreola*	C		T	LC
	黄鹡鸰 *Motacilla flava*	A		S	LC
	红喉鹨 *Anthus cervinus*	A		T	LC
	粉红胸鹨 *Anthus roseatus*	A		S	LC
	水鹨 *Anthus spinoletta*	A		S	LC
	黄腹鹨 *Anthus rubescens*	A		T	LC
雀形目 Passeriformes 燕雀科 Fringillidae	燕雀 *Fringilla montifringilla*	A		W	LC
	普通朱雀 *Carpodacus erythrinus*	A		T	LC
	北朱雀 *Carpodacus roseus*	A		W	LC
	黄雀 *Carduelis spinus*	A		W	LC
	金翅雀 *Carduelis sinica*	A		R	LC

续表 13

目 Order 科 Family	种 Species	区系分布	保护级别	留居型	种群状态
雀形目 Passeriformes 燕雀科 Fringillidae	黑尾蜡嘴雀 *Eophona migratoria*	A		R	LC
	黑头蜡嘴雀 *Eophona personata*	A		T	NT
	锡嘴雀 *Coccothraustes coccothraustes*			W	LC
雀形目 Passeriformes 鹀科 Emberizidae	黄眉鹀 *Emberiza chrysophrys*	A		W	LC
	三道眉草鹀 *Emberiza cioides*	A		R	LC
	白眉鹀 *Emberiza tristrami*	A		T	NT
	小鹀 *Emberiza pusilla*	A		R	LC
	白头鹀 *Emberiza leucocephalos*	A		W	LC
	田鹀 *Emberiza rustica*	A		S	LC
	黄喉鹀 *Emberiza elegans*	A		R	LC
	黄胸鹀 *Emberiza aureola*	A		T	EN
	灰头鹀 *Emberiza spodocephala*	A		R	LC
	苇鹀 *Emberiza pallasi*	A		R	LC

注:种群状态:LC 无危、EN 濒危、VU 易危;区系分布:A 古北界、B 东洋界、C 广布型;居留型:S 夏候鸟、W 冬候鸟、T 旅鸟、R 留鸟。

区系分布特征:该地区分布的鸟类共计有 292 种,其中属于古北界种类的有 149 种,约占总种数的 51.02%;属于东洋界种类的有 34 种,约占总种数的 12.78%;属于广布型种类的有 48 种,约占总种数的 18.05%,即该保护区分布的鸟类以古北界种类为主,东洋界种类最少。这一分布特征与淮河流域国家级自然保护区分布的鸟类区系特征有一定差异(淮河流域自然保护区分布的鸟类有 17 目 36 科 109 属,189 种及亚种:其中属于古北界种类的有 124 种,约占总数的 65.61%;属于东洋界种类有的 86 种,约占总数的 45.50%;属于广布型种类的有 37 种,约占总数的 19.58%)。

四、保护现状描述

保护区分布的鸟类共有292种,其中留鸟有83种,约占保护区总种类的28.42%;夏候鸟有90种,约占保护区总种类的30.82%;冬候鸟有23种,约占保护区总种类的7.88%;旅鸟有34种,约占保护区总种类的11.64%。特征描述如下。

(一)国家一级保护类

属于国家一级保护类的有12种。

1. 黑鹳 *Ciconia nigra*

形态特征:雌雄外形较为相似,成鸟的嘴长而直,底部较粗壮,尖端较细。鼻孔较小,呈裂缝状。幼鸟的头、颈和上胸呈褐色,颈和上胸具棕褐色斑点,上体、两翅和尾部均呈黑褐色,具有绿紫色光泽,翅覆羽、肩羽、尾羽等具淡皮黄褐色斑点,下胸、腹、两肋和尾下覆羽白色,胸和腹部中央微沾棕色,嘴、脚呈褐灰色或橙红色。

栖息环境:繁殖期在偏僻的森林及河谷与沼泽地带等栖息,冬季主要栖息于开阔的湖泊、河岸和沼泽地带,有时也出现在农田和草地中。

生活习性:在俄罗斯东部和中国繁殖的种群,主要迁到中国长江以南越冬;迁徙时常成10余只至20多只的小群,主要在白天迁徙。迁徙飞行主要靠两翼鼓动飞翔,有时也利用热气流进行滑翔。迁徙时间在中国主要在秋季9月下旬至10月初开始南迁,多在春季3月初至3月末到达繁殖地;在欧洲多在秋季8月末至10月离开繁殖地迁往越冬地,在春季3—5月到达繁殖地。主要以鲫鱼、泥鳅、条鳅等小型鱼类为食,也吃蛙、蜥蜴、虾、蟋蟀、金龟甲等节肢动物,还有啮齿类、小型爬行类、雏鸟等其他动物性食物。

繁殖:繁殖期4—7月,就巢于偏僻和人类干扰小的地方。在中国基本上可以分为3种,即森林、荒原和荒山。巢穴由干树枝筑成,内垫有苔藓、树叶、干草、动物毛等,巢呈圆形。雌雄亲鸟共同参与筑巢,雄鸟主要寻找和运输,雌鸟筑巢。3 月中下旬开始产卵,多数在 4 月中上旬产卵。幼鸟在 3—4 龄时性成熟。

分布:原产地有阿富汗、阿塞拜疆、白俄罗斯、中非共和国、中国。河南主要分布于在安阳,在安阳漳河峡谷湿地公园设立"中国黑鹳保护地"。

种群现状:黑鹳曾经是较常见的一种大型涉禽,但种群数量在全球范围内明显减少。黑鹳种群数量的减少原因主要是森林砍伐、沼泽湿地开垦、环境污染和恶化,主要食物如鱼类和其他小型动物来源减少,以及人类干扰和非法狩猎。

保护:列入《濒危野生动植物种国际贸易公约》附录Ⅰ。列入中国《国家重点保护野生动物名录》一级。

2. 白头鹤 *Grus monacha*

形态特征:大型涉禽类,灰衣素裳,头颈雪白,体长 92—97cm,体重 3284—4870g。通体大都呈石板灰色,眼睛前面和额部密被黑色的刚毛,头顶上的皮肤裸露无羽,呈鲜艳的红色,其余头部和颈上部为白色。两个翅膀为灰黑色,次级和三级飞羽延长,弯曲成弓状,覆盖于尾羽上,羽枝松散,似毛发状。虹膜深褐色,嘴黄绿色,胫的裸出部、跗跖和趾为黑色。

栖息环境:栖息于河流、湖岸边、沼泽中,也出现于泰加林的林缘和林中的开阔沼泽地上。

生活习性:春季迁徙时间多在 3 月末至 4 月末,到达繁殖地的时间多在 4 月末 5 月初;秋季从 10 月 11 日至 11 月 7 日迁徙,时间较为集中,到达越冬地的时间多在 11 月末。在中国内蒙古、乌苏里江流域繁殖,在长江下游越冬。主要以甲壳类、小鱼、软体动物、多足类及直翅目、鳞翅目、蜻蜓目等昆虫和幼虫为食,也吃苔草、眼子菜等植物嫩叶、块根,以及小麦、稻谷等植物性食物和农作物。

繁殖:繁殖期为 5—7 月,在 4 月下旬到 5 月上旬产卵,6 月初孵化。5 月下旬小鹤相继孵出,叨壳经 24 小时,雏鹤重 85—93.5g,孵出 3 天后的雏鹤可离巢30m活动，雄鹤带一只散步，雌鹤照看巢内的另一只。第5天2只雏鹤可跟双亲离巢走250m左右，第7天能在6km² 范围内觅食。8月下旬到9月底离开繁殖地南迁。

分布：中国分布于北京、河北、内蒙古、辽宁、吉林、黑龙江、上海、江苏、安徽、福建、江西、河南、湖北、贵州、云南。河南主要分布于郑州黄河湿地自然保护区。

种群现状：该物种的越冬地少于10个，面积小，数量少。物种数量在这些越冬地的大多数区域中已经呈下降趋势，栖息地被破坏的重大威胁导致数量很可能在不久的将来继续下降，因此被列为易危。

保护：列入《世界自然保护联盟濒危物种红色名录》2012年 ver3.1——易危(VU)。列入《濒危野生动植物种国际贸易公约》附录Ⅰ。

3. 东方白鹳 *Ciconia boyciana*

形态特征：大型涉禽，体态优美。长而粗壮的嘴十分坚硬，颜色为黑色，基部有淡紫红色。腿、脚甚长，为鲜红色。幼鸟和成鸟相似，但飞羽羽色较淡，呈褐色，金属光泽亦较弱。

栖息环境：主要栖息于平原、草地和沼泽，有时也栖息在远离居民区的水稻田地带。

生活习性：繁殖期成对活动，其他季节群体活动。觅食时边走边啄食。休息时常立于水边，颈缩成"S"形。食物中鱼类占大部分，冬季和春季采食植物种子、苔藓和少量的鱼类；夏季以鱼类为主，也吃其他动物性食物；秋季还捕食蝗虫，常吃一些沙砾来帮助消化食物。

繁殖：繁殖期4—6月。每年3月到达中国东北繁殖地。产卵时间在4月中旬。产卵4—5枚。雏鸟被有白色绒羽，嘴为橙红色，55日龄时可短距离飞翔。笼养条件下寿命可达48年以上。

分布：中国分布于黑龙江、吉林。河南主要分布于平顶山汝河宝丰段湿地。

种群现状:东方白鹳在1868—1995年,由于非法狩猎等原因,数量逐渐减少。朝鲜、韩国的繁殖种群于20世纪70年代初灭绝。俄罗斯远东地区和中国东北黑龙江、吉林有3000只左右。1994年在湖北武汉沉湖发现的900多只,是截至2012年发现的最大群体。

保护:列入中国《国家重点保护野生动物名录》一级。

4. 青头潜鸭 *Aythya baeri*

形态特征:雄鸟头颈呈黑色,并具绿色光泽,眼白色。上体黑褐色,下背和两肩杂以褐色虫蠹状斑,初级飞羽羽端和外侧暗褐色,第1枚初级飞羽内侧近灰色,以后至第4枚灰白色,第5枚开始整个初级飞羽全为灰白色,仅端部黑褐色。幼鸟和雌鸟相似,但体色较暗,头颈为暗皮黄褐色,胸红褐色,腹白色,缀有褐色,两肋前面白色更明显。雄鸟虹膜白色,雌鸟褐色或淡黄色;嘴深灰色,嘴基和嘴甲黑色,跗跖铅灰色。

栖息环境:主要栖息在有水生植物的湖中,出入山区湖泊沼泽地带。不喜欢水流湍急的河流。

生活习性:青头潜鸭为迁徙性鸟类。每年3月中旬从南方越冬地迁往北方繁殖;秋季于10月中旬开始迁往南方,少数迟至11月初。迁徙时集成10余只的小群飞行,队形常呈楔形,飞行高度一般不高,多呈低空飞行。主要以各种水草的根、叶、茎和种子等为食,也吃软体动物、水生昆虫、甲壳类、蛙等动物性食物。觅食方式主要是潜水,但也能在水边浅水处直接伸头摄食。

繁殖:繁殖期为5—7月,也有少数迟至8月初。营巢于水边地上草丛中或水边浅水处芦苇丛和蒲草丛中。巢用干草构成,每窝产卵6—9枚。卵为淡黄色或淡褐色,大小为(27—40)mm×(50—55)mm。雌鸟孵卵,雄鸟在雌鸟开始孵卵后即离开雌鸟前往换羽地换羽。孵化期27天。雏鸟雌性成性,孵出后不久即能跟随亲鸟活动和觅食。大约经过150多天的雏鸟期生活后即能飞翔。

分布:中国主要繁殖于黑龙江、内蒙古及河北东北部等地区,越冬在长江中下游及福建、广东等沿海地区,偶尔飞到台湾。河南主要分布于民权县黄河故道国家湿地。

种群现状:由于过度狩猎和生境恶化,繁殖和越冬的湿地被破坏等原因,总体数量在下降。

保护:列入《世界自然保护联盟国际鸟类红皮书》2009 年 ver3.1——濒危(EN)。

5. 白鹤 *Grus leucogeranus*

形态特征:体长约 160cm,翼展约 240cm,体重约 10kg。雏鸟绒羽呈黄褐色,肩部为乳白色,嘴、腿均是肉红色,成年后羽毛洁白,10 个月后头顶部出现红色。白鹤的骨骼外坚内空,有利于迁徙。

栖息环境:栖息于平原沼泽草地。在浅水湿地处出现率最高。喜欢大面积的淡水和开阔的视野。

生活习性:在中国为冬候鸟和旅鸟。秋天在南方越冬,春季离开。以植物、动物性为食。

繁殖:从 5—6 月中旬产卵,每窝 2 枚。卵橄榄色,孵化期 27 天,70 — 75 日龄长出飞羽,90 日龄能够飞翔。

分布:主要分布在东北、河北、安徽、山东、河南等。河南主要分布于内乡湍河湿地、平顶山汝河宝丰段湿地。

种群现状:白鹤栖息地被破坏。人类是主要原因。

保护:列入《世界自然保护联盟濒危物种红色名录》2012 年 ver3.1——极危(CR)。列入《濒危野生动植物种国际贸易公约》附录Ⅰ。

6. 丹顶鹤 *Grus japonensis*

形态特征:丹顶鹤具备鹤类的特征,即三长——嘴长、颈长、腿长。大型涉禽,全长约 120cm。颈部和飞羽后端为黑色,全身羽毛为纯白。头顶部分鲜红色。次级和三级飞羽黑色,延长弯曲呈弓状。

栖息环境:栖息于开阔沼泽地带,出现于农田。

生活习性:成对或结小群,迁徙时集大群,日行性,性机警,活动或休息时均有鸟作哨兵。成鸟每年换羽2次,春季换成夏羽,秋季换成冬羽,属于完全换羽,会暂时失去飞行能力。鸣声非常嘹亮,作为明确领地的信号,也是发情期交流的重要方式。

入秋后,从东北繁殖地迁飞南方越冬。只有在日本北海道是当地留鸟,不进行迁徙,这可能与冬季当地人有组织地投喂食物、食物来源充足有关。迁徙时,成群结队迁飞,而且排成"人"字形,"人"字形的角度是110°。更精确的计算还表明"人"字形夹角的1/2——每边与鹤群前进方向的夹角为54°44′8″(与金刚石结晶体的角度相同)。

繁殖:繁殖期4—6月。一雌一雄制。3月末4月初,开始配对和占领巢域。巢较简陋,呈浅盘状。每窝产卵2枚为椭圆形,苍灰色,寿命可达50—60年。

分布:中国分布于内蒙古、吉林、辽宁、河北、河南黄河故道、山东日照、云南昭通、香格里拉。河南分布于鹤壁淇河国家湿地。

种群现状:以湿地环境作为栖息地,对湿地变化最为敏感。由于人口的不断增长,栖息地越来越少。保护丹顶鹤的生存环境为人们所关注。中国建立的丹顶鹤自然保护区超过18个,保护工作取得了很大的进展。

保护:列入《濒危野生动物植物种国际贸易公约》附录Ⅰ。

7. 金雕 *Aquila chrysaetos*

形态特征:大型猛禽,头顶黑褐色,羽基呈暗赤褐色,羽端呈金黄色,下体颜、喉和前颈呈黑褐色,羽基呈白色;胸、腹亦为黑褐色,羽轴纹较淡,覆腿羽具赤色纵纹。幼鸟和成鸟大致相似,但体色更暗。

栖息环境:生活在草原、荒漠、河谷,特别是高山针叶林中。

生活习性:通常单独或成对活动。善于翱翔和滑翔。捕食的猎物有数十种之多,如雁鸭类、雉鸡类、松鼠、狍子、旱獭、野兔等。

分布:原产阿富汗、阿尔巴尼亚、阿尔及利亚、奥地利、阿塞拜疆、白俄罗斯、加拿大、中国、克罗地亚、捷克共和国、法国、格鲁吉亚、德国、希腊、匈牙利、印度、伊朗伊斯兰共和国、俄罗斯、沙特阿拉伯、塔吉克斯坦、突尼斯、土耳其、乌克兰、美国、乌兹别克斯坦、西撒哈拉、也门等。中国分布较广。河南洛阳曾有发现。

繁殖:繁殖较早,筑巢于针叶林、杨树及柞树等乔木之上,距地面高度为10—20m。巢由枯树枝堆积成盘状,结构十分庞大,外径近2m,高达1.5m,巢内铺垫细枝松针、草茎、毛皮等物。有时还要筑一些备用的巢,以防万一,最多的竟有12个之多。也有利用旧巢的习惯,每年使用前要进行修补,有的巢可以沿用好多年,因此巢也变得越来越大,最大的“巨巢”就像一座房子一样构筑在大树的顶部。

种群现状:该物种分布范围广,种群数量趋势稳定。

保护:列入《濒危野生动植物种国际贸易公约》附录Ⅲ。列入《中国濒危动物红皮书:鸟类》易危种。

8. 白尾海雕 *Haliaeetus albicilla*

形态特征:头、颈淡黄褐色或沙褐色,具暗褐色羽轴纹,前额基部尤浅;肩部羽色亦稍浅淡,多为土褐色,并杂有暗色斑点;后颈羽毛较长,为披针形;背以下上体暗褐色,腰及尾上覆羽暗棕褐色,具暗褐色羽轴纹和斑纹,尾上覆羽杂有白斑,尾较短,呈楔状,纯白色,翅上覆羽褐色,呈淡黄褐色羽缘,飞羽黑褐色。幼鸟嘴黑色,尾和体羽褐色。不同年龄的亚成体,在羽色深浅和斑纹多少上亦有所不同,特别在下体。

栖息环境:栖息于湖泊,繁殖期间在森林地区的开阔湖泊与河流地带休息。

生活习性:白天活动,在大的湖面和海面上空飞翔,飞翔时两翅平直,常轻轻扇动飞行一阵后接着又是短暂的滑翔,有时亦能快速地扇动两翅飞翔。中国黑龙江省和内蒙古大兴安岭地区为夏候鸟,其他地区为冬候鸟或旅鸟。

响亮的吠声“klee—klee—klee—klee”，似小狗或黑啄木鸟叫声。以鱼为食，也捕食鸟类和中小型哺乳动物。

繁殖：繁殖期为4—6月。通常营巢于湖边、河岸或附近的高大树上。巢位和巢都非常固定，在无干扰的情况下，一个巢可使用很多年，在欧洲甚至发现有使用长达26年和30年的，但每年都需要进行维修和增加新的巢材，因此虽然初建的巢直径不过1m左右，但随着使用年限的增加，巢的结构也越来越庞大，有的直径达2m，高达1—1.5m。

分布：中国仅有指名亚种，分布于北京、湖北、广东、四川、西藏、甘肃、青海、宁夏、新疆等。河南郑州曾有发现。

种群现状：由于人为因素，种群数量明显减少。但该物种分布范围广，数量稳定，被评为无生存危机的物种。

保护：分布于中国境内的指名亚种列入中国《国家重点保护野生动物名录》一级。

9. 大天鹅 *Cygnus cygnus*

形态特征：为大型禽类，寿命可达8年。羽毛为雪白色，雌性头棕黄色。嘴端、蹼、爪为黑色。幼鸟身上是灰棕色羽毛，嘴呈暗肉色。

栖息环境：繁殖期栖息在食物丰富的浅水水域，冬季栖息在多草的大型湖泊、水库和开阔的农田地带。

生活习性：每年9月中下旬往越冬地迁徙，10月下旬至11月初到达越冬地。次年2月末3月初又离，3月末4月初到达繁殖地。喜欢群居。胆小，警惕性高。以水生植物叶、种子和根茎为食。

分布：中国分布于新疆、甘肃、云南、陕西、台湾和香港等地区。河南呈带状分布于大坝以上，一直到灵宝鼎湖湾、杨家湾近百里的黄河湿地。

繁殖：繁殖期5—6月。在大的水域岸边干燥地上。雌鸟独自营巢、单独孵卵，雄鸟在巢附近警戒。

种群现状：由于过度狩猎，种群数量急剧减少，格陵兰岛已经绝灭；全球各国加强了对大天鹅的保护后数量明显增加。

保护:列入中国《国家重点保护野生动物名录》一级。列入《中国濒危动物红皮书》渐危(1989)。

10. 大鸨 *Otis tarda*

形态特征:雌雄体形、羽色相近,雌鸟较小。喉侧无胡须状物。虹膜暗褐色,嘴铅灰色,端部黑色;腿和趾灰褐色或绿褐色,爪黑色。幼鸟与雌鸟外形相似,颜色较淡。

栖息环境:栖息平原、干湿草地、农田中活动。

生活习性:机警,善奔走,同性别、同年龄集群活动,雌雄群相隔一定的距离。主要吃植物、动物性食物,幼鸟主要吃动物性食物。

繁殖:每年4月中旬开始繁殖,产1窝卵,孵化期31—32天,雌雄比约为2.5:1,雌鸟4岁性成熟,雄鸟5岁性成熟。为多配和混配。雌鸟有社会等级。混配体系为每只雌鸟和1只以上的雄鸟交配,混配体系较为常见。

分布:在中国均有分布,河南分布于黄河湿地孟津段。

种群现状:分布很广,但种群数量在世界范围内的普遍下降,在中国已 经变得相当稀少,估计总数仅有300—400只。

保护:列入《世界自然保护联盟濒危物种红色名录》2012年 ver3.1——低危(LC)。列入《中国濒危动物红皮书:鸟类》稀有物种。

11. 长耳鸮 *Asio otus*

形态特征:中型鸟类,体长33—40cm。面盘白色杂有黑褐色,两侧为棕黄色,前额白褐色相杂。虹膜橙红色,嘴和爪呈暗铅色,尖端黑色。

栖息环境:栖息各种类型的森林中,或城市林地中。

生活习性:夜间活动。以动物性食物为主。

分布:在青海西宁、新疆喀什、天山等为留鸟,在黑龙江、吉林、辽宁、内蒙古东部、河北东北部等地为夏候鸟;而从河北、北京往南,直到西藏、广东,以及东南沿海等各省均为冬候鸟。河南分布于太行山、伏牛山、大别山一带。

繁殖:繁殖期为4—6月,繁殖期为4—6月,多鸣叫。夜间求偶,就巢于森林树洞。每窝 产卵4—6枚。卵白色,圆形,大小为(39—45)mm×(32—35)mm,平均大小为43mm×33mm,平均重19.6g。雌鸟孵卵,孵化期为27—28天,雏鸟晚成性,孵出45—50天后离巢。

种群现状:数量稳定,为无生存危机的物种。

保护:列入中国《国家重点保护野生动物名录》一级。

12. 秃鹫 *Aegypius monachus*

形态特征:秃鹫体形大,是高原上体格最大的猛禽,其翼展有约2m,约0.6m宽(大者可达3m以上)。上体自背至尾上覆羽暗褐色,尾略呈楔形、暗褐色,羽轴黑色,初级飞羽黑褐色,具金属光泽,翅上覆羽和其余飞羽暗褐色。下体暗褐色,前胸密被黑褐色毛状绒羽,两侧各具一束蓬松的矛状长羽,腹缀有淡色纵纹,肛周及尾下覆羽淡灰褐色或褐白色,覆腿羽暗褐色至黑褐色。

栖息环境:栖息范围较广,在西班牙森林地区栖息于300—1400m的丘陵和山区;在亚洲占据干旱和半干旱高寒草原,可生活在海拔高达2000—5000m以上的高山,栖息于高山裸岩上。主要栖息于低山丘陵荒岩草地、山谷溪流和林缘地带,冬季偶尔在村庄、牧场、草地及荒漠和半荒漠地区。

生活习性:在猛禽中,秃鹫的飞翔能力比较弱,其滑翔能力强。常单独活动,偶尔也成3—5只小群,最大群可达10多只,特别在食物丰富的地方多见。白天活动,常在高空悠闲地翱翔和滑翔,有时也低空飞行。翱翔和滑翔时双翅平伸,初级飞羽散开呈指状,翼端微向下垂。休息时多站于突出的岩石、电线杆或树顶枯枝上。

多以哺乳动物的尸体为食,同时主要以大型动物的尸体和其他腐烂动物为食,被称为“草原上的清洁工”。偶尔也沿山地低空飞行,主动攻击中小型兽类、两栖类、爬行类和鸟类,有时也袭击家畜。秃鹫在争食时,身体的颜色会发生一些有趣的变化,平时面部暗褐色、脖子铅蓝色,当啄食动物尸体的时候,面部和脖子就会出现鲜艳的红色,这是在警告其他秃鹫。

分布:中国广泛分布于各省区。在新疆西部、青海南部及东部、甘肃、宁夏、内蒙古西部、四川北部繁殖。河南主要分布于嵩山。

繁殖:繁殖期3—5月。通常营巢于森林上部,也在裸露的高山地区营巢。巢多筑在树上,偶尔也筑于山坡或悬崖边岩石上。巢域和巢位都较固定,一个巢可以用很多年,但每年都要对旧巢进行修理,因而巢会随着时间推移变得极为庞大。通常刚建的新巢直径为1.3—1.4m、高约0.6m,而到后来直径竟达2m以上、高超过1m。巢呈盘状,主要由枯树枝构成,内放有细的枝条、草、叶、树皮、棉花和毛。巢距地不高,通常为6—10m。交配在巢上进行,伴随着交配发出呻吟声。每窝通常产卵1枚,雏鸟晚成性,生长极慢,通常在亲鸟喂养下经过90—150天的巢期生活才能离巢。

种群现状:世界范围内,秃鹫的种群数量明显在减少,在欧洲不少地方已经消失,全球数量估计有7200—10000对,包括欧洲1700—1900对和亚洲5500—8000对(2004年统计)。在韩国估计有50—10000对越冬(2009年统计)。在西班牙仅有大约365对,土耳其约100对。

保护:列入中国《国家重点保护野生动物名录》一级。

(二)国家二级保护类

属于国家二级保护种类的有41种。

1. 红腹锦鸡 *Chrysolophus pictus*

形态特征:雄鸟的额和头顶羽毛延长成丝状,形成金黄色羽冠被覆于后颈上。脸、颏、喉和前颈锈红色,后颈围以具有蓝黑色羽端的橙棕色扇状羽形呈披肩状。上背浓绿色,羽缘绒黑色;下背、腰和短的尾上覆羽深金黄色,羽支离散如发。下体自喉以下纯深红色,羽支离散如发。肛周淡栗红色。雄鸟跗具1个短距,眼下裸出部呈淡黄色小肉垂。

栖息环境:栖息于海拔500—2500m的灌丛、岩石陡坡的矮树丛和竹丛地带,冬季也常到林缘草坡、耕地。

生活习性:成群活动,特别是秋冬季,有时集群多达30余只,春、夏季亦见单独或成对活动的。性机警,胆怯怕人。听觉和视觉敏锐,稍有声响,立刻逃遁。当危险尚远时,多在地下急速奔跑逃窜;当危险迫近时,则多急飞上树隐没。通常不群栖于一树,而是分别栖于邻近的几棵树上。

主要以野豌豆、野樱桃、青蒿、蕨叶、悬钩子、蔷薇、箭竹、华山松种子、稠李、杜鹃、雀麦、栎树、茅栗和青冈子等植物的叶、芽、花、果实和种子为食,也吃小麦、大豆、玉米、四季豆等农作物。此外也吃甲虫、蠕虫、双翅目和鳞翅目昆虫等动物性食物。常常在林中边走边觅食,早晚亦到林缘和耕地中觅食。

繁殖:繁殖期4—6月。一雄多雌制,通常1只雄鸟与2—4只雌鸟交配。3月下旬雄鸟即出现求偶行为,雄鸟间亦常发生激烈的争斗开始占区。雄鸟常在自己的领域内频繁鸣叫,尤其是早晨,常发出单调的“cha,cha,cha”声。巢简陋,仅为1个椭圆形浅土坑,内垫以树叶、枯草和羽毛,巢的直径(16—23)cm×(16—17)cm,深6.5—10cm。每窝产蛋5—9枚,蛋椭圆形,浅黄褐色、光滑无斑,蛋的大小据14枚蛋的测量为(41.0—51.4)mm×(30.0—37.3)mm,重24.4—27.3g。

分布:中国特有种,分布于中国青海、甘肃、湖北、云南、贵州、湖南、广西。

种群现状:该物种分布范围广,数量稳定,无生存危机。

保护:列入中国《国家重点保护野生动物名录》二级。

2. 角䴙䴘 *Podiceps auratus*

形态特征:中型游禽。冠羽与延伸过颈背,前颈及两肋呈深栗色,上体多呈黑色。冬羽头顶、后颈和背呈黑褐色;颏、喉、前颈、下体和体侧白色,具白色翼镜。脚呈黑蓝或灰色。

栖息环境:栖息在开阔平原上的湖泊、沼泽地等。

生活习性:游泳时亲鸟常将雏鸟置于背部;结小群活动。以各种水生动物、水生植物为食。

繁殖:4—8月繁殖,6月产卵。巢建好后,产3—8枚卵,双亲轮流孵化。

经过22—25天孵化期，幼鸟出壳。

分布：中国分布于新疆、东北、河北、河南、山东，冬迁至长江下游福建和台湾。河南主要分布在新乡黄河湿地。

种群现状：人类干扰影响种群数量。在加拿大，掠食动物对其构成威胁。

保护：列入《世界自然保护联盟濒危物种红色名录》2015年ver3.1——易危（VU）。

3. 黄爪隼 *Falco naumanni*

形态特征：雌鸟前额为污白色，微缀纤细的黑色羽干纹；眼上有1条白色眉纹；头顶、头侧、后颈、颈侧、肩、背及双翅覆羽棕黄色或淡栗色，其中头顶至后颈具黑褐色羽干纹；背和肩具黑褐色横斑，腰和尾上覆羽淡蓝色，具细而不甚明显的灰褐色横斑；初级飞羽黑褐色，内翈具白色横斑，外翈具淡褐色端缘；次级飞羽黑褐色，具棕色斑点和横斑。腰和尾上覆羽淡棕色，缀淡褐色横斑；中央尾羽蓝灰色，仅具宽阔的黑色次端斑；外侧尾羽淡肉桂色或棕色，具黑褐色横斑和宽阔的黑褐色次端斑，其余似雌鸟。虹膜暗褐色，嘴铅蓝灰色，基部淡黄色，蜡膜和眼周裸露皮肤橙黄色，脚趾黄色，爪粉黄色或苍白色。

栖息环境：栖息于开阔地带，在中国天山地区海拔3000m以上的山地，喜欢在荒原地区活动。

生活习性：在中国黄爪隼较为罕见。它也是迁徙旅程最远的猛禽之一。性情极为活跃，大胆而嘈杂，多成对和成小群活动。常在空中飞行，并频繁地进行滑翔。叫声尖锐。以大型昆虫、脊椎动物为食。

繁殖：繁殖期为5—7月。营巢于山区河谷悬崖峭壁上的凹陷处或岩石顶端的岩洞或碎石中，也有在大树洞中营巢的。通常每窝产卵4—5枚，偶尔有多至7枚和少至3枚的。卵的颜色为白色或浅黄色，被有砖红色或红褐色斑点。卵的大小为（32—38）mm×（26—31）mm，雄鸟和雌鸟轮流孵化，但以雌鸟为主，雄鸟仅在白天偶尔替换雌鸟。孵化期为28—29天。雏鸟晚成性，孵出后主要由雄鸟觅食饲喂，大约经过26—28天的巢居生活后可飞翔和离巢。

分布：全球多地。在奥地利、捷克、斯洛伐克和斯洛文尼亚已灭绝，游荡于比利时。在中国繁殖于新疆西部及北部，内蒙古赤峰，乌拉特中旗和后旗，河北中部和西部，越冬于云南西部，迁徙期间偶见于吉林和辽宁。河南主要分布在信阳罗山。

种群现状：欧洲种群估计有50000—84000只，有一半数量位于西班牙，中亚有数千只个体。该物种分布范围广，种群数量处于稳定趋势，被评为无生存危机的物种。

保护：列入《濒危野生动植物种国际贸易公约》附录Ⅱ。列入中国《国家重点保护野生动物名录》二级（2021）。

4. 红隼 *Falco tinnunculus*

形态特征：雄鸟具纤细的黑色羽干纹；前额、眼先和细窄的眉纹呈棕白色。背、肩和翅上覆羽呈砖红色，具近似呈三角形的黑色斑点；雌鸟上体棕红色，头顶至后颈及颈侧具粗壮的黑褐色羽干纹；胸、腹和两肋具黑褐色纵纹，覆腿羽和尾下覆羽呈乳白色；幼鸟似雌鸟，但上体斑纹较粗著。虹膜呈暗褐色。

栖息环境：栖息于有稀疏树木生长的旷野、河谷和农田地区。

生活习性：中国北部繁殖的种群为夏候鸟，南部繁殖种群为留鸟。白天猎食，以地面上小的型脊椎动物、昆虫为食。

分布：全球广泛分布。中国主要分布于北京、河北、山东、河南、湖北。河南主要分布在周口。

繁殖：繁殖期5—7月。通常营巢于悬崖、山坡岩石缝隙、土洞、树洞。巢穴较简陋。每窝通常产卵4－5枚，卵呈白色或赭色，密被红褐色斑。孵卵主要由雌鸟承担，雄鸟偶尔替换雌鸟孵卵，孵化期28—30天。雏鸟全身被有细薄的白色绒羽。雏鸟由雌雄亲鸟共同喂养。

种群现状：该物种分布范围广，种群数量趋势稳定，因此被评为无生存危机的物种。

保护：列入《世界自然保护联盟濒危物种红色名录》2012 年 ver3.1——低危（LC）。

5. 红脚隼 *Falco amurensis*

形态特征：体长 26—30cm，重 124—190g。雄鸟、雌鸟及幼鸟体色有差异。雄鸟上体大都为石板黑色；颏、喉、颈、侧胸、腹部淡石板灰色，胸上有黑褐色羽干纹；肛周、尾下覆羽及覆腿羽棕红色。雌鸟上体大致为石板灰色，具黑褐色羽干纹，下背、肩具黑褐色横斑；颏、喉、颈侧乳白色，其余下体淡黄白色或棕白色，胸部具黑褐色纵纹，腹中部具点状或矢状斑，腹两侧和两肋具黑色横斑。幼鸟和雌鸟相似，但上体较褐，具宽的淡棕褐色端缘和显著的黑褐色横斑；下体棕白色，胸和腹纵纹为明显；肛周、尾下覆羽及覆腿羽淡黄色。虹膜暗褐；嘴黄，先端石板灰；跗和趾橙黄色，爪淡白黄色。虹膜褐色；嘴灰色，蜡膜橙红；脚橙红。

栖息环境：主要栖息于开阔地区，尤其喜欢具有稀疏树木的平原、丘陵地区。

生活习性：多白天单独活动，主要以昆虫、小型脊椎动物为食，害虫占其食物的 90% 以上，在消灭害虫方面发挥着重要作用。

分布：中国几乎分布于全国各地。河南主要分布在鲁山县，河南省中西部，伏牛山一带。

繁殖：繁殖期为 5—7 月。经常强占喜鹊巢，有时也自己营巢，通常营巢于疏林中高大乔木树的顶枝上。巢近似球形，有顶盖，侧面有两个出口，口径约为 17mm。巢距地面的高度为 6—20m，主要由落叶松、柞树、刺槐等树木的干树枝构成。每窝产卵 4—5 枚，但以 4 枚居多。卵椭圆形，白色，密布红褐色斑点，看起来像红褐色。卵的大小平均为 37mm × 30mm，重 14—19g。孵卵由亲鸟轮流进行，孵化期为 22—23 天。雏鸟晚成性，孵出后由亲鸟共同抚养 27—30 天后离巢。在我国，春季 4—5 月迁徙到北方繁殖，秋季 10—11 月离开繁殖地越冬。

种群现状:该物种分布范围非常广,种群数量趋势稳定,因此被评为无生存危机的物种。

保护:列入中国《国家重点保护野生动物名录》二级。

6. 灰背隼 *Falco columbarius*

形态结构:小型猛禽。前额、眼先、眉纹、头侧、颊和耳羽均为白色。上体的颜色浅淡,雄鸟呈淡蓝灰色,具黑色羽轴纹。颊部、喉部为白色,下体为淡棕色具有粗壮的棕褐色羽干纹。虹膜暗褐色,嘴铅蓝灰色。

栖息环境:栖息于开阔地带,也见于荒山河谷、平原旷野、草原灌丛和开阔的农田草坡地区。

生活习性:常单独活动,叫声尖锐。休息时在地面上或树上。警告时发出一连串快速上升的尖厉刺耳叫声。幼鸟乞食声为“yeee—yeee”。主要以小型鸟类、鼠类和昆虫等为食,也吃蜥蜴、蛙和小型蛇类。

繁殖:繁殖期为5—7月。通常营巢于树上或悬崖岩石上。巢的结构较为简陋,由枯枝构成,浅盘状。卵呈砖红色,有暗红褐色斑点。由亲鸟轮流孵卵,孵化期为28—32天。

分布:全球分布较广。中国分布于北京、河北、河南、湖北、广东、广西、四川、云南、陕西、甘肃、青海、新疆和西藏等地。河南主要分布在汝州市国家森林公园、高乐山一带。

种群现状:该物种分布范围非常广,种群数量趋势稳定,因此被评为无生存危机的物种。

保护:列入《中国国家重点保护野生动物名录》二级。

7. 燕隼 *Falco subbuteo*

形态特征:小型猛禽。上体为暗蓝灰色,有一个细细的白色眉纹。尾羽为灰色或石板褐色。虹膜黑褐色;眼周和蜡膜黄色;嘴蓝灰色,尖端黑色;脚、趾 黄色,爪黑色。

栖息环境:栖息于有树木生长的开阔平原地带,也到村庄附近,很少出现在浓密的森林和没有树木的荒原中。

生活习性:常单独或成对活动。停息时大多在高处。在空中捕食。主要是昆虫。

分布:全球广泛分布。河南主要分布在孟州、董寨。

种群现状:该物种分布范围非常广,种群数量趋势稳定,因此被评为无生存危机的物种。

保护:列入《濒危野生动植物种国际贸易公约》附录Ⅱ。列入中国《国家重点保护野生动物名录》二级。

8. 猎隼 *Falco cherrug*

形态特征:体长278—779mm,重510—1200g。颈背偏白,头顶浅褐。上体多呈褐色而略具横斑。下体满布黑色纵纹。

栖息环境:栖息于山地、丘陵、河谷和山脚平原地区。

生活习性:为罕见季候鸟,多单个活动,在旷野和山丘地带活动。主要以动物为食。

繁殖:繁殖期为4—6月。大多在人迹罕见的悬崖峭壁上的缝隙中或者树上营巢,由枯枝等构成。卵呈赭黄色或红褐色。雄鸟和雌鸟轮流孵卵,孵化期为28—30天 。

分布:全球范围内分布于中欧、北非、印度北部、中亚至蒙古及中国北方。河南主要分布在沁阳市天鹅湖生态园,中牟县。

种群现状:猎隼易于驯养,经驯养后是很好的狩猎工具,历史上就有猎手驯养猎隼。在某些国家,驯养隼类是一种财富和身份的象征。因此,有一些不法分子非法捕捉猎隼,给该物种造成了较大威胁,导致其种群数量下降。

保护:列入《世界自然保护联盟濒危物种红色名录》2012年ver3.1——濒危(EN)。列入中国《国家重点保护野生动物名录》二级。

9. 游隼 *Falco peregrinus*

形态特征：中型猛禽。头顶和后颈呈蓝灰色到黑色，有的缀有棕色；背、肩蓝灰色，具黑褐色羽干纹和横斑，腰和尾上覆羽亦为蓝灰色；幼鸟上体呈暗褐色 或灰褐色。

栖息环境：栖息于山地、丘陵、河流、沼泽与湖泊沿岸地带，也到开阔的农田、耕地和村屯附近活动。也有的在繁殖期后四处游荡。

生活习性：游隼一部分为留鸟，另一部分为候鸟。它以飞行猎杀为主要捕食方式，可以搏击小型哺乳动物、鸟类、爬行动物等。通常在清晨或黄昏时狩猎，能够以 322km/h 的速度俯冲抓猎物。主要捕食野鸭、鸥、鸠鸽类、乌鸦和鸡等中小型动物。

繁殖：繁殖期为 4—5 月。在干燥而岩石密集的地方筑巢，巢多为由小条状、草屑和岩石粘结而成的平板状结构。在巢内卵的孵化期通常为 30—35 天。年轻的游隼在孵化后需要靠母鸟带食和保暖，经过约 30 天后，它们会开始学习如何在天空中狩猎。

分布：共分化为 18 个亚种，中国分布有 4 个亚种。中国分布于河南、陕西、甘肃、宁夏、内蒙古、黑龙江、辽宁、吉林、河北、山东等省区。河南主要分布在漯河市沙河国家湿地公园。

种群现状：在全球范围内，游隼受到严重的威胁，数量正在急剧下降。在美国，游隼被认为已濒临绝迹，许多科学家正全力以赴投入对其的拯救和保护工作。

保护：列入中国《国家重点保护野生动物名录》二级。

10. 黑翅鸢 *Elanus caeruleus*

形态特征：两性相似。眼先和眼上有黑斑，前额白色，到头顶逐渐变为灰色。整个下体和翅下覆羽白色，外侧飞羽下表面呈黑色，具淡色尖端。跗跖前面一半被羽，另一半裸露。平尾，中间稍凹，呈浅叉状。幼鸟头顶褐色，具宽的白色羽缘。上体更褐，亦具宽阔的白色羽缘；翅覆羽黑灰色，亦具白色羽缘;胸部羽毛具窄的褐色羽轴纹,羽缘缀有茶褐色或灰色,其余似成鸟。

栖息环境:栖息于开阔原野、农田、疏林和草原地区,从平原到高山均有栖息。

生活习性:多数地区系留鸟不迁徙,在云南省为留鸟,在浙江、广西、河北为夏候鸟。春季于4—5月到达繁殖地,秋季于10—11月离开繁殖地。常单独在早晨和黄昏活动,白天常见停息在大树树梢或电线杆上。间或也鼓翼飞翔,双翅煽动较轻,相当轻盈。叫声细而尖,似"Kyuit"或"knee"。主要以田间鼠类、昆虫、小鸟、野兔和爬行类为食。

繁殖:营巢于高处。巢较松散而简陋,主要由枯树枝构成,有时垫有细草根和草茎,或无任何内垫物。每窝产卵3—5枚,白色或淡黄色,具深红色或红褐色斑,呈卵圆形,大小为(36—42)mm×(29—32)mm,平均39mm×31mm。孵出后雌雄亲鸟共同喂养,30—35天后可飞翔离巢。

分布:全球分布较广。河南主要分布在郑州黄河湿地、鹿邑涡河湿地。

种群现状:该物种分布范围广,种群数量趋势稳定,因此被评为无生存危机的物种。

保护:列入《濒危野生动植物种国际贸易公约》附录Ⅱ。列入中国《国家重点保护野生动物名录》二级(1989)。

11. 乌雕 *Clanga clanga*

形态结构:中大型猛禽。通体为暗褐色,背部略微缀有紫色光泽。尾羽短而圆,基部有一个"V"字形白斑和白色的端斑,与草原雕不同。虹膜为褐色,嘴黑色,基部较浅淡;幼鸟翼上及背部具有明显的白色点斑及横纹。其尾上覆羽均具白色的"U"形斑,飞行时从上方可见。尾比金雕或白雕、肩雕短。飞行时双翅宽长而平直,双翅不上举。

栖息环境:栖息于森林中,有时沿河谷进入针叶林带。迁徙时栖于开阔地区。

生活习性:留鸟。白天活动,性情孤独,常长时间站立于树梢上,有时在林缘和森林上空盘旋。叫声音调较低而清晰。觅食多在林间空地、沼泽、河流和湖泊地区，主要以小型动物为食，有时也吃动物尸体和大的昆虫。

繁殖：繁殖期为5—7月。营巢于森林中松树、槲树或其他高大的乔木树上，巢距地面的高度为8—20m左右，有时甚至高达25m以上。巢的结构较为庞大，主要由枯树枝构成，里面垫有细枝和新鲜的小枝叶，结构较为简陋，为平盘状。每窝产卵1—3枚，通常为2枚。卵大小为(68.7±5.69)mm×(54.8±2.67)mm，重84—96g。卵白色，被有红褐色斑点。第一枚卵产出后即开始孵卵，由雌鸟单独承担，孵化期42—44天。雏鸟晚成性，被有污白色绒羽，大约60—65天后离巢。

分布：全球范围内分布于欧洲东部，非洲东北部，亚洲东部、包括中国大部分地区。河南主要分布在许昌、濮阳。

种群现状：其致危的主要因素是多年来森林被砍伐、人类经济活动频繁。20世纪的60年代长白山原始森林状态保持很好，从1970年以后，除自然保护区以外，森林已被砍伐殆尽，其栖息环境被破坏，广阔的取食地也不断缩小，种群数量急剧下降。乌雕濒危的另一原因是草原灭鼠，以鼠类为主要食物的乌雕因此中毒或产卵畸形或卵孵化不出；除此之外，还有当地猎民的捕猎。

保护：1996年3月吉林省提出5年禁猎的法令，种群有望逐渐恢复。列入《濒危野生动植物种国际贸易公约》附录Ⅱ。列入中国《国家重点保护野生动物名录》二级。

12. 松雀鹰 *Accipiter virgatus*

形态特征：雄鸟整个头顶至后颈石板黑色，头顶缀有棕褐色；眼先白色；头侧、颈侧和其余上体暗灰褐色；颈项和后颈基部羽毛白色；肩和三级飞羽基部有白斑，其中三级飞羽基部白斑较大；次级飞羽和初级飞羽外侧具黑色横斑，内侧基部白色，具褐色横斑，尾上覆羽灰褐色，有4道黑褐色横斑。颏和喉呈白色，具有1条宽阔的黑褐色中央纵纹；胸和两肋白色，具宽而粗壮的灰栗色横斑;腹部白色,具灰褐色横斑;覆腿羽白色,亦具灰褐色横斑;尾下覆羽白色,具少许断裂的暗灰褐色横斑。雌鸟和雄鸟相似,但上体更富褐色,头暗褐。下体白色,喉部中央具宽的黑色中央纹,雄鸟亦具褐色纵纹,腹和两肋具横斑。虹膜、蜡膜和脚黄色,嘴基部为铅蓝色,尖端黑色。

生活习性:常单独或成对活动和觅食。性机警。常站在高处。以昆虫和小型动物为食。

繁殖:繁殖期4—6月。营巢于茂密森林中枝叶茂盛的高大树木上部,位置较高,且有枝叶隐蔽,一般难于发现。巢由细树枝构成,内放一些绿叶,也常常修理和利用旧巢。每窝产卵3—4枚,偶尔2枚和5枚,卵大小为(34—41)mm×(28—32)mm,通常为白色,被有灰色云状斑和红褐色斑点,尤以钝端较多,平均大小为36.9mm×29.7mm。

分布:原生种分布地为孟加拉、不丹、柬埔寨、中国、印度、印度尼西亚、老挝、马来西亚。中国主要分布于北部的内蒙古、陕西、辽宁、吉林、黑龙江,以及南部的西藏、四川、云南、广西、广东、福建、台湾等省区。河南主要分布于济源、中牟。

种群现状:全球种群数量约100000只(Ferguson—Leeset al. 2001)。中国大陆约有100—10000繁殖对(Brazil,2009)。

保护:列入中国《国家重点保护野生动物名录》二级(1988)。

13. 雀鹰 *Accipiter nisus*

形态特征:雄鸟上体鼠灰色或暗灰色,下体白色。幼鸟头顶至后颈呈栗褐色,枕和后颈羽基灰白色,其余似成鸟。

栖息环境:栖息于山地森林、低山丘陵地带。

生活习性:部分留鸟,部分迁徙。主要以鸟、昆虫和鼠类等为食。

繁殖:每年5月进入繁殖期,每窝产卵通常3—4枚,卵呈椭圆形或近圆形,孵化期32—35天。

分布:河南主要分布在信阳、济源、三门峡。

种群现状：该物种分布范围广，种群数量趋势稳定，因此被评为无生存危机的物种。雀鹰可被驯养为狩猎禽。

保护：列入《世界自然保护联盟濒危物种红色名录》2012 年 ver3.1——无危（LC）。列入中国《国家重点保护野生动物名录》二级。

14. 苍鹰 *Accipiter gentilis*

形态特征：成鸟前额、头顶、枕和头侧黑褐色，颈部羽基白色；眉纹白而具黑色羽干纹；耳羽黑色；飞羽有暗褐色横斑，内翈基部有白色块斑，尾灰褐色，具 3—5 道黑褐色横斑。喉部有黑褐色细纹及暗褐色斑。胸、腹、两肋和覆腿羽布满较细的横纹，羽干黑褐色。雌鸟羽色与雄鸟相似，但较暗，体型较大。亚成体上体都为褐色，幼鸟上体褐色，羽缘淡黄褐色；飞羽褐色，具暗褐色横斑和污白色羽端；头侧、颏、喉、下体棕白色，有粗的暗褐色羽干纹；尾羽灰褐色，具 4—5 条比成鸟更显著的暗褐色横斑。

栖息环境：栖息于疏林、林缘和灌丛地带，次生林中也较常见。可生活于森林，也见于山地平原和丘陵地带的疏林和小块林内。

生活习性：森林中的肉食性猛禽。视觉敏锐，善于飞翔。白天活动，活动范围较广，但活动隐蔽。性甚机警，亦善隐藏。通常单独活动，叫声尖锐洪亮。它的体重虽然比同等体型猛禽轻 1/5 左右，但速度要快 3 倍以上。中国主要为夏候鸟和冬候鸟，在中部和东部地区多为过路鸟。迁徙时间春季在 3—4 月，秋季在 10—11 月。主要以森林中动物的心、肝、肺等内脏及尸体为食。

繁殖：苍鹰 4 月下旬迁到中国东北地区。若见到天空中成对翻飞、相互追逐、不断鸣叫的苍鹰，表明此时配对已完成。产卵最早见于 4 月末，有的在 5 月中旬。隔日 1 枚，每窝 3—4 枚。卵椭圆形，尖、钝端明黑，浅鸭蛋青色。雌鸟孵化。产孵期间，随卵数量增加，雌鸟离巢时间逐渐减少。产完 3—4 枚卵后，日离巢次数仅 1 次。孵化期 30—33 天。雌鸟在育雏期暖雏随雏鸟生长而减少，离巢时间随雏鸟生长而增加。雏鸟 7.5 日龄能大声单音鸣叫，以跗跖部坐立；13.5 日龄可单音连续鸣叫，能站立；19.5 日龄站立行走自如；27.5 日龄在巢内常活动，不时扇翅、昂首，时常走到巢的边缘，可自行撕取食物，卵齿消失；34.5 日龄，偶尔上巢边小枝站立，可飞翔，升降自如，栖落不稳，可离巢80—100m；34.5 日龄开始离巢。

分布：全球广泛分布。苍鹰黑龙江亚种 *Accipiter gentilis albidus* 分布于黑龙江以北、辽宁以南。河南主要分布在漯河、驻马店、开封。

种群现状：鹰属是鸟类中体型最大的类群。该物种分布范围广，种群数量趋势稳定，因此被评为无生存危机的物种。

保护：列入《濒危野生动植物种国际贸易公约》附录Ⅱ(1997)。列入中国《国家重点保护野生动物名录》二级(1989)。

15. 大鵟 *Buteo hemilasius*

形态特征：体长 57—71cm，重 1320—2100g。体色变化较大，分暗型、淡型两种色型。暗型上体暗褐色，肩和翼上覆羽缘淡褐色，头和颈部羽色稍淡，羽缘棕黄色，眉纹黑色，尾淡褐色。下体淡棕色，具暗色羽干纹及横纹。覆腿羽暗褐色；淡型头顶、后颈为纯白色，具暗色羽干纹。眼先灰黑色，耳羽暗褐，背、肩、腹暗褐色，具棕白色纵纹的羽缘。外形和普通鵟、毛脚鵟等其他鵟类都很相似，但体形比它们都大，飞翔时棕黄色的翅膀下面具有白色的斑。另外它们三者的跗跖上的被羽有所不同，普通鵟跗跖仅部分被羽，毛脚鵟的被羽则一直达趾基部。

栖息环境：栖息于山地平原。冬季也常出现在低山丘陵和山脚平原地带的农田、芦苇沼泽、村庄，甚至城市附近。

生活习性：主要为留鸟，部分迁徙。春季多于 3 月末 4 月初到达繁殖地，秋季多在 10 月末至 11 月中旬离开繁殖地。在中国的繁殖种群主要为留鸟，部分迁往繁殖地南部越冬。白天活动。常单独或成小群活动，飞翔时两翼鼓动较慢，常在天气暖和的时候在空中作圈状翱翔。主要以啮齿动物、蛙、蜥蜴、野兔、蛇、黄鼠、鼠兔、旱獭、雉鸡、石鸡、昆虫等动物性食物为食。

分布：河南主要分布于周口、漯河，以及中牟、舞阳。

繁殖:繁殖期为5—7月。营巢于高处。巢呈盘状。每窝通常产卵2—4枚,卵为淡赭黄色。孵化期大约为30天。

种群现状:该物种分布范围广,种群数量趋势稳定,因此被评为无生存危机的物种。大鵟以鼠类和兔等为主要食物,在草原保护中具有很大作用,应注意保护。

保护:列入中国《国家重点保护野生动物名录》二级。

16. 普通鵟 *Buteo japonicus*

形态特征:中型猛禽。上体深红褐色;下体主要为暗褐色或淡褐色。另外,鼻孔的位置与嘴裂平行,而其他鵟类的鼻孔则与嘴裂呈斜角。虹膜黄色至褐色;鸟喙灰色,端黑,蜡膜黄色;脚黄色。

栖息环境:栖息于山地森林地带。秋冬季节则多出现在低山丘陵和山脚平原地带。

生活习性:常见在开阔平原、林缘草地和村庄上空盘旋翱翔。多单独在白天活动。性机警,视觉敏锐,善飞翔,叫声响亮。以动物性食物为食。

分布:中国东北(小兴安岭、长白山、南部、西南部)、长江流域南部,以及内蒙古(呼伦贝尔)、新疆(喀什、天山)、青海、甘肃(兰州)、陕西、河北、河南、山东(威海、青岛)、四川(巴塘)、云南(西北部、南部)、西藏、海南、台湾。河南主要分布在淅川县丹江湿地。

繁殖:繁殖期5—7月。营巢于高处。巢结构较简单。5—6月产卵,卵为青白色,孵化期约28天。

种群现状:该物种分布范围广,种群数量趋势稳定,因此被评为无生存危机的物种。

保护:列入中国《国家重点保护野生动物名录》二级。

17. 领角鸮 *Otus lettia*

形态特征:额和面盘白色或灰白色,幼鸟通体污褐色。

栖息环境:主要栖息于山地阔叶林和混交林中。

生活习性:除繁殖期成对活动外,通常夜间单独活动。属于留鸟。以鼠类和昆虫为食。

繁殖:繁殖期3—6月。营巢于树洞内。通常不筑巢。每窝产卵2—6枚,多为3—4枚。卵白色,呈卵圆形,光滑无斑,大小为(35—38)mm×(30—32)mm,平均36mm×31mm,重17—19g,平均18g。雌雄亲鸟轮流孵卵。

分布:中国主要分布于黑龙江、吉林、广西、云南、贵州、四川、香港、台湾和海南。河南主要分布在滑县、淅川,以及登封。

种群现状:全球种群未量化,但分布广泛,在原产地属局域常见物种(del Hoyoet al. 1999)。中国大陆约有100—10000繁殖对,中国台湾约10000—100000繁殖对;韩国少于10000繁殖对;日本约100—100000繁殖对;俄罗斯少于10000繁殖对(Brazil,2009)。

保护:列入中国《国家重点保护野生动物名录》二级(1988)。

18. 红角鸮 *Otus sunia*

形态特征:小型猛禽。全长约20cm。上体灰褐色(有棕栗色),有黑褐色虫蠹状细纹。面盘灰褐色,密布纤细黑纹;领圈淡棕色;耳羽基部棕色;头顶至背和翅覆羽杂以棕白色斑。飞羽大部黑褐色,尾羽灰褐,尾下覆羽白色。下体大部红褐至灰褐色,有暗褐色纤细横斑和黑褐色羽干纹。嘴暗绿色,先端近黄色。爪灰褐色。

栖息环境:栖息于山地、树林开阔原野中。

生活习性:除繁殖期成对活动外,通常单独活动。夜间活动。鸣声为深沉单调的"chook"声,约三秒钟重复一次,声似蟾鸣。雌鸟叫声较雄鸟略高。主要以鼠类、甲虫、蝗虫、鞘翅目昆虫为食。

分布:全球性分布。河南分布在郑州、信阳、登封。

繁殖:繁殖期5—8月。营巢于树洞或岩石缝隙和人工巢箱中。巢由枯草和枯叶构成,内垫苔藓和少许羽毛。每窝产卵3—6枚,卵呈卵圆形,白色,光滑无斑,平均大小31mm×27mm,平均重12g。雌鸟孵卵,孵化期24—25天。

雏鸟晚成性。

种群现状:该物种分布范围广,种群数量趋势稳定,因此被评为无生存危机的物种。

保护:列入中国《国家重点保护野生动物名录》二级。

19. 雕鸮 *Bubo bubo*

形态特征:面盘显著,淡棕黄色,杂以褐色细斑;眼前缘密被白色刚毛状羽,各羽均具黑色端斑;眼的上方有 1 块大黑斑,面盘余部淡棕白色或栗棕色,满杂以褐色细斑。皱翎黑褐色,两翈羽缘棕色,头顶黑褐色,羽缘棕白色,并杂以黑色波状细斑;耳羽特别发达,显著突出于头顶两侧,其外侧黑色,内侧棕色。后颈和上背棕色,各羽具粗著的黑褐色羽干纹;肩、下背和翅上覆羽棕色至灰棕色,杂以黑色和黑褐色斑纹或横斑,并具粗阔的黑色羽干纹;羽端大都呈黑褐色块斑状。虹膜金黄色,嘴和爪铅灰黑色。

栖息环境:栖息于山地森林、平原、荒野、林缘灌丛、疏林及裸露的高山和峭壁等各类环境中。在新疆和西藏地区,栖息地的海拔高度可达 2000—4500m。

生活习性:通常远离人群,活动在人迹罕至的偏僻之地。除繁殖期外常单独活动。夜行性,白天多躲藏在密林中栖息,缩颈闭目栖于树上,一动不动。听觉和视觉在夜间异常敏锐。不能消化的鼠毛和动物骨头会被吐出,丢弃在休息处周围,称为食团。夜间常发出"狠、呼,狠、呼"叫声互相联络,感到不安时会发出响亮的"嗒、嗒"声威胁对方。以各种鼠类为主要食物,被誉为"捕鼠专家",也吃兔类、蛙、刺猬、昆虫、雉鸡和其他鸟类。

繁殖:繁殖期随地区不同而不同,在中国东北地区繁殖期 4—7 月,在四川繁殖期从 12 月开始,此时雌、雄鸟成对栖息在一起,拂晓或黄昏时相互追逐戏耍,并不时发出相互召唤的鸣声。3—5 天后进行交配,交配后约 7 天,雌鸟即开始筑巢。通常营巢于树洞、悬崖峭壁下的凹处,或由雌鸟在地上用爪刨一小坑即成,巢内无任何内垫物,产卵后则垫以稀疏的绒羽。巢的大小视营巢环境而不同,每窝产卵 2—5 枚,以 3 枚较常见。卵白色,呈椭圆形,大小为(55—58)mm×(44—47.2)mm,重50—60g。孵卵由雌鸟承担,孵化期35天。

分布:中国分布于山东、河南、陕西、甘肃(陇东、兰州)、云南、贵州、四川、湖南、湖北、江西、江苏等地。河南主要分布在洛阳市伏牛山一带。

种群现状:该物种分布范围广,种群数量趋势稳定,因此被评为无生存危机的物种。

保护:列入《濒危野生动植物种国际贸易公约》附录Ⅱ。列入中国《国家重点保护野生动物名录》二级。列入《中国濒危动物红皮书:鸟类》稀有种(1996)。

20. 纵纹腹小鸮 *Athene noctua*

形态特征:小型禽类。头顶平,眼亮黄而长凝不动。浅色平眉及白色宽髭纹使其形狰狞。上体褐色,虹膜亮黄色,嘴角质黄色,脚白色、被羽,爪黑褐色。

栖息环境:栖息于丘陵、平原森林地带。

生活习性:常见留鸟,广布于中国北方及西部的大多数地区,最高可至海拔4600m。在部分地区为昼行性,常立于篱笆及电线上,会神经质地点头或转动,有时高高站起,或快速振翅作波状飞行。喜好日夜发出占域叫声,拖长而上扬,音多样。在岩洞或树洞中营巢。通常夜晚出来活动,在追捕猎物的时候,不仅同其他猛禽一样从空中袭击,而且还会利用一双善于奔跑的双腿去追击。以昆虫和鼠类为食,也吃小鸟、蜥蜴、蛙类等小动物。

繁殖:繁殖期为5—7月。营巢于缝隙、洞穴等处,每窝产卵2—8枚。卵白色。孵化期为28—29天。

分布:中国分布于新疆、四川、西藏、甘肃、青海、北京、河北、山西、内蒙古、辽宁、吉林、黑龙江、江苏、山东、河南、广西、贵州、陕西、宁夏等地。河南主要分布在洛阳伏牛山,中牟。

种群现状:该物种分布范围广,种群数量趋势稳定。

保护:列入《濒危野生动植物种国际贸易公约》附录Ⅱ。列入中国《国家重点保护野生动物名录》二级。作为国家重点保护野生动物,地方主管部门核发驯养繁殖许可证、经营利用许可证、配额、标识。

21. 短耳鸮 *Asio flammeus*

形态特征:耳短小而不外露,黑褐色,具棕色羽缘。面盘显著,眼周黑色,眼先及内侧眉斑白色。皱翎白色,上体包括翅和尾表面大都棕黄色;下体棕白色,颏白色。虹膜金黄色,嘴和爪黑色。

栖息环境:栖息于荒漠、平原、沼泽、湖岸和草地等各种环境中。

生活习性:多栖息于草丛中。主要以鼠类为食,也吃小鸟、蜥蜴和昆虫,偶尔也吃植物果实和种子。

分布:在中国内蒙古东部、黑龙江和辽宁有部分冬候鸟、部分留鸟,其余地区为冬候鸟。河南主要分布在周口淮阳,洛阳伊川。

繁殖:繁殖期4—6月。通常营巢于沼泽附近地上草丛中,也见在次生阔叶林内朽木洞中营巢。巢通常由枯草构成。每窝产卵3—8枚,偶尔多至10枚,甚至14枚。卵白色,呈卵圆形,大小为(38—42)mm×(31—33)mm。雌鸟孵卵,孵化期24—28天。雏鸟晚成性,孵出后经亲鸟喂养24—27天即可飞翔。在中国繁殖于内蒙古东部大兴安岭,黑龙江,辽宁;冬季几乎遍布于全国各地。

种群现状:该物种分布范围广,种群数量趋势稳定,因此被评为无生存危机的物种。

保护:列入《濒危野生动植物种国际贸易公约》附录Ⅱ。列入中国《国家重点保护野生动物名录》二级。

22. 白头鹞 *Circus aeruginosus*

形态特征:中等体型(平均体长50cm),深色。雄鸟似雄性白腹鹞的亚成鸟。雌鸟及亚成鸟似白腹鹞,但背部更为深褐,尾无横斑,头顶少深色粗纵纹。雌鸟腰无浅色。翼下初级飞羽的白色块斑(如果有)少深色杂斑。雄鸟虹膜黄色,雌鸟及幼鸟淡褐色;嘴灰色;脚黄色。新孵出的白头鹞上喙黑色,下喙肉色或者粉色,喙的边缘红色。随着幼鸟逐渐长大它们的喙边缘和腿变成黄色,眼睛边上的皮肤变为黑灰色,喙完全黑色。在变色的过程中喙根一开始淡蓝灰色,然后慢慢变黑。

栖息环境:常见于沼泽中的芦苇丛。

生活习性:徙鸟。8 月底至 10 月初通过法国、西班牙、直布罗陀然后沿非洲大西洋海岸飞往越冬地,有些甚至飞到塞内加尔,有些也在西班牙和法国过冬。3 月中至 4 月初返回孵育地。一般低空左右摇晃滑行(翅膀呈“V”形)寻找食物,试图在地面上出其不意地袭击猎物,很少在水上或空中捕食。其食物 70%—80% 是鸣禽和水禽如鸭科、黑水鸡和骨顶鸡(水禽一般是幼鸟),也可能包含大量田鼠,此外还有少量小哺乳动物(至麝鼠)及鱼、蛙、蜥蜴和比较大的昆虫。

繁殖:从 3 月和 4 月开始可以观察到雄鸟的求偶飞行,它们对雌鸟俯冲,然后突然向旁边斜飞出去。在芦苇密集的地方或者沼泽地植被多的地面上筑巢,偶尔也会筑在麦田里,很少筑在草地上。也可能会使用之前鸟筑的旧巢。每年只孵育 1 次。在中欧 5 月初开始生蛋,也有晚至 6 月才生。雌鸟孵蛋,在孵蛋期间雄鸟喂雌鸟。孵蛋期为 31—36 天。育雏期取食困难时,雌鸟把弱雏给其他雏鸟吃掉。幼鸟刚孵出的 7—10 天雌鸟非常照管它们,在这段时间里幼鸟和雌鸟全部由雄鸟喂。21—28 天后幼鸟羽翼健全,35—40 天后能够飞翔。在刚飞出后的 14 天内它们依然徘徊在巢附近,一般 23 周后才完全自立。

分布:中国分布于澳门、贵州、河南、山东、上海、吉林、新疆、内蒙古、西藏、天津、河北、湖北、云南、山西。浙江有发现新纪录。河南主要分布在洛阳伊川,灵宝,宝丰。

种群现状:从 19 世纪末开始,由于狩猎、偷蛋和破坏,孵育地区的白头鹞数目大量减少。20 世纪 70 年代开始由于全年保护以及禁止使用 DDT 等化学药剂,数量又开始增加。由于生活地带被破坏(沼泽和湿地变干),它们依然受到威胁。全球变暖使得海平面上升，海水慢慢渗进芦苇丛中，当海平面上升得越来越高时，大量的盐分会使芦苇丛大量枯死，少了栖息地，白头鹞就无法繁殖，导致它们的数量锐减，处境岌岌可危。中国数量不详，相关信息很少。2007 年 12 月 17 日，森林机关查获收缴白头鹞 1 只。保守估计全球种群约为 50 万—200 万只，处于上升趋势，欧洲种群占 1/4—1/2。

保护：列入《濒危野生动植物种国际贸易公约》附录Ⅱ。列入中国《国家重点保护野生动物名录》二级。

23. 鹊鹞 *Circus melanoleucos*

形态特征：体型略小，体长 42—48cm（平均 42cm），重 250—380g，两翼细长。雄鸟体羽黑、白及灰色。雌鸟上体褐色沾灰并具纵纹，腰白，尾具横斑，下体皮黄具棕色纵纹。虹膜黄色，嘴黑色或暗铅蓝灰色，下嘴基部黄绿色，蜡膜也为黄绿色，脚和趾黄色或橙黄色。

栖息环境：栖息于丘陵和平原、河谷、沼泽、灌丛。

生活习性：单独活动，夜间在草丛中休息。小型动物为食。

繁殖：繁殖期 5—7 月。巢多置于草墩或地面上。巢呈浅盘状，可以多年重复使用。每窝产卵 4—5 枚，卵乳白色或淡绿色。孵化期约 30 天。

分布：中国大部分地区。河南主要分布在灵宝、洛阳。

种群现状：全球种群数量估计大于 10000 只，种群处于下降趋势。

保护：列入《濒危野生动植物种国际贸易公约》附录Ⅱ。列入中国《国家重点保护野生动物名录》二级。

24. 黑鸢 *Milvus migrans*

形态特征：上体暗褐色，微具紫色光泽，尾棕褐色；下体颏、颊和喉灰白色；胸、腹及两肋暗棕褐色，具粗著的黑褐色羽干纹。虹膜暗褐色，嘴黑色；脚和趾黄色或黄绿色，爪黑色。

栖息环境：栖息于开阔平原、草地、荒原和低山丘陵地带。

生活习性：白天常单独行动。视力敏锐，性机警，人很难接近。以动物性食物为食。

分布:河南主要分布在三门峡,周口淮阳。

繁殖:繁殖期4—7月。营巢于高大树上。巢呈浅盘状,每窝产卵2—3枚,钝椭圆形,污白色。孵化期38天。

种群现状:该物种分布范围很广,尽管数量总体似乎在下降,但下降的水平低于标准(降幅比10年或3代>30%),总体规模还是非常大的,种群数量趋势稳定,因此被评为无生存危机的物种。

保护:列入中国《国家重点保护野生动物名录》二级。

25. 小天鹅 *Cygnus columbianus*

形态特征:大型水禽。全身洁白,外形和大天鹅非常相似。虹膜棕色,嘴黑灰色。幼鸟全身淡灰褐色。

栖息环境:栖息于湖泊、水塘、沼泽。有时甚至出现在农田原野。

生活习性:喜集群,除繁殖期外常呈小群或家族群活动。性活泼,游泳时颈部垂直竖立。以水生植物、其他小型水生动物、农作物的种子、幼苗为食。

繁殖:6—7月间在北极苔原带繁殖,为一雄一雌制。每窝产卵2—5枚。卵白色。孵化期为29—30天。

分布:中国主要分布于东北,内蒙古,新疆北部,华北一带,在南方越冬,偶见于台湾。河南主要分布在郑州,洛阳孟津,驻马店。

种群现状:小天鹅全球的种群数量较为丰富,近些年由于狩猎和环境恶化,数量明显减少。小天鹅被列入国家重点保护野生动物名录后,加强了保护,从而使种群数量有所增加。

保护:列入中国《国家重点保护野生动物名录》二级。

26. 白琵鹭 *Platalea leucorodia*

形态特征:嘴长而直,上下扁平;脚亦较长,黑色,胫下部裸出。幼鸟全身白色。

栖息环境:栖息于平原和丘陵的河流、湖泊、水库岸边及其浅水处。

生活习性:在中国为夏候鸟。性机警畏人,很难接近。以小型脊椎动物和无脊椎动物为食。

繁殖:繁殖期 5—7 月。每窝产卵通常 3—4 枚。卵呈椭圆形或长椭圆形,白色,孵化期 24—25 天。

分布:全球分布较广。河南主要分布在信阳、平顶山、汝州。

种群现状:该物种分布范围广,种群数量趋势稳定,因此被评为无生存危机的物种。

保护:列入中国《国家重点保护野生动物名录》二级。列入《中国濒危动物红皮书》易危(1996)。

27. *灰鹤 Grus grus lilfordi*

形态特征:大型涉禽,体长 100—120cm。颈、脚均甚长,全身羽毛大都灰色,头顶裸出皮肤鲜红色,眼后至颈侧有 1 条灰白色纵带,脚黑色。雌雄羽色相似。虹膜赤褐色或黄褐色,嘴青灰色,先端略淡,呈乳黄色,胫裸出部、跗跖和趾灰黑色。幼鸟体羽已呈灰色但羽毛端部为棕褐色,冠部被羽,无下垂的内侧飞羽;翌年头顶开始裸露,仅被有毛状短羽,上体仍留有棕褐色的旧羽;虹膜浅灰色;嘴基肉色,尖端灰肉色;脚灰黑色。

栖息环境:栖息于富有水边植物的开阔湖泊和沼泽地带。

生活习性:性机警,胆小怕人。飞行时排列呈"V"形或"人"字形,头、颈向前伸直,脚向后直伸。栖息时常一只脚站立,另一只脚收于腹部。杂食性,主要以植物叶、茎、嫩芽、块茎,以及草子、玉米、谷粒、马铃薯、白菜、软体动物、昆虫、蛙、蜥蜴、鱼类等食物为食。

繁殖:单配制,但不稳定,丧失配偶会很快找到新的配偶。繁殖期 4—7 月。繁殖地主要在北方。到达繁殖地经发情配对后,便开始营巢。营巢于沼泽草地中干燥地面上,每窝通常产卵 2 枚,卵为褐色或橄榄绿色,孵化期 28—30 天。

分布:灰鹤是世界上 15 种鹤类中分布最广的物种。中国分布于华北、华南地区。河南主要分布在焦作市温县黄河湿地,开封兰考黄河湾风景区。

种群现状:该物种分布范围广,种群数量趋势稳定,因此被评为无生存危机的物种。

保护:列入中国《国家重点保护野生动物名录》二级。

28. 蓑羽鹤 *Grus virgo*

形态特征:头侧、颏、喉和前颈黑色;眼后和耳羽白色,羽毛延长呈束状,垂于头侧;头顶珍珠灰色;喉和前颈羽毛也极度延长呈蓑状,悬垂于前胸。其余头、颈和体羽蓝灰色;大覆羽和初级飞羽灰黑色,内侧次级飞羽和三级飞羽延长,覆盖于尾上,也为石板灰色,但羽端黑色。虹膜红色或紫红色,嘴黄绿色,脚和趾黑色。

栖息环境:栖息于开阔平原草甸等各种生境中。

生活习性:除繁殖期成对活动外,多以家族或小群活动,有时也见单只活动的。常活动在水边浅水处或水域附近地势较高的羊草草甸上。性胆小而机警,善奔走,常远远地避开人类,也不愿与其他鹤类合群。春季于 3 月中旬到达吉林西部繁殖地,3 月末 4 月初到达黑龙江和内蒙呼伦贝尔。秋季于 10 月中下旬南迁。主要以各种小型鱼类、虾、蛙、蝌蚪、水生昆虫、植物嫩芽、叶、草子,以及农作物玉米、小麦等食物为食,边走边食。

繁殖:繁殖期 4—6 月,一雄一雌制。刚迁来时常成小群活动,以后逐渐分散成对并占领巢区。通常不建巢,直接产卵于羊草草甸中裸露而干燥的盐碱地上,外周生长着羊草、芦苇、茵陈蒿等植物。也有营巢于水边草丛中和沼泽内的。1 年繁殖 1 窝,每窝产卵 1—3 枚,通常为 2 枚。卵为椭圆形,淡紫色或粉白色,具深紫褐色斑,大小为(82—87)mm×(54—57)mm,平均 84.7mm×55.9mm。卵产齐后开始孵卵,由雌雄亲鸟共同承担,孵化期 30 天。雏鸟早成性,孵出后不久即能站立或行走。

分布:河南主要分布在孟津黄河湿地,以及郑州、鹤壁。

种群现状:全球种群数约 230000—280000 只(Wetlands International,

2006)。中国约有100—10000繁殖对,迁徙旅鸟50—1000只(Brazil,2009)。蓑羽鹤在中国种群数量较少,属非常见珍稀鸟类。

保护:列入《世界自然保护联盟濒危物种红色名录》2012年 ver3.1——无危(LC)。

29. 鸢 *Aquila*

形态特征:也称老鹰,一般指鹰属的各种鸟类。全世界有59种老鹰,科学家将它归纳为四大族群。大体说来,同一族群内的老鹰很类似,例如体形很相像或吃的食物类似;但是同族群老鹰也有显然相异之处,例如体型大小、羽翼颜色及构造。

栖息环境:多栖息山林或平原地带,如苍鹰、雀鹰(鹞子)等。

生活习性:猛禽类,肉食性类群。两翼发达,善于飞翔,一般多在昼间活动。以鸟、鼠和其他小型动物为食;有些种类喜食尸体,如秃鹫。

繁殖:寿命一般在50年,一次产卵2—5枚,蛋白底有红棕色斑点,孵化期约38天,巢穴一般筑得很高。一次产卵一般仅能成活1只小鹰。

分布:河南主要分布在淮滨淮南湿地。

种群现状:没有对该物种全球种群规模进行估计。

保护:列入《濒危野生动植物种国际贸易公约》附录Ⅱ(2019)。

30. 白尾鹞 *Circus cyaneus cyaneus*

形态特征:雄鸟前额污灰白色,头顶灰褐色,具暗色羽干纹,后头暗褐色,具棕黄色羽缘,耳羽后下方往下有1圈蓬松而稍卷曲的羽毛形成的皱翎,后颈蓝灰色,常缀以褐色或黄褐色羽缘。雌鸟上体暗褐色,头至后颈、颈侧和翅覆羽具棕黄色羽缘,耳后向下至颏部有1圈卷曲的淡色羽毛形成的皱翎。下体皮棕白色或皮黄白色,具粗壮的红褐色纵纹,或为棕黄色,缀以暗棕褐色纵纹。幼鸟似雌鸟,但下体较淡,纵纹更为显著。虹膜黄色,嘴黑色,基部蓝灰色、蜡膜黄绿色,脚和趾黄色,爪黑色。

栖息环境:栖息于平原和低山丘陵地带,冬季也到村庄附近的水田、草坡和疏林地带活动。

生活习性:在中国为夏候鸟,主要以动物性食物为食。

分布:全球广泛分布。在中国繁殖于新疆西部,内蒙古东北部,吉林,辽宁,黑龙江等地区;越冬于甘肃、青海,以及长江中下游;南至广东、广西、福建,西至西藏、云南、贵州;偶尔到香港和台湾;迁徙期间经过河北、山东、山西、陕西、四川、河南等省。河南分布于洛阳(伊川)、中牟。

繁殖:繁殖期4—7月,繁殖前期常见成对在空中作求偶飞行,彼此相互追逐。营巢于枯芦苇丛、草丛或灌丛间地上。巢主要由枯芦苇、蒲草、细枝构成,呈浅盘状,直径为30—50cm,高5—11cm。每窝产卵4—5枚,偶尔少至3枚和多至6枚。卵淡绿色或白色,被有肉桂色或红褐色斑,大小为(44—56)mm×(34—40)mm,平均48.5mm×37.3mm,重27—40g,平均33g。第一枚卵产出后即开始孵卵,由雌鸟承担,孵卵期29—31天。雏鸟晚成性,刚孵出时被有短的白色绒羽。通常孵出后的头几天雌鸟在巢中暖雏,雄鸟外出觅食喂雏,两三天后,雄鸟亦参与育雏活动,经过35—42天的巢期生活,雏鸟才能离巢。

种群现状:该物种分布范围广,种群数量趋势稳定,因此被评为无生存危机的物种。

保护:列入《世界自然保护联盟濒危物种红色名录》2012年ver3.1——低危(LC)。列入中国《国家重点保护野生动物名录》二级。

31. 白腹鹞 *Circus spilonotus*

形态特征:雄鸟头顶、头侧、后颈至上背白色,具宽阔的黑褐色纵纹,肩、下背、腰黑褐色,具污灰白色或淡棕色斑点或羽端缘;尾上覆羽白色,具不甚规则的淡棕褐色斑,尾羽银灰色,外侧尾羽白色有横斑;下体白色,喉和胸具黑褐色纵纹,覆腿羽和尾下覆羽白色,具淡棕褐色斑或斑点,翼下覆羽和腋羽白色,腋羽具淡棕褐色横斑。雌鸟上体褐色,具棕红色羽缘,头至后颈乳白色或黄褐色,具暗褐色纵纹,尾上覆羽白色,具棕褐色斑纹,具宽的褐色羽干纹,覆腿羽和尾下覆羽白色,具淡棕褐色斑。幼鸟似雌鸟,但上体较暗棕,下体颏、喉部白色或皮黄白色,其余下体棕褐色,胸常具棕白色羽缘。虹膜橙黄色,嘴黑褐色,嘴基淡黄色,蜡膜暗黄色,脚淡黄绿色。

栖息环境:栖息于沼泽、芦苇塘、江河与湖泊沿岸等较潮湿而开阔的地方。

生活习性:白天活动,性机警而孤独,常单独或成对活动。多见在沼泽和芦苇上空低空飞行,两翅向上举呈浅"V"形,缓慢而长时间地滑翔,偶尔扇动几下翅膀。栖息时多在地上或低的土堆上,不喜欢像其他猛禽那样栖在高处。多在4月初至4月中旬迁往繁殖地,10月末至11月初离开繁殖地。通常在白天觅食,而且是较为活跃的狩猎者,主要以小型鸟类、啮齿类、蛙、蜥蜴、小型蛇类和大的昆虫为食,有时也捕食各种中小型水鸟如䴙䴘、野鸭、幼鸭,以及地上的雉类、鹑类及野兔等动物,也有报告吃死尸和腐肉的。

繁殖:繁殖期4—6月。繁殖前期常成对在空中翱翔进行求偶表演,4月中旬至4月末开始营巢。通常营巢于地上芦苇丛中,偶尔也在灌丛中营巢。巢呈盘状,由芦苇构成。每窝产卵4—5枚,偶尔有多至6枚和少至3枚的。卵青白色,大小为(48.5—53)mm×(37—39.5)mm,平均50.8mm×38.2mm。主要由雌鸟孵卵,孵化期33—38天。雏鸟晚成性,经过35—40天的巢期生活后才能离巢。

分布:在中国主要繁殖于内蒙古东北部的呼伦贝尔、黑龙江和吉林省;越冬于长江中下游,以及云南、广东、海南、福建、香港、台湾等地区。河南主要分布在长垣。

种群现状:整体种群未量化,但在俄罗斯和日本北部较为少见(del Hoyoetal,1992)。中国台湾约有50—1000只冬候鸟;韩国约50—1000只冬候鸟;日本约100—10000繁殖对,约50—1000只冬候鸟;俄罗斯约10000—100000繁殖对,1000—10000只候鸟(Brazil,2009)。该鸟种群趋势稳定。

保护:列入中国《国家重点保护野生动物名录》二级。

32. 黑耳鸢 *Milvus migrans lineatus*

形态特征:前额基部和眼先灰白色,上体暗褐色,尾棕褐色,下体颏、颊和喉部呈灰白色。幼鸟全身大都呈栗褐色,其余似成鸟。虹膜暗褐色,嘴黑色,蜡膜和下嘴基部黄绿色;脚和趾部呈黄色或黄绿色,爪黑色。

栖息环境:栖息于开阔平原、草地、荒原和低山丘陵地带。

生活习性:白天活动。以动物性食物为食。

繁殖:繁殖期4—7月。营巢于高大树上。巢呈浅盘状,每窝产卵2—3枚,卵钝椭圆形,污白色,孵化期38天。

分布:分布广泛。留鸟分布于中国各地,包括台湾、海南,以及青藏高原。河南主要分布在郑州、信阳、三门峡,以及淮滨淮南湿地。

种群现状:该物种分布范围广,种群数量趋势稳定,因此被评为无生存危机的物种。

保护:列入中国《国家重点保护野生动物名录》二级。

33. 白额雁 *Anser erythropus*

形态特征:雌雄相似。额和上嘴基部具白色宽阔带斑,背、肩、腰暗灰褐色,尾羽黑褐色。虹膜褐色,嘴肉粉红色,脚黄色。幼鸟和成鸟相似。

栖息环境:栖息于湖泊、水塘、河流、沼泽及其附近苔原等各类生境。

生活习性:中国为冬候鸟,善游泳,在紧急状况时亦能潜水。主要以植物性食物为食。

繁殖:繁殖在北极苔原带。3龄性成熟并首次繁殖。繁殖期6—7月。6月中旬产卵,通常每窝4—5枚。卵白色或淡黄色,孵化期有的为21—23天。

分布:中国分布于黑龙江、辽宁(营口、辽河、朝阳)、新疆(喀什)、西藏(昌都西南部)、湖北、湖南,以及东部沿海各省至台湾。河南主要分布在洛阳伏牛山一带。

种群现状:该物种分布范围广,种群数量趋势稳定,因此被评为无生存危机的物种。

保护:列入中国《国家重点保护野生动物名录》二级。

34. 卷羽鹈鹕 *Pelecanus crispus*

形态特征:体长160—180cm。头上的冠羽呈卷曲状;颊部和眼周裸露的皮肤均为乳黄色或肉色;颈部较长;翅膀宽大;尾羽短而宽;腿较短,脚为蓝灰色,四趾之间均有蹼;体羽灰白,眼浅黄,喉囊橘黄或黄色;翼下白色,仅飞羽羽尖黑色(白鹈鹕翼部的黑色较多);颈背具卷曲的冠羽;额上羽不似白鹈鹕前伸而是呈月牙形线条;虹膜浅黄色,眼周裸露皮粉红色;嘴上颚灰色,下颚粉红;脚近灰色。

栖息环境:栖息于内陆湖泊、江河与沼泽,以及沿海地带等。在中国季节性分布于闽江河口湿地一带。

生活习性:鸣声低沉而沙哑。喜群居和游泳,但不会潜水,也善于在陆地上行走。颈部常弯曲呈“S”形,缩在肩部。卷羽鹈鹕会短距离迁徙。飞行时姿态很优美,将颈昂起像鹭科,而且整群会一同飞行。以鱼为主食,也食甲壳类、软体动物、两栖动物等。

繁殖:3月迁徙,繁殖期4—6月。营巢于近水的树上。每窝产卵3—4枚,卵为淡蓝色或微绿色。亲鸟轮流孵卵并喂雏。孵化期一般为30—32天。雏鸟可以在12周起飞,且独立于14—15周。

分布:中国见于北方,冬季迁至南方,少量个体定期在香港越冬。产于新疆、青海,以及山东以南沿海等地。河南主要分布在郑州黄河湿地、孟津黄河湿地。

种群现状:其数量呈逐年递减的趋势。据估计,全球卷羽鹈鹕的数量在10000—20000只左右,其中有4000—5000对配偶。在湿地区域繁衍,其栖息地分布虽然广泛(从欧洲的东部和东南部到蒙古及中国沿海地区),但是却非常分散。湿地枯竭和渔民捕杀是卷羽鹈鹕数量减少的主要原因,它们还面临着其他威胁,包括游客和渔民的惊扰、水污染、高架电线碰撞等。

保护:列入《世界自然保护联盟濒危物种红色名录》2013年ver3.1——易危(VU)。

35. 鸳鸯 *Aix galericulata*

形态特征:小型游禽,雄鸟额和头顶中央翠绿色,枕部红铜色。雌鸟上体灰褐色,腹和尾下覆羽白色。虹膜褐色。雄鸟嘴暗红色,尖端白色;雌鸟嘴褐色至粉红色,嘴基白色,脚橙黄色。

栖息环境:多栖于河谷、溪流、池塘、湖泊、水库和沼泽中,也在农田或水塘中觅食。

生活习性:每年3月末4月初陆续迁到东北繁殖地,善游泳和潜水,杂食性,其食物常随季节和栖息地的不同而变化。繁殖季节则主要以昆虫或昆虫幼虫为食,也吃动物性食物。

繁殖:繁殖于山地森林中。4月下旬开始出现交配行为,每窝产卵7—12枚,卵圆形,白色。孵化期28—30天。

分布:中国分布于云南、贵州、广西、广东、海南、安徽、河南、福建及台湾等省。河南主要分布在洛阳伏牛山一带。

种群现状:分布范围广,种群数量为上升趋势,因此被评为无危物种。

保护:列入中国《国家重点保护野生动物名录》二级。

36. 小鸦鹃 *Centropus bengalensis*

形态特征:头、颈、上背及下体黑色,具深蓝色光泽和亮黑色羽干纹。下背和尾上覆羽淡黑色,具蓝色光泽;尾黑色,具绿色金属光泽和窄的白色尖端;肩、肩内侧和两翅栗色,翅端和内侧次级飞羽较暗褐,显露出淡栗色羽干。幼鸟头、颈和上背暗褐色,具白色羽干和棕色羽缘;腰至尾上覆羽为棕色和黑色横斑相间状,尾淡黑色且具棕色端斑。虹膜深红色,幼鸟者黄褐色;嘴黑色,幼鸟角黄色、嘴基和尖端较黑;脚铅黑色。

栖息环境:栖息于低山丘陵和开阔山脚平原地带的灌丛、草丛、果园和次生林中。

生活习性:留鸟,常单独或成对活动。性机智而隐蔽,稍有惊动,立即奔入稠茂的灌木丛或草丛中。鸣叫声为深沉空洞的"hoop"声,速度不断加快,音调下降,第二种叫声为一连串的"kroop—kroop—kroop"声。主要以蝗虫、蝼蛄、金龟甲、椿象、白蚁、螳螂、蠡斯等昆虫和其他小型动物为食,也吃少量植物果实与种子。

繁殖:繁殖期为3—8月。营巢于茂密的灌木丛、矮竹丛和其他植物丛中,距离地面的高度大约1m。巢主要以菖蒲、芒草和其他干草构成,形状为球形或椭圆形。每窝产卵3—5枚,卵为卵圆形,白色无斑,大小为(25—34)mm×(21—25)mm。

分布:全球分布于孟加拉国、不丹、文莱、柬埔寨、中国、印度、印度尼西亚、老挝、马来西亚、缅甸、尼泊尔、菲律宾、新加坡、泰国、东帝汶、越南。中国分布于云南、贵州、广西、广东、海南、安徽、河南、福建及台湾等省。河南主要分布在洛阳伏牛山一带。

种群现状:分布范围广,种群数量为上升趋势,因此被评为无危物种。

保护:列入《世界自然保护联盟濒危物种红色名录》2012年ver3.1——无危(LC)。列入中国《国家重点保护野生动物名录》二级。

37. 黄嘴白鹭 *Egretta eulophotes*

形态特征:中型涉禽。体羽白色,雌雄羽色相似。虹膜淡黄色,腿黑色。幼鸟无细长的饰羽,嘴呈褐色但基部黄色,腿和眼先皮肤呈黄绿色。

栖息环境:栖息于沿海、河口和沼泽地带。

生活习性:有群居行为。以动物性食物为主。通常无声,受惊时发出低音的"呱呱"叫声。

繁殖:繁殖期5—7月,典型的异步孵化模式。

分布:河南主要分布在信阳,以及大别山北坡和淅川丹江口水库。

种群现状:在全球范围迅速减少,至今不能恢复元气。

保护:列入中国《国家重点保护野生动物名录》二级(1989)。列入《中国濒危动物红皮书》濒危(1996)。

38. 斑嘴鹈鹕 *Pelecanus philippensis*

形态特征:斑嘴鹈鹕的体形比白鹈鹕和卷羽鹈鹕都小,体长为134—

156cm,体重5kg以上。夏季上体羽毛淡银灰色;后颈羽毛淡褐色,较长而蓬松,像马鬃一样,到枕部则更为延伸,形成短的冠羽。飞羽主要为黑色,尖端色泽较淡。下体羽毛白色,腰部、两肋、肛周和尾下覆羽等处都缀有葡萄红色。冬季头部、颈部、背部羽毛白色;腰部、下背、两肋和尾下覆羽亦白色,但露出黑色羽轴。翅膀和尾羽褐色。下体均淡褐色。

栖息环境:栖息于沿海海岸、江河、湖泊和沼泽地带。

生活习性:单独或成小群生活。善游泳,亦善飞翔,两翅扇动缓慢而有力,常在水面上空翱翔。游泳时颈伸得较直,嘴斜朝下。主要以鱼类为食,也吃蛙、甲壳类、蜥蜴、蛇等。

繁殖:结群营巢。通常营巢于湖边和沼泽湿地中高大的树上。巢相当庞大,用树枝和干草构成。每窝产卵3—4枚,卵乌白色,大小为(81—83)mm×(47—58)mm,平均79mm×53mm。雌雄亲鸟轮流孵卵,孵化期约30天。

分布:分布于缅甸、印度、伊朗、斯里兰卡等国家。河南主要分布在伏牛山、大别山北坡。

种群现状:中国的分布状况不确定。过去被认为是罕见留鸟,在中国可能绝迹。

保护:列入中国《国家重点保护野生动物名录》二级。

39. 栗鸢 *Haliastur indus*

形态特征:又称红老鹰,中型猛禽。体长36—51cm。虹膜为褐色或红褐色,嘴为淡蓝绿色或淡柠檬色,基部为蓝色;嘴峰和嘴尖颜色较淡,有时为淡黄色;蜡膜黄色,脚和趾暗黄色、黄灰色或黄绿色。尾羽圆形,与鸢的叉尾不同。成鸟头、颈及胸白色,翼、背、尾及腹部浓红棕色,与黑色的初级飞羽成对比。亚成鸟通体近褐,胸具纵纹,第二年为灰白,第三年具成鸟羽衣。

栖息环境:主要栖息于江河、湖泊、水塘、沼泽、沿海海岸等生境。村庄。

生活习性:一般春季3—4月迁来,秋季于10—11月迁走,但各地均较罕见。除繁殖期成对和成家族群外,通常单独活动。白天活动。在开阔的水面翱翔时通常离水很近，有时也在村庄和田野上空翱翔，不时发出长而悲哀的尖叫声，并带有颤音。飞累了则栖息于树上、房屋屋脊上或河边突出的岩石上。主要以蟹、蛙、鱼等为食，也吃昆虫、虾和爬行类，偶尔也吃小鸟和啮齿类。觅食主要靠视觉，因而视力特别敏锐。

繁殖：繁殖期 4—7 月。通常营巢于水边、农田地边或渔村中高大而孤立的树上，偶尔也有置于房屋屋顶上的，巢较粗糙。每窝产 2—3 枚卵，偶尔有多至 4 枚和少至 1 枚的。卵为卵圆形，白色或淡蓝色，有的具少许细的褐色或红褐色斑点或斑纹。主要由雌鸟孵卵，雄鸟为雌鸟捕猎和运送食物，孵化期为 26—27 天。雏鸟晚成性，孵出后由亲鸟共同觅食喂养，大约经过 50—55 天后即可飞翔和离巢。

分布：全世界共有 4 个亚种，中国仅分布有指名亚种，分布于内蒙古、江苏、浙江、安徽、福建、江西、山东、湖北、广东、广西、云南、西藏等地。河南主要分布在信阳、南阳。

种群现状：该物种分布范围广，种群数量趋势稳定。

保护：列入《世界自然保护联盟濒危物种红色名录》2012 年 ver3.1——低危（LC）。列入中国《国家重点保护动物名录》二级。

40. 玉带海雕 *Haliaeetus leucoryphus*

形态特征：雌鸟羽似雄鸟，但体型稍大。上体暗褐色，头顶赭褐色，羽毛呈矛纹状并具淡棕色条纹；颈部的羽毛较长，呈披针形。肩部羽具棕色条纹，下背和腰羽端棕黄色，尾羽中间具一道宽阔的白色横带斑。下体棕褐色，各羽具淡棕色羽端。喉淡棕褐色，羽干黑色，具白色条纹。虹膜淡灰黄色到黄色，嘴暗石板黑色或铅色，蜡膜和嘴裂淡色，脚和趾为暗白色、黄白色或暗黄色，爪黑色。

栖息环境：栖息于高海拔的河谷、山岳、草原的开阔地带，活动在海拔 3200—4700m。

生活习性：常到荒漠、草原、高山湖泊及河流附近寻捕猎物，有时亦见在水域附近的渔村和农田上空飞翔，主要以鱼和水禽为食，如大雁、天鹅幼雏和其他鸟类，也吃蛙和爬行类。捕鱼主要在浅水处，也吃死鱼和其他动物的尸体，有时偷吃家养水禽和其他鸟类的食物。在草原及荒漠地带以旱獭、黄鼠、鼠兔等啮齿动物为主要食物，偶尔也吃羊羔，特别在4—5月产羔季节。聒噪，叫声响亮，翱翔云霄时几千米外都能听到它的高唳，繁殖期内更甚。

繁殖：繁殖期从11月到翌年3月，于3月间开始营巢。通常营巢于湖泊、河流或沼泽岸边高大乔木上，偶尔也在渔村附近或离水域较远的树上筑巢，偶尔也有在芦苇堆上营巢的。在缺林地区则在苇丛中地面或高山崖缝内筑巢。每窝产卵2—4枚，卵白色具光泽，光滑无斑。主要由雌鸟孵卵，孵化期为30—40天。雏鸟为晚成性，由亲鸟共同抚育70—105天后离巢。

分布：中国分布于新疆和静、喀什，青海青海湖、天峻、玉树，甘肃兰州、合水、天水。但各地均罕见，其中在新疆为留鸟或繁殖鸟，在黑龙江、内蒙古、青海、甘肃为夏候鸟，在吉林、北京、河北、山西、四川为旅鸟，在上海为冬候鸟。河南主要分布在郑州、南阳。

种群现状：玉带海雕的尾羽是非常珍贵的羽饰，因此它常遭到人们捕杀，在中国很稀少。草原大面积灭鼠灭虫及其赖以生存的自然条件的破坏，是玉带海雕的主要致危因素。

保护：列入《世界自然保护联盟濒危物种红色名录》2010年 ver3.1——易危(VU)。列入《濒危野生动植物种国际贸易公约》附录Ⅱ。列入中国《国家重点保护野生动物名录》二级。列入《中国濒危动物红皮书：鸟类》稀有物种。

41. 白肩雕 *Aquila heliaca*

形态特征：前额至头顶黑褐色，头顶后部、枕、后颈和头侧棕褐色，后颈缀细的黑褐色羽干纹。上体至背、腰和尾上覆羽均为黑褐色，微缀紫色光泽，长形肩羽纯白色，形成显著的白色肩斑；尾羽灰褐色，具不规则的黑褐色横斑和斑纹，并具宽阔的黑色端斑。下体颏、喉、胸、腹、两肋和覆腿羽呈黑褐色，尾下覆羽淡黄褐色,微缀暗褐色纵纹,翅下覆羽和腋羽亦为黑褐色,跗跖被羽。虹膜红褐色,幼鸟为暗褐色,嘴黑褐色,嘴基铅蓝灰色,蜡膜和趾黄色,爪黑色。

栖息环境:栖息于山地,也见于草原、丘陵、河岸等地,其活动踪迹可达海拔1400m处。也见于山地阔叶林和混交林,草原和丘陵地区的开阔原野。尤其喜欢混交林和阔叶林,冬季也常到低山丘陵、森林平原、小块丛林和林缘地带,有时见于荒漠、草原、沼泽及河谷地带。

生活习性:在中国新疆为夏候鸟,在其他地区系冬候鸟和旅鸟。迁来和离开中国的时间因地区而不同,在北京见于9月初和11月,辽宁见于5月、10月和11月。常单独活动,或翱翔于空中,或长时间停息于空旷地区的孤立树上或岩石和地面上。觅食活动主要在白天,多在河谷、沼泽、草地和林间空地等开阔地方觅食。主要以啮齿类、野兔、雉鸡、石鸡、鹌鹑、野鸭、斑鸡等小型和中型哺乳动物和鸟类为食,也吃爬行类和动物尸体。

繁殖:繁殖期4—6月。通常营巢于森林中高大的松树、槲树和杨树上,在树木稀疏的空旷地区也多营巢于孤立的树上,偶尔也营巢于悬崖岩石上。每窝产卵2—3枚,卵白色,大小为(70.1—78.5)mm×(56.9—62)mm。第一枚卵产出后即开始孵卵,由雌雄亲鸟轮流进行,孵化期43—45天。雏鸟晚成性,刚孵出后的雏鸟被有白色绒羽,由雌雄亲鸟共同抚育,经过55—60天的巢期生活后即可离巢。

分布:中国分布于新疆天山,甘肃兰州、武威、张掖、酒泉、文县、甘南、河西、阿克塞、碌曲、玛曲,青海青海湖,陕西,辽宁旅顺,福建,广东。河南主要分布在淮滨淮南湿地。

种群现状:1990年成立的工作小组于2006年开展保护行动进行调查,在亚洲(特别是俄罗斯和哈萨克斯坦)以确定白肩雕繁殖地、越冬地和迁徙路线,实现有益的林业政策。1994年被评为全球性易危物种。作为不常见的季候鸟,种群数量仍在下降且已濒危。中国1994年调查总共在6个地点发现11只次;在深圳湾东侧的双子鲤鱼山有7只;2005年兴凯湖候鸟迁徙简报记载,发现白肩雕 2 只;2011 年 5 月河北省邢台钓友在朱庄水库附近树林发现 1 只中毒病危的白肩雕,经救治康复后送至邢台动物园;2013 年 9 月在北京门头沟区东灵山风景区发现 2 只白肩雕,一雌一雄。

保护:列入《世界自然保护联盟濒危物种红色名录》2012 年 ver3.1——易危(VU)。列入《濒危野生动植物种国际贸易公约》附录Ⅱ。列入中国《国家重点保护野生动物名录》二级。列入《中国濒危动物红皮书:鸟类》稀有物种。

第六章 哺乳纲

哺乳动物是脊椎动物中身体结构、功能和行为最复杂的高等动物类群，具有全身被毛、运动快速、恒温、胎生和哺乳的特点。

河南省黄河流域地区分布的哺乳动物有52种，隶属8目24科42属。属于国家一级保护动物的有6种：豹（*Panthera pardus*）、金猫（*Profelis temmincki*）、大灵猫（*Viverra zibetha*）、小灵猫（*Viverricula indica*）、林麝（*Moschus berezovskii*）、穿山甲（*Manis pentadactyla*），约占总种数的11.54%；国家二级保护种类有8种：黑熊（*Selenarctos thibetanus*）、石貂（*Martes foina*）、黄喉貂（*Martes flavigula*）、水獭（*Lutra lutra*）、豹猫（*Prionailurus bengalensis*）、赤狐（*Vulpes vulpes*）、狍（*Capreolus capreolus*）、猕猴（*Macaca mulatta*），约占总种数的15.38%；中国特有种类有岩松鼠（*Sciurotamias davidianus*）、中华鼢鼠（*Myospalax fontaieri*）、社鼠（*Niviventer confucianus*）、狍（*Capreolus capreolus*）共4种；三有种类包括普通刺猬（*Erinaceus europaeus*）、托氏兔（*Lepus tolai*）、岩松鼠（*Sciurotamias davidianus*）、隐纹花松鼠（*Tamiops swinhoei*）、花鼠（*Eutamias sibiricus*）、中华竹鼠（*Rhizomys sinensis*）、社鼠（*Niviventer confucianus*）、豪猪（*Hystrix hodgsoni*）、黄鼬（*Mustela sibirica*）、艾鼬（*Mustela eversmanni*）、狗獾（*Meles meles*）、猪獾（*Arctonyx collaris*）、狼（*Canis lupus*）、花面狸（*Paguma larvata*）、野猪（*Sus scrofa*）、狍（*Capreolus capreolus*）共16种。

文献记载中国分布的哺乳动物有13目55科235属，607种，963亚种（王应祥，2003）；河南省黄河流域分布的哺乳动物有52种，隶属8目24科42属，较为丰富。

一、物种分类系统

黄河流域河南省内分布的哺乳动物共计52种，隶属8目24科42属，其分类系统如下。

食虫目 Insectivora

猬科 Erinaceidae

刺猬属 *Erinaceus*

普通刺猬 *Erinaceus europaeus*

鼩鼱科 Soricidae

水鼩属 *Chimmarogale*

喜马拉雅水鼩 *Chimmarogale himalayius*

鼹科 Talpidae

麝鼹属 *Scaptochirus*

麝鼹 *Scaptochirus moschatus*

翼手目 Chiroptera

蝙蝠科 Vespertilionidae

大耳蝠属 *Plecotus*

褐大耳蝠 *Plecotus auritus*

棕蝠属 *Eptesicus*

大棕蝠 *Eptesicus serotinus*

菊头蝠科 Rhinolophidae

菊头蝠属 *Rhinolophus*

马铁菊头蝠 *Rhinolophus ferrumequinum*

兔形目 Lagomorpha

鼠兔科 Ochotonidae

鼠兔属 *Ochotona*

黄河鼠兔 *Ochotona huangensis*

兔科 Leporidae

兔属 *Lepus*

托氏兔 *Lepus tolai*

啮齿目 Rodentia

松鼠科 Sciuridae

岩松鼠属 *Sciurotamias*

岩松鼠 *Sciurotamias davidianus*

花松鼠属 *Tamiops*

隐纹花松鼠 *Tamiops swinhoei*

花鼠属 *Eutamias*

花鼠 *Eutamias sibiricus*

仓鼠科 Cricetidae

仓鼠属 *Cricetulus*

大仓鼠 *Cricetulus triton*

黑线仓鼠 *Cricetulus barabensis*

灰仓鼠 *Cricetulus migratorius*

长尾仓鼠 *Cricetulus longicaudatus*

鼢鼠属 *Myospalaxe*

中华鼢鼠 *Myospalax fontaieri*

东北鼢鼠 *Myospalax psilurus*

田鼠属 *Microtus*

东方田鼠 *Microtus fortis*

竹鼠科 Rhizomyidae

竹鼠属 *Rhizomys*

中华竹鼠 *Rhizomys sinensis*

鼠科 Muridae

长尾巨鼠属 *Leopoldmys*

小泡巨鼠 *Leopoldamys edwardsi*

小鼠属 *Mus*

小家鼠 *Mus musculus*

家鼠属 *Rattus*

褐家鼠 *Rattus norvegicus*

白腹鼠属 *Niviventer*

针毛鼠 *Niviventer fulvescens*

社鼠 *Niviventer confucianus*

姬鼠属 *Apodermus*

黑线姬鼠 *Apodemus agrarius*

中华姬鼠 *Apodemus draco*

大林姬鼠 *Apodemus peninsulae*

小林姬鼠 *Apodemus sylvaticus*

跳鼠科 Dipodidae

五趾跳鼠属 *Allectaga*

五趾跳鼠 *Allactaga sibirica*

豪猪科 Hystricidae

豪猪属 *Hystrix*

豪猪 *Hystrix hodgsoni*

食肉目 Carnivora

熊科 Ursidae

黑熊属 *Selenarctos*

黑熊 *Selenarctos thibetanus*

鼬科 Mustelidae

貂属 *Martes*

石貂 *Martes foina*

黄喉貂 *Martes flavigula*

鼬属 *Mustela*

黄鼬 *Mustela sibirica*

艾鼬 *Mustela eversmanni*

水獭属 *Lutra*

水獭 *Lutra lutra*

狗獾属 *Meles*

狗獾 *Meles meles*

猪獾属 *Arctonyx*

猪獾 *Arctonyx collaris*

猫科 Felidae

豹属 *Panthera*

豹 *Panthera pardus*

金猫属 *Profelis*

金猫 *Profelis temmincki*

豹猫属 *Prionailurus*

豹猫 *Prionailurus bengalensis*

犬科 Canidae

犬属 *Caris*

狼 *Canis lupus*

狐属 *Vulpes*

赤狐 *Vulpes vulpes*

灵猫科 Viverridae

花面狸属 *Paguma*

花面狸 *Paguma larvata*

大灵猫属 *Viverra*

大灵猫 *Viverra zibetha*

小灵猫属 *Viverricula*

小灵猫 *Viverricula indica*

偶蹄目 Artiodactyla

牛科 Bovidae

斑羚属 *Naemorhedus*

斑羚 *Naemorhedus caudatus*

猪科 Suidae

猪属 *Sus*

野猪 *Sus scrofa*

麝科 Moschidae

麝属 *Moschs*

林麝 *Moschus berezovskii*

鹿科 Cervidae

狍属 *Capreolus*

狍 *Capreolus capreolus*

鳞甲目 Pholidota

鲮鲤科 Manidae

穿山甲属 *Manis*

穿山甲 *Manis pentadactyla*

灵长目 Primates

猴科 Cercopithecidae

猕猴属 *Macaca*

猕猴 *Macaca mulatta*

二、群落结构特征

该地区分布的哺乳动物有52种，隶属8目24科42属，从表6－1可以看出其群落结构特征是啮齿目Rodentia为优势目，优势度为42.31%；次优势目是食肉目Carnivora，优势度为30.77%。从科级水平分析，鼠科Muridae为优势类群，优势度为17.31%；次优势类群是仓鼠科Cricetidae和鼬科Mustelidae，优势度均为13.46%。

表6－1　哺乳动物群落结构特征

目 Order	科 Family	属 Genus	种 Species	比例/% Per./%
食虫目 Insectivora	猬科 Erinaceidae	1	1	5.77
	鼩鼱科 Soricidae	1	1	
	鼹科 Talpidae	1	1	

续表

目 Order	科 Family	属 Genus	种 Species	比例/% Per./%
翼手目 Chiroptera	蝙蝠科 Vespertilionidae	2	2	5.77
	菊头蝠科 Rhinolophidae	1	1	
兔形目 Lagomorpha	鼠兔科 Ochotonidae	1	1	3.85
	兔科 Leporidae	1	1	
啮齿目 Rodentia	松鼠科 Sciuridae	3	3	42.31
	仓鼠科 Cricetidae	3	7	
	竹鼠科 Rhizomyidae	1	1	
	鼠科 Muridae	5	9	
	跳鼠科 Dipodidae	1	1	
	豪猪科 Hystricidae	1	1	
食肉目 Carnivora	熊科 Ursidae	1	1	30.77
	鼬科 Mustelidae	5	7	
	猫科 Felidae	3	3	
	犬科 Canidae	2	2	
	灵猫科 Viverridae	3	3	
偶蹄目 Artiodactyla	牛科 Bovidae	1	1	7.69
	猪科 Suidae	1	1	
	麝科 Moschidae	1	1	
	鹿科 Cervidae	1	1	
鳞甲目 Pholidota	鲮鲤科 Manidae	1	1	1.92
灵长目 Primates	猴科 Cercopithecidae	1	1	1.92
合计	24	42	52	100

三、物种区系分类特征

河南分布多种国家一级保护动物如林麝 *Moschus berezovskii* 及豹 *Panthera pardus*，国家二级保护动物如黄喉貂 *Martes flavtigula* 及水獭 *Lutra lutra*，中国特有动物如各种鼠类和三有动物如黄鼬 *Mustela sibirica*。该保护区分布的哺乳动物有52种，各物种在此地区的分布及区系特征见表6－2，其中属于古北界种类有28种，约占总种数的53.85%；属于东洋界种类有10种，约占总种数的19.23%；广布型种类有14种，约占总种数的26.92%；即该保护区分布的哺乳类以古北界种类为主，东洋界种类最少。

表6－2 河南哺乳动物区系分布特征

目 Order 科 Family	种 Species	区系分布	保护级别	留居型	区域内分布
食虫目 Insectivora 猬科 Erinaceidae	普通刺猬 *Erinaceus europaeus*	A	三有	R	广布
食虫目 Insectivora 鼩鼱科 Soricidae	喜马拉雅水鼩 *Chimmarogale himalayicus*	B	—	R	有分布
食虫目 Insectivora 鼹科 Talpidae	麝鼹 *Scaptochirus moschatus*	A	—	R	广布
翼手目 Chiroptera 蝙蝠科 Vespertilionidae	褐大耳蝠 *plecotus auritus*	A	—	R	广布
	大棕蝠 *Eptesicus serotinus*	A	—	R	广布
翼手目 Chiroptera 菊头蝠科 Rhinolophidae	马铁菊头蝠 *Rhinolophus ferrumequinum*	A	—	R	广布
兔形目 Lagomorpha 鼠兔科 Ochotonidae	黄河鼠兔 *Ochotona huangensis*	A	—	R	广布
兔形目 Lagomorpha 兔科 Leporidae	托氏兔 *Lepus tolai*	A	三有	R	有分布

续表1

目 Order 科 Family	种 Species	区系分布	保护级别	留居型	区域内分布
啮齿目 Rodentia 松鼠科 Sciuridae	岩松鼠 *Sciurotamias davidianus*	A	三有	R	有分布
	隐纹花松鼠 *Tamiops swinhoei*	A	三有	R	有分布
	花鼠 *Eutamias sibiricus*	A	三有	R	广布
啮齿目 Rodentia 仓鼠科 Cricetidae	大仓鼠 *Cricetulus triton*	A	—	R	广布
	黑线仓鼠 *Cricetulus barabensis*	A	—	R	广布
	灰仓鼠 *Cricetulus migratorius*	A	—	R	广布
	长尾仓鼠 *Cricetulus longicandatus*	A	—	R	广布
	中华鼢鼠 *Myospalax fontaieri*	A	—	R	广布
	东北鼢鼠 *Myospalax psilurus*	A	—	R	有分布
	东方田鼠 *Microtus fortis*	C	—	R	广布
啮齿目 Rodentia 竹鼠科 Rhizomyidae	中华竹鼠 *Rhizomys sinensis*	C	三有	R	有分布
啮齿目 Rodentia 鼠科 Muridae	小泡巨鼠 *Leopoldamys edwardsi*	B	—	R	有分布
	小家鼠 *Mus musculus*	C	—	R	广布
	褐家鼠 *Rattus norvegicus*	C	—	R	广布
	针毛鼠 *Niviventer fulvescens*	B	—	R	有分布
	社鼠 *Niviventer confucianus*	C	三有	R	广布
	黑线姬鼠 *Apodemus agrarius*	A	—	R	广布
	中华姬鼠 *Apodemus draco*	B	—	R	有分布
	大林姬鼠 *Apodemus peninsulae*	C	—	R	广布
	小林姬鼠 *Apodemus sylvaticus*	C	—	R	广布
啮齿目 Rodentia 跳鼠科 Dipodidae	五趾跳鼠 *Allactaga sibirica*	A	—	R	有分布

续表 2

目 Order 科 Family	种 Species	区系分布	保护级别	留居型	区域内分布
啮齿目 Rodentia 豪猪科 Hystricidae	豪猪 *Hystrix hodgsoni*	B	三有	R	广布
食肉目 Carnivora 熊科 Ursidae	黑熊 *Selenarctos thibetanus*	B	Ⅱ	R	有分布
食肉目 Carnivora 鼬科 Mustelidae	石貂 *Martes foina*	A	Ⅱ	R	有分布
	黄喉貂 *Martes flavigula*	C	Ⅱ	R	有分布
	黄鼬 *Mustela sibirica*	A	三有	R	有分布
	艾鼬 *Mustela eversmanni*	A	三有	R	有分布
	水獭 *Lutra lutra*	A	Ⅱ	R	有分布
	狗獾 *Meles meles*	A	三有	R	有分布
	猪獾 *Arctonyx collaris*	A	三有	R	有分布
食肉目 Carnivora 猫科 Felidae	豹 *Panthera pardus*	A	Ⅰ	R	有分布
	金猫 *Profelis temmincki*	B	Ⅰ	R	有分布
	豹猫 *Prionailurus bengalensis*	C	Ⅱ	R	广布
食肉目 Carnivora 犬科 Canidae	狼 *Canis lupus*	C	三有	R	有分布
	赤狐 *Vulpes vulpes*	C	Ⅱ	R	—
食肉目 Carnivora 灵猫科 Viverridae	花面狸 *Paguma larvata*	C	三有	R	广布
	大灵猫 *Viverra zibetha*	B	Ⅰ	R	有分布
	小灵猫 *Viverricula indica*	B	Ⅰ	R	有分布
偶蹄目 Artiodactyla 牛科 Bovidae	斑羚 *Naemorhedus caudatus*	A	—	R	有分布
偶蹄目 Artiodactyla 猪科 Suidae	野猪 *Sus scrofa*	C	三有	R	广布

续表 3

目 Order 科 Family	种 Species	区系分布	保护级别	留居型	区域内分布
偶蹄目 Artiodactyla 麝科 Moschidae	林麝 *Moschus berezovskii*	A	Ⅰ	R	有分布
偶蹄目 Artiodactyla 鹿科 Cervidae	狍 *Capreolus capreolus*	A	Ⅱ、三有	R	有分布
鳞甲目 Pholidota 鲮鲤科 Manidae	穿山甲 *Manis pentadactyla*	B	Ⅰ	R	有分布
灵长目 Primates 猴科 Cercopithecidae	猕猴 *Macaca mulatta*	C	Ⅱ	R	广布

注:区系分布:A 古北界、B 东洋界、C 广布型。留居型:R 留鸟。

四、保护现状描述

该保护区分布的哺乳动物有 52 种。属于国家一级保护种类的有 6 种,国家二级保护种类的有 8 种,中国特有保护种类有 4 种,“三有动物”种类有 16 种,特征描述如下。

(一)国家一级保护种类

属于国家一级保护种类的有 6 种。

1. 豹 *Panthera pardus*

形态特征:一般指花豹,大型肉食性动物,体形似虎,但明显较小。视觉、听觉、嗅觉均很发达。身长 1.5—2.4m,奔跑时速可达 70km/h。头圆耳小。全身棕黄而遍布黑褐色金钱花斑,故名金钱豹(朱文怀,2017)。身体匀称,四肢中等长度,趾行性。前脚有 5 个脚趾,后脚有 4 个脚趾;爪子锋利且可伸缩。耳朵短,耳背黑色,耳尖和耳根均呈黄色。嘴两侧各有 5 排斜胡须。体毛颜色鲜艳,背部呈杏色,颈下、胸、腹及四肢内侧呈白色。

栖息环境:生活于山地森林、丘陵灌丛、荒漠草原等多种环境,从平原到海拔 3600m 的高山都有分布。

生活习性:独居,在食物丰富的地方有相对固定的活动范围,当食物匮乏时,它们会跋涉数十公里寻找食物;雄豹的领地可达 40 km。白天躲在巢中或睡在灌木丛中。晚上出去寻找食物。嗅觉和视觉极其敏锐,动作敏捷,善于爬树、跳跃。

繁殖:在低纬度地区,全年均可发情繁殖,在北方高纬度地区,雌性豹子一般在春季三四月发情。发情期约 7—14 天,妊娠期 90—106 天,每窝产仔数 1—4 只。在 24—28 个月大时达到性成熟。在野外,雌性豹子可以持续繁殖到 16 岁(宋大昭等,2012)。

分布:我国分布广泛,分布于河南、河北、山西、北京、陕西、甘肃东南部和宁夏南部广大地区。河南主要分布在太行山、伏牛山、桐柏—大别山(甘雨,方保华,2004)。

种群现状:我国除台湾、海南、新疆等少数省份外的其他省份都比较常见。华北亚种分布于河北、山西、陕西北部。东北亚种曾分布于黑龙江大兴安岭、小兴安岭和吉林东部山区,并向东延伸至俄罗斯沿海和朝鲜北部地区。华北豹曾一度遭到大量猎杀,数量锐减(朱文怀,2017)。

保护:列入《世界自然保护联盟濒危物种红色名录》2015 年、2019 年 ver3. 1——易危(VU)。列入《世界自然保护联盟濒危物种红色名录》2008 年 ver3. 1——近危(NT)。列入《世界自然保护联盟濒危物种红色名录》2002 年 ver3. 1——无危(LC)。列入《濒危野生动植物种国际贸易公约》附录Ⅰ。列入中国《国家重点保护野生动物名录》一级。

2. 金猫 *Profelis temmincki*

形态特征:体长 80—100cm,体型中等,比小型猫科动物体型大,但比豹小,主要在地面活动。尾长超过体长的 1/2。耳朵短小直立,眼大而圆。四肢粗壮,体强健有力。体毛多变,正常色型是橙黄色,并带有暗色花纹;变异色型有红棕色、褐色和黑色，几种色型间还有各种过渡类型。眼角前内侧各有1条白纹，其后为1条棕黄色宽纹伸展至枕部，其两侧有黑纹。眼下有1条白纹延伸至耳基下部，其上下缘均具明显黑线。

栖息环境：栖息于热带和亚热带的湿润常绿阔叶林、混合常绿山地林和干燥落叶林当中。

生活习性：除繁殖期成对活动外，大多独居且行踪较为隐秘。白天多栖于树上洞穴内，夜间下地活动。善于爬树，但多在地面活动。具有较固定的占区领域，一般活动范围2—4km。

繁殖：金猫无长期固定的巢穴，但产仔时期常选择一些树洞或岩洞作为栖息场所。无固定繁殖季节，但多在冬季发情，春季产仔，妊娠期约90天。每胎产仔1—3只，性成熟年龄为18—24个月，平均12个月可独立生活。

分布：金猫过去在中国分布广泛，但它是虎、豹的重要替代产品，如毛皮、骨头等；在历史上也遭到大量的猎杀，在很多历史分布区里，金猫早已灭绝。今天中国的金猫主要分布于四川—甘肃岷山山脉，陕西秦岭，云南边境地带，西藏喜马拉雅山南坡（宋大昭，肖诗白，肖飞，2021）。河南大别山、伏牛山、太行山有少量分布。

保护：列入《世界自然保护联盟濒危物种红色名录》2014年 ver3.1——近危（NT）。列入《濒危野生动植物种国际贸易公约》附录Ⅰ。列入中国《国家重点保护野生动物名录》一级。

3. 大灵猫 *Viverra zibetha*

形态特征：体形细长，比家猫大得多，大小与家犬相似，体长60—80cm。头略尖，耳小，额部较宽阔，吻部稍突，前足第3、第3趾有皮瓣构成的爪。体毛为棕灰色，带有黑褐色斑纹，口唇灰白色，额、眼周围有灰白色小麻斑。背中央至尾基有1条黑色的由粗硬鬃毛组成的纵纹，颈侧和喉部有3条显著的波状黑领纹，其间夹有白色宽纹，腹毛浅灰色。四肢较短，黑褐色，尾长超过体长的1/2，尾具5—6条黑白相间的色环，末端黑色（张守发，2012）。

栖息环境：主要栖息于海拔2100m以下的丘陵、山地等地带的热带雨林、亚热带常绿阔叶林的林缘灌木丛、草丛中，也选择岩穴、土洞或树洞作为栖息地。

生活习性：可以靠囊状香腺分泌出的灵猫香特殊定向。生性独居且狡猾，非常机警，听觉和嗅觉都非常灵敏，昼伏夜出，行动敏捷。白天隐藏在灌木丛、草丛、岩穴、山洞里，黎明和黄昏时开始活跃。除繁殖期外，基本上都是独居。擅长爬树和游泳，主要在地面活动。食性杂，动物性食物包括小型兽类、鸟类、两栖爬行类、甲壳类、昆虫等。植物性食物包括茄科植物的茎叶、多种无花果的种子、酸浆果等。

繁殖：发情期多集中在每年1—3月，妊娠期70—74天，产仔高峰期为每年4—5月，每窝产仔2—4只。13—15月龄可达性成熟。

分布：分布于南亚、东南亚的阔叶林、灌木丛和农耕地区，包括中国、印度尼西亚、印度、缅甸、柬埔寨、老挝、马来西亚、泰国、越南等。中国广泛分布于热带与亚热带地区，包括甘肃南部、四川、陕西秦岭山脉、安徽南部、浙江、福建、江西、湖北、湖南、广东、海南、广西、贵州、云南及西藏东南低海拔地区。河南分布于花果山风景区和伏牛山国家级自然保护区等地。

保护：列入《濒危野生动植物种国际贸易公约》附录Ⅲ。列入《中国国家重点保护野生动物名录》一级（黎跃成，2010）。

4. 小灵猫 *Viverricula indica*

形态特征：外形与大灵猫相似而较小，体长约48—58cm，吻部尖而突出，额部狭窄，耳短而圆，眼小而有神。尾部较长，尾长一般超过体长的1/2。四肢健壮，后肢略长于前肢；足具5趾，但前足的第3趾和第4趾没有爪鞘保护，有伸缩性。会阴部有高度发达的囊状香腺，雄性的香腺比雌性的略大。毛色以棕灰、乳黄色多见。眼眶前缘和耳后呈暗褐色，从耳后至肩部有2条黑褐色颈纹，从肩到臀通常有3—5条颜色较暗的背纹。4足深棕褐色。尾巴被毛通常呈白色与暗褐色相间的环状，尾尖多为灰白色（张守发，2012）。

栖息环境:多栖息在热带、亚热带低海拔地区,如低山森林、阔叶林的灌木层、树洞、石洞、墓室中(张守发,2012)。

生活习性:独居,昼伏夜出,动作灵活,会游泳,又善于攀爬,能爬树捕鸟、捕松鼠,或采摘野果。其食性比较多样,以鼠、鸟、蛇、蛙、小鱼、蜈蚣、蚱蜢等动物性食物为主,以野果、种子等植物性食物为辅。通过擦香来标记领地和引诱异性。

繁殖:2 岁可达性成熟。繁殖期分为春、秋两季,但以春季为主,一般集中在 2—4 月,少数可延迟到 5 月;秋季仅在 8 月,为期较短,繁殖得少。妊娠期平均为 90 天。产仔期多集中在 5—6 月,每胎产仔 2—5 只(张守发,2012)。

分布:中国主要分布在浙江、安徽、福建、广东、广西、海南、四川、贵州、云南、台湾等地。河南主要分布于伏牛山国家级自然保护区、洛阳花果山国家森林园等地。

种群现状:中国多个自然保护区有分布,包括鄱阳湖(江西)、岩泉、桃红岭、井冈山、攀枝花苏铁、王朗、卧龙、唐家河、缙云山、金佛山、珠穆朗玛峰、石林(云南)、哀牢山、苍山洱海、大围山、金平分水岭、怒江、高黎贡山、铜壁关、清凉峰、天目山(浙江)、古田山、乌岩岭、瓦屋山、大雾岭、朱家山、滚马乡(三穗)、南靖南亚热带雨林等(王学明,吴钦,2001)。

保护:列入中国《国家重点保护野生动物名录》一级(2021)。

5. 林麝 *Moschus berezovskii*

形态特征:体长 63—80cm,四肢细长,后肢比前肢长,无角。耳朵长而直立,末端略圆。雄性有麝香囊,尾粗而短,尾脂腺发达。体毛橄榄褐色,腿和腹部呈黄色到橙褐色,臀部的毛色几乎呈黑色。年幼的林麝个体有斑点。

栖息环境:主要栖于针阔叶混交林,也适于在针叶林和郁闭度较差的阔叶林生活。栖息海拔可达 2000—3800m,但在低海拔环境也能生存。

生活习性:胆小怯懦,性情孤独。早晨和黄昏出来活动。平时雌雄分居,营独居生活，雌麝常和幼麝在一起，雄麝则用它们巨大的麝腺标志领域和吸引配偶。视觉和听觉灵敏，也能轻快敏捷地在险峻的悬崖峭壁上行走，能登上倾斜的树干，还善于跳跃。以树叶、杂草、苔藓及各种野果为食。

繁殖：各地繁殖情况有差异。在四川，于11—12月发情，最迟可延至翌年1月；在广西9—10月发情交配，雌麝发情周期为15—25天，妊娠期176—183天，多数在6月产仔，每胎1—3仔，1.5龄性成熟（盖玛，解焱等，2009）。

分布：中国主要分布于宁夏六盘山、陕西秦岭山脉；东至安徽大别山、湖南西部；西至四川，西藏波密、察偶，云南北部；南至贵州、广东及西北部山区。河南主要分布于伏牛山和大别山国家级自然保护区。

种群现状：1980年以后，由于麝香不断升值，野生林麝被持续过度捕捉，至20世纪90年代末数量估计已降至20万—30万只（胡忠军，王渻，薛文杰等，2007）。

保护：列入《世界自然保护联盟濒危物种红色名录》2008年 ver3.1——濒危（EN）。列入《濒危野生动植物种国际贸易公约》附录Ⅱ。列入中国《国家重点保护野生动物名录》一级。

6. 穿山甲 *Manis pentadactyla*

形态特征：体长42—92cm，狭长，全身被黑褐色鳞甲，四肢短而粗，尾巴平而长，背部微隆起。头呈圆锥形，眼睛小，鼻子尖，舌头很长，没有牙齿，耳朵不发达。脚有5个脚趾和强壮的爪子。鳞甲如瓦状，有菱形、盾状、折合状三种形状，从额顶到背部、四肢外侧、尾部背面和腹面，呈纵列状排列。鳞片之间杂有白色和棕黄色稀疏硬毛，分布在面颊、眼、耳、颈腹部、四肢外侧、尾基部。

栖息环境：在山麓草丛或潮湿的丘陵灌木丛的泥土中挖洞居住。

生活习性：通常单独生活在洞穴中，仅在交配季节成对生活。昼伏夜出，会爬树，会游泳。舌头细长且可伸缩，含有黏稠的唾液，可用长舌舔食白蚁、蚂蚁、蜜蜂或以其他昆虫为食。

繁殖：单胎生动物，发情期以4—5月为主，妊娠期5—6个月，分娩期为

12 月至翌年 1 月。出生 2 个月后的幼崽便可随母外出寻找食物,外出时,幼崽会趴在母兽背尾部。6 个月后,幼崽可离开母兽独立生活。

分布:分布在东南亚及非洲的部分国家,不同的种类分布在不同国家。中国则以中华穿山甲较常见,多分布于长江以南地区。河南主要分布于太行山和大别山。

种群现状:是世界上现存的鳞甲目哺乳动物的总称,在亚洲和非洲南部都有分布。由于野味交易加上对于鳞甲的需求,整个穿山甲非法贸易愈演愈烈(黄岚,2020)。

保护:列入《世界自然保护联盟濒危物种红色名录》2014 年 ver3.1——极危(CR)2 种、濒危(EN)2 种、易危(VU)4 种。列入《濒危野生动植物种国际贸易公约》附录Ⅰ。

(二)国家二级保护种类

属于国家二级保护种类的有 8 种。

1. 黑熊 *Selenarctos thibetanus*

形态特征:雌性体长 110—150cm,雄性体长 120—189cm。身体粗壮,头部宽圆,头骨略呈长圆形,吻较短。鼻端裸露,眼小,除胸部有 1 个明显的倒“人”字形白色或黄色斑,全身被富有光泽的漆黑色毛;鼻面部棕褐色或赭色。尾很短,四肢粗健,前后肢都具五趾,爪强而弯曲,前足爪长于后足爪。前后足均肥厚,前足的腕垫宽大,与掌垫相连;后足跖垫宽大肥厚。

栖息环境:热带雨林、亚热带干旱河谷灌木丛、亚热带常绿阔叶林、温带落叶阔叶林、针阔叶混交林、针叶林以及海山地寒温带暗针叶林都有栖息。有垂直迁徙的习性。夏季栖息于高山,入冬前逐渐从高地迁徙到海拔较低的地区,甚至迁徙到干旱河谷灌丛。

生活习性:视力差,故有“黑瞎子”之称。嗅觉和听觉灵敏。昼伏夜出,善于攀爬,善于游泳。北方的黑熊有冬眠习性,在树洞、岩洞、原木或岩石下、河岸边、阴暗的沟渠和浅洼地里筑巢。秋季进食较多,整个冬季都在洞中休眠,不进食、不活动,处于半睡眠状态,直到次年三、四月才从洞中出来。杂食动物,主要以植物性食物为食,包括各种植物的根、茎、芽叶和果实,以及虾、蟹、鱼、鸟类、无脊椎动物、啮齿动物和腐肉;也会挖蚁窝和蜂巢。

繁殖:独居。雌雄在交配的时候才会相遇。在大自然中抚养幼崽的雌熊每隔一年繁殖一次;受精卵在雌熊冬眠期间才开始成长,发育期 10 周,幼崽通常在 1 月或 2 月出生。

分布:分布于黑龙江、吉林、辽宁、陕西、甘肃、青海、西藏、四川、云南、贵州、广西、湖北、湖南、广东、安徽、浙江、江西、福建、台湾、内蒙古。河南省分布的黑熊数量并不多,大别山等山区有分布。

种群现状:熊的皮毛、胆囊、掌等身体部位被销往中药材市场和野味市场。自 20 世纪 80 年代以来,对熊胆的需求促进了中国养熊业的发展。当时,大量野外黑熊,特别是幼崽被捕获并出售给养熊场。由于养殖条件和技术的限制,不少黑熊在手术和养殖过程中病死,导致熊的总数急剧下降。

保护:列入《世界自然保护联盟濒危物种红色名录》2012 年 ver3. 1——易危(VU)。列入《濒危野生动植物种国际贸易公约》附录Ⅰ。列入中国《国家重点保护野生动物名录》二级。

2. *石貂 Martes foina*

形态特征:貂属中体形较细长的一种,成年母貂体长 40—42cm,成年公貂一般体长在 46—54cm。尾长超过头体长的 1/2,头部呈三角形,吻鼻部尖,鼻骨狭长而中央略低凹,耳直立圆钝,躯体粗壮,四肢粗短,后肢略长于前肢,足掌被毛,前后肢均具 5 趾,趾短,微具蹼,趾行性,趾垫 5 枚,掌垫 3 枚。毛色为单一灰褐或淡棕褐色,绒毛丰厚,耳缘白色,喉胸部具 1 个鲜明的白色或茧黄色块斑(亦称貂嗉),呈“V”形或不规则的环状。

栖息环境:栖息在森林、矮树丛、森林边缘、树篱和岩质丘陵,西欧和中欧大陆中部分最高栖息于海拔 4200m 处,也在人类居住区附近出没(亨特,2014)。

生活习性:营陆栖或半树栖生活,穴居洞内,多昼伏夜出。行动敏捷,善于攀缘,性情胆大勇猛,听觉和视觉都很敏锐,适应能力较强。杂食,主要以野鼠、野兔、松鼠等各种小型兽类以及野鸽、麻雀等鸟类为食,也会食蛇、青蛙、鸟蛋和昆虫,除动物性食物外,也会吃一些野生浆果。

繁殖:季节性发情动物。每年7—8月多为交配期,雌貂妊娠期236—275天,翌年3月至4月中旬分娩,每胎产仔1—8只,由雌貂单独抚养。幼兽15—16个月后性成熟。

分布:广泛分布于欧亚大陆,主要分布于欧洲西部和中欧部分国家。中国主要分布于中西部的山西、河北、内蒙古、四川、宁夏、陕西、甘肃、青海、云南、新疆、西藏等地。河南主要分布在大别山和太行山等地。

种群现状:在中国数量很稀少,许多地区已濒临灭绝。生境破坏是导致该种受威胁的主要原因;长期以来遭过度捕杀也许是更主要的原因。

保护:列入《世界自然保护联盟濒危物种红色名录》2008年ver3.1——无危(LC)。列入中国《国家重点保护野生动物名录》二级。列入《中国濒危动物红皮书:兽类》易危。列入《中国物种红色名录》濒危(EN)(汪松,2009)。

3. 水獭 *Lutra lutra*

形态特征:典型的水陆兼栖型哺乳动物,体长56—80cm,呈扁圆形,活动敏捷,擅长游泳和潜水(雷伟,李玉春,2008)。头宽而略扁,口吻短,下颏中央有数根短硬的胡须,眼睛稍凸而圆。耳朵又小又圆。四肢短,脚趾有蹼。体毛长而密,体背呈咖啡色,色泽油亮,腹部毛色较浅,呈灰褐色。

栖息环境:栖息于沿海咸水、淡水交界地区,以及河流和湖泊一带,尤其是两岸林木繁茂的溪河地带。海岸附近的一些小岛屿也有栖息。

生活习性:除交配期外,通常独居。多穴居,但无固定洞穴,昼伏夜出。善于游泳和潜水。听觉、视觉、嗅觉都非常敏锐。食物主要是鱼,但也捕食鸟、小兽、青蛙、虾、蟹和甲壳类动物,有时也吃一些植物性食物。

繁殖:水獭没有明确固定的繁殖季节,一年四季都能交配,但主要在春季和夏季。在水中交配,但在巢穴的草上产仔。怀孕期约为2个月,一般在冬季产仔，每胎产仔1—5只。3岁时性成熟。

分布：分布范围极广，亚洲、欧洲、非洲都有其踪迹。中国广泛分于各省和自治区。河南广泛分布于大别山、太行山和河南省黄河湿地国家级自然保护区。

保护：列入《世界自然保护联盟濒危物种红色名录》2015年ver3.1——近危（NT）。列入中国《国家重点保护野生动物名录》二级。

4. 豹猫 *Prionailurus bengalensis*

形态特征：体型较小，体形十分匀称，略比家猫大，与家猫相比更加纤细，腿更长。体长36—66cm，尾巴比身体长度的1/2还要长。眼睛大而圆，耳朵大而尖，耳后黑色，有白色斑点。从眼睛内侧向上到额后有1条白色条纹，从头到肩有4道黑褐色条纹，从眼角内侧到耳根有2条黑色条纹。背部体毛呈棕色或浅棕色，布满不规则的黑色斑点。胸、腹及四肢内侧白色，尾背有褐色斑点或半环，尾端黑色或深灰色。

栖息环境：从海边的红树林，直到青藏高原海拔4000m以上的高原草原地带都有分布。主要栖息于山地林区、郊野灌木丛和林缘村寨附近，其中半开阔的稀树灌木丛居多。

生活习性：窝穴多在树洞、土洞、石块下石缝中。主要为地栖，但攀爬能力强。在树上活动灵敏自如。夜行性，晨昏活动较多，独栖或成对活动。善游水，喜在水塘边、溪沟边等近水之处活动和觅食。主要以鼠类、松鼠、兔类、蛙类、蜥蜴、蛇类、小型鸟类、昆虫等为食物，也吃浆果、榕树果和部分嫩叶、嫩草，有时潜入村寨盗食鸡、鸭等家禽。

繁殖：北方的豹猫繁殖有一定的季节性，一般春夏季繁殖，春季发情交配，妊娠期为63—70天，同年3—5月生产，每胎产2—4仔，以2仔居多；南方的豹猫繁殖季节性不明显，1—6月都能发现幼仔出生。18月龄性成熟。

分布：中国主要有分布于黄河以北的北方亚种和广泛分布于南方的指名亚种。北方亚种常见于河北、宁夏、内蒙古、山西、北京，以及东北地区，其体型较大,毛色相对较为灰暗,斑点也不够清晰。分布于南方的指名亚种从江浙一代直到湖南、湖北、广西、广东、四川、贵州、云南、西藏等地,其体型和毛色因地区不同而略有不同,但总体而言体型纤细、毛色艳丽,斑点非常清晰(宋大昭,肖诗白,肖飞,2021)。河南主要分布于大别山、伏牛山河南小秦岭国家级自然保护区及宝天曼国家级自然保护区。

种群现状:适应能力很强,在中国分布广,种群数量大。由于生存环境日益恶劣,缺乏法律保护,缺少研究,各亚种生存现状很不均匀,部分亚种属于濒临灭绝境地(廖河康等,2018)。

保护:列入《世界自然保护联盟濒危物种红色名录》2014 年 ver3.1——无危(LC)。菲律宾亚种列入《世界自然保护联盟濒危物种红色名录》2008 年 ver3.1——易危(VU)。西表亚种列入《世界自然保护联盟濒危物种红色名录》2014 年 ver3.1——极危(CR)。列入《濒危野生动植物种国际贸易公约》附录Ⅱ。列入中国《国家重点保护野生动物名录》二级。

5. 黄喉貂 *Martes flavigula*

形态特征:体长 56—65cm,体形细长。头尖细,耳朵圆,四肢短小强健,5 趾,趾爪粗壮,弯曲且锋利。皮毛柔软而紧密,毛色鲜艳,头部、颈背部、身体的后部、四肢及尾巴为暗棕色至黑色,喉部、胸部包括腰部毛色为鲜黄色,上缘有明显的黑线,故而得名。

栖息环境:栖息地海拔高度为 3000m 以下。活动于常绿阔叶林和针阔叶混交林区,以及大面积的丘陵或山地森林中。

生活习性:性情凶狠,行动迅速、敏捷,视力好,善于爬树。常在白天活动,但早、晚活动更加频繁。食源广泛,主要以昆虫、鱼类、小鸟、小兽和野果为食,有时也成群捕食鹿等大型兽类(张明明,2018)。当食物匮乏时,也吃动物尸体,偶尔也会潜入村庄偷吃家禽。

繁殖方式:在中国南方一般在春季繁殖,妊娠期 9—10 个月,每胎产 2—3 仔。

分布:中国大部分地区都有分布,包括黑龙江、吉林、辽宁、河北、河南、山西、陕西、甘肃、安徽、浙江、福建、台湾、湖北、湖南、广西、广东、海南、江西、四川、重庆、贵州、云南、西藏等地。河南分布于济源太行山国家级自然保护区、河南小秦岭国家级自然保护区和河南伏牛山国家级自然保护区。

保护:列入《世界自然保护联盟濒危物种红色名录》2016 年 ver3.1——无危(LC)。列入中国《国家重点保护野生动物名录》二级。

6. 猕猴 *Macaca mulatta*

形态特征:自然界中最常见的一种猴。躯体粗壮,平均身长约为 50cm,有些尾巴比躯体略长,有些则没有尾巴。前肢与后肢大约同样长;前额低,有 1 条突起的棱。面部裸露无毛,轮廓分明,视觉发达,但嗅觉退化;通常只胸前有 1 对乳头;四趾上都具有 5 指,可以灵活而稳定地抓握树枝,指的端部仅盖住指头背面的扁平指甲,突出的指部有发达的指纹,触觉灵敏,还有防止滑落的作用;掌面和跖面裸出,具有发达的 2 行皮垫,手脚的拇指和其余 4 指相对,可以握合。

栖息环境:栖息地广泛,草原、沼泽、各类森林、红树林沼泽地,从落叶树林到常青树林都有,喜欢生活在石山的林灌地带。同时,其适应多种气候条件,从热带到温带,自海岸边地带至海拔 4000m 的高山处都有猕猴活动。

生活习性:群居性动物,通常有十只或几十只为一组。白天在地面上活动,晚上则躲到树上睡觉。主要用四肢行走,但也可以用后腿行走或奔跑。活动范围很广,喜欢攀爬藤蔓和树木,也喜欢寻找悬崖和洞穴。在繁殖和食物短缺季节,集群往往更大。它善于攀爬和跳跃,能游泳和模仿人类动作,也会表达情感和表露情绪。以树叶、树枝、野菜和水果为食,也吃小鸟、鸟蛋、各种昆虫,甚至蚯蚓和蚂蚁。

繁殖:一般于 11—12 月发情,孕期 5.5—7 个月,次年 3—6 月产仔,每胎产 1—2 仔。约 4 岁时性成熟。

分布:主要分布于亚洲。在中国广东、广西、云南、贵州等地分布较多,福建、安徽、江西、湖南、湖北、四川次之，陕西、山西、河南、河北、青海、西藏等局部地点也有分布。河南主要分布于太行山猕猴国家级自然保护区，以及大别山等其他地区。

种群现状：具有繁殖率高、适应性强、用途广泛等特点，从热带至温带地区均有分布（蒋志刚，2017）。但种群数量目前最多仅及四五十年前的 20%—30%，以广东、广西、湖南、福建、河南等地的数量下降最甚，许多地区甚至已绝多年。乱捕滥猎是致危的主要因素。

保护：列入《世界自然保护联盟濒危物种红色名录》2008 年 ver3.1——低危（LC）。列入《中国濒危动物红皮书：兽类》易危种。

7. 赤狐 *Vulpes vulpes*

形态特征：体形纤长，体长约 70cm，是体型最大、最常见的狐狸。口鼻尖而长，鼻骨细长，额骨前部平缓，中间有窄沟，耳朵大、高、尖、直立。四肢较短，尾巴粗而长，略超过体长的 1/2 且有防潮、保暖的作用。全身覆毛，毛长而蓬松，冬季有丰富的绒毛。脚底长满浓密的短毛；有尾腺，能散发出一种奇特的气味，称为“狐臊”。

栖息环境：可栖息于多种环境中，如森林、草原、荒漠、高山、丘陵、平原及村庄附近，甚至于城郊。

生活习性：除了繁殖期和育仔期外，一般都是独居。听、嗅觉发达，狡猾，行动敏捷，追击猎物时速度可达 50km/h。昼伏夜出，善于游泳和爬树。杂食，以小型啮齿类动物为主，也吃兔形目、食虫目、小型食肉目动物，以及昆虫和植物果实（马勇等，2014）。

繁殖方式：每年 12 月至次年 2 月发情、交配，妊娠期约为 2—3 个月，3—4 月产仔，每胎多为 5—6 仔，哺乳期约为 45 天。9—10 个月性成熟。

分布：分布于整个北半球，包含欧洲、北美洲、亚洲草原及北非地区。是食肉目中分布最广者。中国广泛分布于广东、陕西、河南、吉林、安徽、河北、甘肃、新疆等地区。河南分布较少，在太行山有分布。

保护:列入《世界自然保护联盟濒危物种红色名录》2016 年 ver3.1——无危(LC)。列入《濒危野生动植物种国际贸易公约》附录Ⅲ。赤狐阿富汗亚种、赤狐白足亚种(赤狐旁遮普亚种)、赤狐西藏亚种列入中国《国家重点保护野生动物名录》二级。

8. 狍 *Capreolus capreolus*

形态特征:中小型鹿类,体长 0.95—1.35m。角短,仅长约 23cm,角直,基部粗糙而有皱纹,分支不超过 3 个;雄狍稍大一些。口吻裸露无毛,耳朵短而宽而圆,内外均被毛。颈及四肢长,后肢略长于前肢,蹄窄而长,有敖腺。尾巴很短,隐藏在体毛中。雄狍的角很短,在秋季或初冬时会脱落,然后慢慢再生。冬季毛发呈均匀的灰色至浅棕色,夏季毛发呈赭红色(薄乖民,马廷荣,2015)。

栖息环境:栖息于山坡小树林中。

生活习性:一般由母狍及其后代构成家族群,通常 3—5 只,雄狍仲夏才入群。晨昏活动,性情温顺,人工驯化容易。好奇心很重,东北人戏称其为"傻狍子"。纯植食性动物,以各种草、树叶、嫩枝、果实、谷物为食。

繁殖:8—9 月发情,妊娠期约为 9 个月,次年 5—6 月份产仔,一般每胎产 2 仔,哺乳期 1 个月(常海忠,常亚丽,2020)。

分布:广泛分布于除北部极地和南亚的欧亚大陆。中国分布于东北和西北地区。河南主要分布于太行山的山区和河南小秦岭国家级自然保护区。

种群现状:狍通常被认为很常见,但由于过度捕猎,它们在许多地方正在减少。1995 年估计世界总量为约 100 万只。

保护:列入《濒危野生动植物种国际贸易公约》附录Ⅱ。列入国家林业局于 2000 年 8 月 1 日发布的《国家保护的有益的或者有重要经济、科学研究价值的陆生野生动物名录》。列入中国《国家重点保护野生动物名录》二级。列入《中国生物多样性红色名录—脊椎动物卷》易危(VU)。

(三)中国特有种

中国特有种:特有种(endemic species)是指有关物种的地理分布和起源进化研究的专用术语,指“在地理分布上仅限于某一特定区域,而不分布于其他地区的物种”(张荣祖,1999)。在河南地区分布的中国特有种共计4种。

1. 普通刺猬 *Erinaceus europaeus* 保护区有分布,种群数量较大

形态特征:身体肥硕,从头顶到尾根部都布满了刺。头部宽阔,口鼻部尖,耳朵不长于周围的刺。四肢和尾巴较短,爪子较发达。头部、侧面和四肢都覆盖着细密的刚毛。除面部和前后足的毛呈灰褐色外,其余均为灰白色。一般的刺猬都有1个大而坚固的头骨和1个短而粗的口吻。鼻骨长而窄,后端尖。额骨上表面突出,两额骨交界处有纵沟(郑生武,宋世英,2010)。

栖息环境:广泛栖息于山地森林、草原、开垦地或荒地、灌木林或草丛等各种环境,但相较于山地森林,多见于平原丘陵地。

生活习性:除繁殖期外,常独居。通常在黄昏和夜间活动,行动缓慢,遇到危险时常常将身体卷成球状。有冬眠的习性,一般在10—11月开始冬眠,翌年3月才苏醒。食物主要是昆虫及其幼虫,也吃小型啮齿动物、幼鸟、鸟蛋、青蛙、小蛇等,也吃瓜类。

繁殖:3月份进入发情交配期,妊娠期35—45天,5—6月间产仔。每年1—2胎,每胎3—6仔。哺乳期40天。同一季节内可能繁殖2次,繁殖期与冬眠期各持续约半年。

分布:中国分布于东北、华北与华中各省。河南分布于大别山和小秦岭山区,以及焦作太行山区。

保护:列入《世界自然保护联盟濒危物种红色名录》2008年ver3.1——无危(LC)。

2. 中华鼢鼠 *Myospalax fontanieri* 保护区有分布,种群数量较大

形态特征:体型与东北鼢鼠相似,但前足和前指爪更细更短。头宽而平,

鼻子平而钝。四肢短,尾短,但比东北鼢鼠略长。尾毛稀疏。背面呈明显的锈红色。额头中央有 1 个大小不等、形状不规则的白斑。腹毛灰黑色,毛尖略呈铁锈色,尾毛白色。鼻子周围的颜色很浅,略带白色。头骨扁平、宽而厚,棱角明显。鼻骨狭窄,眶上嵴发达,后延与颞嵴相连,直至人字嵴。人字形嵴发育良好,上枕骨从人字形嵴延伸并呈拱形。门牙开口小,听泡低且平。(陈卫,高武,傅必谦,2002)。

栖息环境:栖息于土层深厚、土质疏松的荒山缓坡、阶地及乔木林下缘的疏林灌丛、草原地、高山灌丛(关继东,2007)。

生活习性:终年营地下生活,喜欢在地下挖掘长而复杂的隧洞,在洞里居住和取食,很少到地面上来(苏建亚,张立钦,2011)。不冬眠,昼夜活动(陈卫,高武,傅必谦,2002)。以植物地下茎和块根等为食。

分布:中国分布在甘肃、青海、宁夏、陕西、山西、河北、内蒙古、四川、湖南等省区。河南分布较广泛,主要分布于信阳新乡、开封、郑州和南阳。

繁殖:春季 4—5 月进行交配,6—8 月交配结束,一年繁殖 1—2 次,每胎 1—5 只。繁殖期从 4 月上旬开始,延续到 6 月中旬,历时 60 天。妊娠期约为 1 个月。哺乳期从 5 月中旬开始,延续到 8 月上旬。

种群现状:种群分布广泛,但通过对不同生境样区的调查,发现不同生境鼢鼠土丘密度各有差异,多者 5000 个左右,少者在 200 个以下甚至于无,即使在同一生境,不同的地段鼢鼠栖息密度也相差悬殊,土丘数量之差可达几倍或几十倍之多。

保护:未列入《世界自然保护联盟濒危物种红色名录》。未列入《濒危野生动植物种国际贸易公约》。

3. 岩松鼠 *Sciurotamias davidianus* 保护区有分布,种群数量较大

形态特征:体型中等。体长约 21cm,尾长超过体长 1/2。尾毛蓬松,比背毛稀疏。头骨长椭圆形,口吻短而宽,鼻骨呈长方形,后缘达颧弓前缘。眶间部平宽,眶上突尖出,眶间无嵴。后头圆滑,颧弓平直。听泡发达,下颌骨粗

壮。岩松鼠上门齿平宽。前臼齿 2 枚，臼齿 4 枚。

繁殖：通常每年繁殖 1 次，春季交尾，6 月间出现幼鼠，秋末为幼鼠数量高峰期。每胎可产 2—5 仔。

分布：中国分布于河北、陕西、山西、河南、四川、甘肃、宁夏、内蒙古、贵州、安徽及湖北等地区。河南分布较为广泛，分布于修武，辉县，洛宁，泌阳，偃师，南召，舞阳，鲁山，嵩县，新县，西峡，卢氏，林县，济源；河南全省山区和丘陵均有分布，为优势种。

保护：列入国家林业局于 2000 年 8 月 1 日发布的《国家保护的有益的或者有重要经济、科学研究价值的陆生野生动物名录》。

4. 社鼠 *Niviventer confucianus*

形态特征：中型鼠类，尾长大于体长，约为体长的 120%—125%。背毛呈棕褐色，中央颜色较深，为黑褐色。头、颈和腹部两侧呈暗棕色或棕黄色。腹部毛呈硫黄色。尾尖端白色。耳朵背面密生黑棕色细毛。头骨略显细长，吻较长，眶上嵴发达，延伸至顶间骨处则不太明显。门齿孔较宽，向后延伸达第 1 臼齿前缘的连接线，听泡小而低平。上颌第 1 臼齿最大，第 3 臼齿大小不足第 1 臼齿的 1/2。

栖息环境：山区常见的野鼠，主要栖息于丘陵树林、竹林、茅草丛、荆棘丛生的灌木丛或近田园、杂草间、山洞石隙、岩石缝和溪流水沟茅草中，山区丘陵梯田及杂草丛生的田埂也能见到（韩崇选，2005）。

分布：河南分布广泛，主要分布于丘陵山区；在偃师，临汝，三门峡，林县，灵宝，确山等多地均有分布。

保护：列入国家林业局 2000 年 8 月 1 日发布的《国家保护的有益的或者有重要经济、科学研究价值的陆生野生动物名录》。

（四）“三有动物”

“三有动物”一般指国家保护的有益的或者有重要经济、科学研究价值的陆生野生动物。在河南地区分布的“三有动物”共计 12 种。

1. 托氏兔 *Lepus tolai*

形态特征：体形较大。体背面毛色变化大，沙黄色至深褐色，通常带有黑色波纹，耳尖外侧黑色；尾背均有大条黑斑，其余部分纯白；体腹面除喉部外均为纯白色；足背面土黄色。尾长占后足长的80%。上门齿沟极浅，齿内几无白垩质沉淀，颈背部毛呈浅棕色。颅骨眶上突，前后凹刻均明显。鼻骨后端稍超过前颌骨后端，前端超出上门齿后缘垂直线。颧弧后端与前端约等宽或后端稍宽于前端。内鼻孔明显地宽于腭桥前后方向最窄处。听泡长约为颅长的13.8%—14.2%。

栖息环境：主要栖息于农田或农田附近沟渠两岸的低洼地、草甸、田野、树林、草丛、灌丛及林缘地带。

生活习性：有相对固定的栖息地。主要夜间活动。听觉、视觉都很发达。定居会试图避免深雪，所以仅在少雪覆盖的山区地带出现。主要在晚上进食，在山区有时也在白天或黄昏时进食。主要以玉米、豆类、种子、蔬菜、杂草、树皮、嫩枝及树苗等为食，对农作物及苗木有危害。

繁殖：每年产仔2—3窝。妊娠期45天左右，年初每胎2—3只，四五月每胎4—5只，六七月每胎5—7只，繁殖在9月停止。

分布：中国分布于新疆、山东、陕西、青海、四川、北京、云南、黑龙江、江苏、河南、江西、宁夏、安徽、山西、湖南、湖北、贵州、甘肃、内蒙古、吉林、河北、辽宁等地。河南主要分布于洛阳、焦作、三门峡等地区的山林区，包括伏牛山、太行山、大别山等山区。

保护：列入《世界自然保护联盟濒危物种红色名录》2018年ver3.1——无危（LC）。列入中国国家林业局于2000年8月1日发布的《国家保护的有益的或者有重要经济、科学研究价值的陆生野生动物名录》。

2. 隐纹花松鼠 *Tamiops swinhoei*

形态特征：体型酷似花鼠但略小。尾端毛长尖细。前脚掌外露，有2个掌垫和3个指垫；后足跖骨部分暴露。耳壳明显，眶间部前部宽而平坦，眶上突位于眶间部后部。背部中部有1条明显的黑色条纹,两侧有2条棕色或浅黄色纵纹,外侧有2条深棕色纵纹,最外侧有2条浅黄色或浅黄白色纵纹。脸颊到耳朵根部有白色条纹。耳壳边缘背侧具短的簇毛,毛基黑而尖端白色。腹部毛灰黄色,毛基部灰色,上部灰黄色。尾毛基部深棕色,中部黑色,尖端浅黄色。

栖息环境:常在林缘和灌木丛栖息,以亚热带森林为主。

生活习性:虽树栖,但常在地面活动,通常呈跳跃式活动。杂食性动物,以各种种子、嫩芽、杉子、松子、板栗、地衣、树皮和昆虫为食。

繁殖:每年繁殖2次,春季和秋季各1次。每胎2—4只,也有一胎4—6只。

分布:中国分布于云南丽江地区、四川西南部、西藏东南部,以及贵州、广东、广西、海南、福建、台湾、浙江、江西、安徽、河南、湖北、湖南、河北、北京、陕西、甘肃等地(路纪琪,张知彬,2004)。河南分布较广泛,主要分布于嵩县、鲁山,以及嵩山等山林地。

保护:列入国家林业局2000年8月1日发布的《国家保护的有益的或者有重要经济、科学研究价值的陆生野生动物名录》。列入《进出口濒危动植物种商品目录》。

3. 花鼠 *Eutamias sibiricus*

形态特征:个体较大,体重100g以上。有颊囊,耳壳突出,无簇毛。尾毛蓬松,末端的毛较长。前爪裸露,后爪有毛。头部至背部毛呈黑黄褐色,臀部毛橘黄或土黄色,尾毛上部为黑褐色,下部为橙黄色,耳壳黑褐色,边为白色。花鼠头骨轮廓为椭圆形,头颅狭长,脑颅不突出(吕佩珂,苏慧兰,庞震,2013)。

栖息环境:一般栖息于林区及林缘灌丛和多低山丘陵的农区,多在树木和灌丛的根际挖洞,或利用梯田埂和天然石缝穴居。

生活习性:主要白天在地面活动,晨昏之际最活跃,在树上活动少,善爬树,行动敏捷,陡坡、峭壁、树干都能攀登,不时发出刺耳叫声。半冬眠性,早春、晚秋也有少量活动。食性杂,以豆类、麦类、谷类等各种植物的种子为食,也食瓜果等。

繁殖:每年繁殖1—2次,每胎生仔4—5只。3月龄可性成熟,怀孕、哺乳期均为1个月(吕佩珂,苏慧兰,庞震,2013)。

分布:国外分布于俄罗斯西伯利亚至乌苏里和萨哈林岛及朝鲜和日本北部。中国分布于黑龙江、吉林、辽宁、内蒙古、新疆、河北、山西、陕西、甘肃、青海、四川、河南。河南分布于嵩山,林县,济源,灵宝,嵩山,禹县,登封,主要在太行山区及豫西黄土丘陵地多见。

保护:列入国家林业局于2000年8月1日发布的《国家保护的有益的或者有重要经济、科学研究价值的陆生野生动物名录》。

4. 中华竹鼠 *Rhizomys sinensis*

形态特征:体长一般小于38cm,尾长6—7cm,体似鼹,外形粗壮。耳、眼退化。四肢粗短,爪强健,扁平;前肢较后肢细小,爪亦稍短;前足爪则特别发达,侧扁(郑生武,宋世英,2010)。吻短而钝,眼小,耳隐于毛内,颈短粗。体毛密而柔软。从吻至额及颊部毛基为白色,末端为棕色;向后至背部和体侧,毛基为灰黑色,毛尖为浅棕色,而体侧的棕色更浅。头骨粗大,有明显的棱角。鼻骨前端宽,向后逐渐变窄,后端与前颌骨大致平齐。枕骨成体比幼体要倾斜得多,且更平坦,呈截切面状;听泡扁平;外耳道位于鳞骨颧突与人字脊之间。下门齿末端形成的突起极高。牙齿上门齿粗大,近乎与上颌垂直,不向前方倾斜。

栖息环境:多栖于山坡,在秦岭地区常栖于海拔1000m以上的中山阔叶林、针叶阔叶混交林中(郑生武、宋世英,2010)。

生活习性:穴居,雌雄同居,昼伏夜出,性情温顺,喜欢生活在安静、清洁、干燥、光线适宜、空气新鲜的环境中。植食性动物,以竹子、甘蔗、玉米等的根茎及草根植物的种子和果实为食。

繁殖:繁殖能力强,每只母鼠每年可产仔3—4胎,每胎2—6只,多者可达8只以上。7—8月龄达性成熟。

分布:国外分布在缅甸北部。中国主要分布在福建崇安、南平、龙溪、福州和福清等地山区,广东北部,广西中部,云南丽江、大理、兰坪、哀牢山,贵州江口、罗甸,四川汉源、石棉、峨眉山、乐山、荥经、雅安、洪雅、天全、宝兴、绵竹、江油、平武和南江,重庆,湖南,湖北,甘肃南部与四川北部的交界地区,陕西汉中、安康、商洛,安徽大别山和浙江泰顺。河南分布较少,主要分布在太行山。

保护:列入《世界自然保护联盟濒危物种红色名录》2008 年 ver3.1——低危(LC)。

5. 豪猪 *Hystrix hodgsoni*

形态特征:又称箭猪,意即满身针刺的猪。躯体肥壮,牙齿锐利,嘴脸似鼠,自肩部以后直达尾部密布黑白相间且长约 30cm 的棘刺。

栖息环境:栖息于森林和开阔田野,活动于山坡、草地或密林中,在靠近农田的山坡、草地或密林中数量较多。

生活习性:家族群居,昼伏夜出。居于天然石洞或打洞穴居。食草动物,以植物的根、块茎、树皮,以及草本植物和果实为食。

繁殖:秋冬季节发情,春季或初夏产仔,年产仔 1—2 胎,每胎 1—2 只。妊娠期 110 天左右,哺乳期 50 天左右,8 个月即可达性成熟。

分布:河南主要分布于太行山、大别山等地。

保护:列入《世界自然保护联盟濒危物种红色名录》2008 年 ver3.1——低危(LC)。

6. 黄鼬 *Mustela sibirica*

形态特征:又名黄鼠狼。躯体细长,头细,颈长,耳壳短而宽。尾巴的长度约为身体长度的 1/2。毛色从浅沙棕色到黄棕色,颜色较浅。尾巴上的毛冬天又长又蓬松,夏秋季节则稀疏。面部有浅褐色面纹,鼻基部、下颌为白色。四肢短,有 5 趾。肛门腺发达(庞世烨,2010)。

栖息环境:栖息于河谷、林缘、灌木丛和草丘,也常在村庄附近出没。

生活习性:居于洞穴或倒木下。夜间活动,特别是在清晨和黄昏时,有时也在白天。杂食,以老鼠和野兔为主食,也吃鸟卵及幼鸟、鱼、青蛙和昆虫。

繁殖:3—4 月发情,妊娠期 33—37 天,5 月产仔,每胎产 2—8 仔。9—10 个月达到性成熟。

分布:全球分布于不丹、中国、印度、日本、韩国、朝鲜、老挝、蒙古、缅甸、尼泊尔、巴基斯坦、俄罗斯、泰国、越南。中国广泛分布,常见于六盘山(宁夏)秦岭、阿尔泰山山地、伏牛山。河南广泛分布。

保护:列入国家林业局2000年8月1日发布的《国家保护的有益的或者有重要经济、科学研究价值的陆生野生动物名录》。列入《进出口濒危动植物种商品目录》。

7. 艾鼬 *Mustela eversmanni*

形态特征:体长31—56cm,躯体圆柱形,尾长接近体长的1/2,重500—1000g。颈粗,吻部短宽。背中部毛长,为棕黄色。其他部位毛为棕红色,稍短。四肢短,跖行性。脚底有毛,脚垫发达,爪锋利。

栖息环境:栖息于山地阔叶林草地、灌木丛及村庄附近。

生活习性:独来独往。主要夜间活动,有时也在白天或黎明和黄昏时活动。行动敏捷,擅长游泳、攀爬。杂食,以鼠类为主食,也吃鸟类、爬行类、昆虫和植物果实(王文,马建章,邹红菲,2006)。

繁殖:每年2—3月发情交配。妊娠期为35—41天。通常在4—5月产仔,每胎产3—5仔。哺乳期为40—45天。初生的幼仔身体被有稀薄的绒毛,双眼紧闭。2月龄能独立生活,9月龄达到性成熟。

分布:国外分布于欧洲、亚洲西伯利亚南部,克什米尔地区,蒙古。中国分布于吉林、辽宁、内蒙古、河北、山西、陕西、青海、新疆、四川、西藏、江苏。河南主要分布于太行山、大别山等地。

保护:列入《世界自然保护联盟濒危物种红色名录》2012年ver3.1——低危(LC)。列入中国国家林业局于2000年8月日发布的《国家保护的有益的或者有重要经济、科学研究价值的陆生野生动物名录》。

8. 狗獾 *Meles meles*

形态特征:是鼬科中体形较大的种类,体长50—70cm,身体肥胖,重约5—10kg。口鼻长,鼻尖粗而钝,耳壳短圆,眼睛小,颈短粗,四肢短而有力,前后足趾均有粗而长的黑褐色爪子,肛门附近有能分泌臭液的腺囊。

栖息环境:栖息于森林或山坡灌木丛、田野、墓地、沙丘草地和湖泊、河流旁边。

生活习性:冬眠,穴居。春、秋两季活动最为活跃,一般从晚上8点至9点开始,次日凌晨4点左右返回洞内。杂食,以植物根、茎、果实,以及蚯蚓、青蛙、沙蜥、小鱼、昆虫幼虫及蛹和小型哺乳动物为食(叶晓堤,2000)。

繁殖:每年繁殖一次,9—10 月交配,次年 4—5 月间产仔,每胎产仔 2—5 只,3 年后性成熟。

分布:国外分布于欧洲、亚洲两大洲。我国除台湾和海南外,均有分布。河南主要分布大别山、太行山等多个山区。

保护:列入国家林业局于 2000 年 8 月 1 日发布的《国家保护的有益的或者有重要经济、科学研究价值的陆生野生动物名录》。

9. 猪獾 *Arctonyx collaris*

形态特征:又称沙獾。吻部类似猪鼻子,狭长而圆。眼睛小,耳朵又短又圆。尾长,四肢短而粗,脚趾间有毛,但掌垫明显外露,有 5 个趾垫。通体黑褐色,背部及臀部两侧混有灰白色(程泽信,余小兵,2002)。

栖息环境:平原、山地都有栖息。

生活习性:穴居,夜行性。从 10 月下旬到次年 3 月冬眠。嗅觉发达,但视觉差。杂食,动物性食物和植物性食物均食。

繁殖:每年立春前后发情,在 7 月下旬至 8 月上旬交配,妊娠期 3 个月左右(猪獾的受精卵有滞育现象),于翌年春季 3—4 月间产仔,每胎产 3—4 仔,哺乳期为 3 个月。幼仔 2 岁达到性成熟,寿命大约为 10 年。

分布:中国遍布各省、区,尤其以南方更多。河南分布于太行山猕猴国家级自然保护区、大别山等多个山区。

保护:列入国家林业局于 2000 年 8 月 1 日发布的《国家保护的有益的或者有重要经济、科学研究价值的陆生野生动物名录》。

10. 狼 *Canis lupus*

形态特征:外形似狗或豺,腿长体瘦,脸长,鼻子突出,眼斜,耳朵尖而竖立。前爪有 4—5 个脚趾,后爪通常有 4 个脚趾。尾平直下垂,居两条后腿之间。毛色棕色或灰黄色,略夹杂黑色,下部白色。

栖息环境:栖息于沙漠、山地、森林、针叶林、寒带草原、草地。

生活习性:群居,数量平均为 5—11 只,有领域性。昼伏夜出,机智,听觉和嗅觉好,善于奔跑。主要以中大型哺乳动物为食(汪乐兴,2015)。

分布:河南主要分布于大别山、太行山,以及洛阳、焦作及信阳山区。

保护:列入2000年8月1日国家林业局发布《国家保护的有益的或者有重要经济、科学研究价值的陆生野生动物名录》。列入中国《国家重点保护野生动物名录》二级(2021)。

11. 花面狸 *Paguma larvata*

形态特征:体重3.6—5kg,尾巴的长度约为体长的2/3。四肢短而有力,有5趾,趾末端有略微伸缩的爪子。身体被毛黄灰褐色,短而浓密。头部具有标志性的黑白“面罩”,眼睛和耳朵下面有白色斑点。肛门附近有臭腺(马世来,2001)。

栖息环境:栖息在森林灌木丛、开垦地、树洞、岩洞或土穴中。

生活习性:善攀援。夜行性,主要在夜间、黄昏和日出前活动。杂食性,以野果、树叶和谷物为主食。

繁殖:每年2—5月发情,妊娠期为70—90天。夏季产仔,每胎产仔1—5只。10—12个月达到性成熟。

分布:河南主要分布于伏牛山、大别山、太行山。

种群现状:民间繁殖饲养的数量颇多,但野生种群状况不明。巨大的利润促使各地偷猎、贩卖活动猖獗。

保护:列入国家林业局于2000年8月1日发布的《国家保护的有益的或者有重要经济、科学研究价值的陆生野生动物名录》。

12. 野猪 *Sus scrofa*

形态特征:俗称山猪。体长90—200cm,体重80—100kg。身体强健,四肢粗短,头长,耳朵小而直立,拱形鼻,每足4趾,尾细短。被毛棕褐或灰黑色,耳朵上覆盖着坚硬而稀疏的针毛,脊背鬃毛较长硬。

栖息环境:栖息于山地、丘陵、荒漠、森林、草地和林丛间。

生活习性:晨昏活动,一般4—10头一群生活。食性极广,几乎只要能吃的东西都吃。性情凶猛,雄性可与虎搏斗。

繁殖:妊娠期是4个月,一年能生2胎,每胎产仔4—12只,一般4—5月间生一胎,秋季生一胎。

分布:国外分布范围极广,遍布欧亚大陆、北美洲。中国分布广泛。河南主要分布于洛阳、焦作、三门峡等地区的山林区,包括伏牛山、太行山、大别山等山区。

种群现状:在部分地区为农业害兽,也是常见捕猎对象。由于滥捕滥杀,部分地区数量急剧下降。

保护:列入国家林业局于2000年8月1日发布的《国家保护的有益的或者有重要经济、科学研究价值的陆生野生动物名录》。

参考文献

[1]王应祥.中国哺乳动物种和亚种分类名录与分布大全[M].北京:中国林业出版社,2003.

[2]朱文怀,胡永乐,纪世玉.陕西周至国家级自然保护区金钱豹调查[J].广东蚕业,2017,第51卷(3):89-90.

[3]宋大昭,等.斑点大猫——豹[J].森林与人类,2012(8).

[4]甘雨,方保华.河南省野生动植物资源调查与保护[M].郑州:黄河水利出版社,2004.

[5]宋大昭,肖诗白,肖飞.豹猫、云猫、金猫、荒漠猫、丛林猫它们为何"升级"[J].森林与人类,2021(12):72-81.

[6]张守发.药用动物高效养殖7日通[M].第2版.北京:中国农业出版社,2012.

[7]黔东南州人民政府办公室.雷公山自然保护区内国家重点保护野生动物名录由39种增加到60种.2021-03-03.

[8]黎跃成.中国药用动物原色图鉴[M].上海:上海科学技术出版社,2010:381.

[9]王学明,吴钦,等.两栖、爬行、鸟、哺乳类中药材动物养殖技术[M].北京:中国林业出版社,2001:158.

[10]中华人民共和国濒危物种科学委员会.小灵猫 *Viverricula indica*(É. Geoffroy Saint—Hilaire,1803).

［11］胡忠军，王湑，薛文杰，等. 陕西紫柏山自然保护区林麝种群密度［J］. 浙江林学院学报，2007.

［12］黄岚. “怪兽”穿山甲［J］. 大自然探索，2020（103）：6-44.

［13］（英）亨特. 世界陆生食肉动物大百科［M］.（英）巴瑞特，插图. 王海滨，译. 长沙：湖南科学技术出版社，2014：201.

［14］汪松，解焱. 中国物种红色名录［M］. 北京：高等教育出版社. 2009.

［15］雷伟，李玉春. 水獭的研究与保护现状［J］. 生物学杂志，2008（1）：47-50.

［16］廖河康，谢江，黎寿生，等. 野生豹猫人工育幼的初步观察［J］. 野生动物学报，2018，第 39 卷（1）：30-34.

［17］张明明. 冬季黄喉貂在次生林中的生境选择研究［J］. 安徽农业科学，2018，第 46 卷（27）：82-83，102.

［18］蒋志刚，刘少英，吴毅，等. 中国哺乳动物多样性［J］. 生物多样性，2017，25（8）：886-895.

［19］中华人民共和国濒危物种科学委员会. 猕猴 *Macaca mulatta*（Zimmermann，1780）.

［20］马勇，孙兆惠，刘振生，等. 赤狐食性的研究进展［J］. 经济动物学报，2014，18（1）：53-58.

［21］薄乖民，马廷荣. 甘肃莲花山国家级自然保护区自然环境及生物多样性调查评价［M］. 西安：西安地图出版社，2015（11）.

［22］薄乖民，马廷荣. 甘肃莲花山国家级自然保护区动植物图谱［M］. 西安：西安地图出版社，2015（12）：131.

［23］常海忠，常亚丽. 莲花山保护区狍活动规律初探［J］. 绿色科技，2020，（4）：103-104.

［24］郑生武，宋世英. 秦岭兽类志［M］. 北京：中国林业出版社，2010：301-305.

［25］陈卫，高武，傅必谦. 北京兽类志［M］. 北京：北京出版社，2002：198.

［26］关继东. 林业有害生物控制技术［M］. 北京：中国林业出版社，

2007:419.

[27]苏建亚,张立钦.药用植物保护学[M].北京:中国林业出版社,2011:332.

[28]刘全儒,等.阿尔金山国家级自然保护区野生动植物图谱[M].北京:中国环境出版集团,2018.

[29]汪乐兴.21世纪中国少年儿童百科全书——动物百科与植物大全卷[M].北京:北京工业大学出版社,2015.

[30]韩崇选,李金钢,杨学军,张宏利,王利春,杨清娥,等.中国农林啮齿动物与科学管理[M].咸阳:西北农林科技大学出版社,2005:330.

[31]路纪琪,张知彬.隐纹花松鼠在北京的发现[J].动物学杂志,2004(04).

[32]中华人民共和国濒危物种进出口管理办公室海关总署联合公告2013年第6号(关于《进出口野生动植物种商品目录》).

[33]王文,马建章,邹红菲,等.内蒙古巴达尔胡地区艾鼬的食性[J].东北林业大学学报,2006.

[34]叶晓堤,马勇,王润海,董安渝.欧亚大陆狗獾食性的研究概述[J].动物学杂志,2000.

[35]程泽信,余小兵.猪獾全身骨骼的观测[J].家畜生态学报,2002.

[36]马世来,等.中国兽类踪迹指南[M].北京:中国林业出版社,2001:158.

[37]廖继承,肖正龙,董媛,等.甘肃鼢鼠的分类地位[J].动物学报,2007,53(1):44-53.

[38]帅凌鹰,宋延龄,李俊生,等.黑河流域中游地区荒漠——绿洲景观区啮齿动物群落结构[J].生物多样性,2006,14(6):525-533.

[39]方清海,庞世烨.中国少儿百科全书野生读物[M].天津:天津教育出版社,2009:136.

[40](美)史密斯(Smith, A. T.),解焱.中国兽类野外手册[M].(意)盖玛(Gemma, F.),绘.长沙:湖南教育出版社,2009.

鱼

餐条

棒花鮈

赤眼鳟

大鳍鱊

高体鳑鲏

鳜

黑鳍鳈

黄黝

黄颡鱼

鲤鱼

马口鱼

鲶

中间银鮈

两栖

斑腿泛树蛙

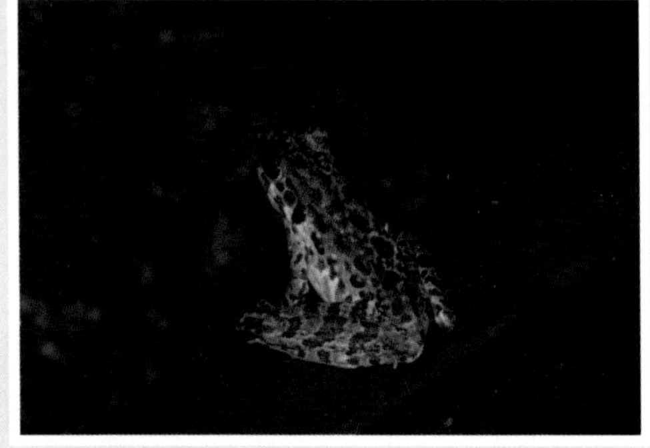

花臭蛙

饰纹姬蛙

金线侧褶蛙

阔褶蛙

小弧斑姬蛙

泽蛙

沼蛙

中国林蛙

爬行

赤链蛇

黑头剑蛇

丽斑麻蜥

虎斑颈槽蛇

蓝尾石龙子

铜蜓蜥

北草蜥

鸟

白额雁

白腹鹞

白鹤

白琵鹭

白头鹎

白头鹤

白鹭

白尾海雕

白尾鹞

白胸苦恶鸟

白腰草鹬

白眼潜鸭

斑嘴鸭

苍鹰

赤麻鸭

池鹭

大斑啄木鸟

大鸨

大杜鹃

大天鹅

丹顶鹤

大鵟

大山雀

雕鸮

东方白鹳

东方大苇莺

短耳鸮

凤头䴙䴘

鹗

冠鱼狗

黑耳鸢

黑翅长脚鹬

黑翅鸢

红角鸮

红腹锦鸡

黑枕黄鹂

黑鹳

红隼

红嘴鸥

红头潜鸭

黄胸鹀

红脚隼

角䴙䴘

黄爪隼

灰背隼

灰鹤

金翅雀

金雕

金眶鸻

黄嘴白鹭

卷羽鹈鹕

蓝点颏

猎隼

领角鸮

罗纹鸭

绿翅鸭

普通翠鸟

普通鵟

普通鸬鹚

普通秋沙鸭

青头潜鸭

雀鹰

鹊鹞

山斑鸠

松雀鹰

蓑羽鹤

秃鹫

乌雕

小䴙䴘

小天鹅

小鸦鹃

游隼

燕隼

玉带海雕

鸳鸯

雉鸡

长耳鸮

珠颈斑鸠

棕背伯劳

纵纹腹小鸮

哺乳

草兔

赤狐—青海玉树—杜卿

花鼠

黑线姬鼠

黄鼬

小麂

狼

狍子

猕猴

野猪

岩松鼠

隐纹花松鼠

远东刺猬

责任编辑：郭　茹
王　骞

ISBN 978-7-5232-1150-2

定价：78.00元